W. Scharlau H. Opolka

Von Fermat bis Minkowski

Eine Vorlesung über Zahlentheorie und ihre Entwicklung

Mit 13 Abbildungen

Springer-Verlag
Berlin Heidelberg New York 1980

Winfried Scharlau Hans Opolka
Mathematisches Institut der Westfälischen Wilhelms-Universität
Roxeler Straße 64, D-4400 Münster

AMS Subject Classification (1980): 10-01. 10-03. 10A15, 10A32, 10A45, 10C02, 10C05. 10C07. 10E20, 10E25, 10E35. 10G05. 10H05, 10H08, 10J05, 10L20, 12-03, 12A25. 12A50, 01A05, 01A45, 01A50, 01A55

ISBN 3-540-10086-5 Springer-Verlag Berlin Heidelberg New York
ISBN 0-387-10086-5 Springer-Verlag New York Heidelberg Berlin

CIP-Kurztitelaufnahme der Deutschen Bibliothek
Scharlau. Winfried: Von Fermat bis Minkowski: e. Vorlesung
über Zahlentheorie u. ihre Entwicklung/W. Scharlau: H. Opolka. -
Berlin, Heidelberg. New York: Springer, 1980.
ISBN 3-540-10086-5 (Berlin. Heidelberg. New York)
ISBN 0-387-10086-5 (New York, Heidelberg, Berlin)
NE: Opolka. Hans:

Printed in Germany
44/3111-5432 SPIN 10995914

Vorwort

Dieses Buch ist aus einer Vorlesung entstanden, die vom ersten der beiden Verfasser im Wintersemester 1977/78 an der Universität Münster gehalten wurde. In dieser Vorlesung, die sich vor allem an Lehrerstudenten wandte, ging es nicht so sehr um systematische Wissensvermittlung, sondern darum, Interesse an zahlentheoretischen Fragestellungen und Entwicklungen zu wecken, wobei vor allem historische Zusammenhänge in den Vordergrund gestellt wurden. Bei dieser Zielsetzung ist auch das Buch geblieben, das keines der vielen vorhandenen ausgezeichneten Bücher über Zahlentheorie ersetzen kann oder will. Wir versuchen, an ausgewählten Beispielen zu zeigen, wie aus der Untersuchung naheliegender zahlentheoretischer Probleme im Laufe der geschichtlichen Entwicklung immer umfangreichere und tiefere Theorien entstanden sind, wie immer wieder neue unerwartete Zusammenhänge zwischen scheinbar ganz verschiedenen Problemkreisen entdeckt wurden und wie die Einführung neuer Methoden und Begriffe oft die Lösung lange Zeit unangreifbar erscheinender Probleme ermöglichte. Wir wollen also einige wichtige Sätze der Zahlentheorie den Studierenden nicht als fertiges Ergebnis in einer Formulierung und mit Beweisen, die Endprodukte einer langen Entwicklung sind, vorsetzen, sondern wir versuchen darzustellen, wie sich diese Sätze notwendig aus naheliegenden Fragestellungen ergeben haben. Um es an zwei Beispielen zu sagen: dieses Buch hat seinen bescheidenen Zweck im wesentlichen erfüllt, wenn der Leser daraus lernt, wie das Problem der Darstellung natürlicher Zahlen durch quadratische Formen - etwa $n = x^2+dy^2$ - notwendig zur Fragestellung des quadratischen Reziprozitätsgesetzes führte, oder daß Dirichlet bei seinem Beweis des Satzes über Primzahlen in arithmetischen Progressionen nahezu zwangsläufig auf die analytische Klassenzahlformel stoßen mußte. So haben wir auch in der Buchfassung - trotz eigener Bedenken - die wenig gegliederte, wenig systematische und manchmal unökonomische Darstellung der ursprünglichen Vorlesungsmitschrift beibehalten. Wir meinen, daß eine systematischere Darstellung mit formalen Definitionen, Sätzen, Beweisen und Bemerkungen nach Art der meisten Lehrbücher mit der eigentlichen Absicht dieses Buches, dem Vorführen lebendiger Entwicklungen, nicht verträglich gewesen wäre. Dennoch hoffen wir, daß es dem interessierten Leser möglich ist - vielleicht unter gelegentlicher Zuhilfenahme eines Lehrbuches -, aus diesem Buch etwa die Grundlagen der Theorie der binären quadratischen Formen oder der Kettenbrüche oder einiges über L-Reihen und ζ-Funktionen zu erlernen.

Nach dem bisher Gesagten ist schon klar, daß unser Hauptinteresse der Zahlentheorie gilt, daß wir diese jedoch nicht als fertige Theorie nach innermathematischen Gesichtspunkten aufgebaut und gegliedert darstellen, sondern daß wir beim Kennenlernen dieses Gebietes den historischen Weg - ohne allzuviele Irrwege - verfolgen wollen. Darüberhinaus meinen wir auch, daß das Leben der Mathematiker, mit deren Werken wir uns beschäftigen, und die Zeit, in der sie lebten und wirkten, auch an sich interessant ist und daß es eine sinnvolle Ergänzung des Mathematikstudiums ist, etwas über das Leben von Euler oder Gauß zu erfahren. Auch bezüglich der geschichtlichen Seite dieses Buches gilt, was schon zuvor gesagt wurde: es ist nicht unsere Absicht, eine umfassende Darstellung zu geben, sondern wir hoffen durch Beschränkung auf einige Themen, das Interesse des Lesers zu wecken und ihn anzuregen, selber in den im Laufe des Textes zitierten Büchern und Aufsätzen weiterzulesen.

Zum Entstehen dieses Buches haben viele beigetragen, am meisten - wenn auch indirekt - sicherlich die Hörer der ursprünglichen Vorlesung; hätten sie nicht viel mehr Interesse gezeigt, als man üblicherweise in einer Vorlesung erwarten kann, so wäre das Buch nicht geschrieben worden. Bei den Mitarbeitern des Springer-Verlages bedanken wir uns für die gute Zusammenarbeit und das Wohlwollen, das sie dem Buch entgegengebracht haben; insbesondere verdanken wir Herrn Kaufmann-Bühler eine Reihe von nützlichen Hinweisen und Verbesserungsvorschlägen. Schließlich danken wir Frau E. Becker für das Schreiben der Druckvorlage; die Mühe, die sie sich damit gemacht hat, kann jeder beim Lesen selbst erkennen.

Münster, den 1.1.1980

Winfried Scharlau
Hans Opolka

Inhaltsverzeichnis

Literaturverzeichnis

Weitere Literatur wird in den einzelnen Kapiteln angegeben.

Originalwerke

P.G.L. Dirichlet: Werke, 2 Bände, Reimer, Berlin 1889, 1897

L. Euler: Opera Omnia, Series Prima, 23 Bände, Teubner, Leipzig und Berlin, 1911-1938 (insbesondere Bände 1,2,3 und 8)

P. de Fermat: Oevres, 3 Bände, Gauthier-Villars, Paris, 1891-1896 (insbesondere Band 2)

C.F. Gauß: Werke, 12 Bände, Göttingen, 1870-1927 (insbesondere Band 1 und 2)

\- Untersuchungen über höhere Arithmetik, Deutsch herausgegeben von H. Maser, Springer-Verlag, Berlin, 1889 (Neudruck Chelsea Pub. Co., New York, 1965)

J.L. Lagrange: Oevres, 14 Bände, Gauthier-Villars, Paris, 1867-1892, (insbesondere Band 1 und 3)

H. Minkowski: Gesammelte Abhandlungen, 2 Bände, Teubner Leipzig und Berlin, 1911 (Neudruck Chelsea Pub. Co., New York, 1967)

Lehrbücher über Zahlentheorie

S.I. Borewics, I.R. Safarevic: Zahlentheorie, Birkhäuser Verlag, Basel und Stuttgart, 1966

P.G.L. Dirichlet: Vorlesungen über Zahlentheorie, herausgegeben und mit Zusätzen versehen von R. Dedekind, 4. Aufl., Vieweg und Sohn, Braunschweig, 1893 (Neudruck, Chelsea Pub. Co., New York, 1968)

H.M. Edwards: Fermat's Last Theorem, A Genetic Introduction to Algebraic Number Theory, Springer-Verlag, New York-Heidelberg-Berlin, 1977

G.H. Hardy, E.M. Wright: Einführung in die Zahlentheorie, R. Oldenbourg, München 1958

H. Hasse: Vorlesungen über Zahlentheorie, Springer-Verlag, Berlin-Göttingen-Heidelberg, 1950

E. Hecke: Vorlesungen über die Theorie der algebraischen Zahlen, Akademische Verlagsgesellschaft, Leipzig 1923 (Neudruck, Chelsea Pub. Co., New York 1948)

Geschichte der Mathematik

E.T. Bell: Die großen Mathematiker, Econ-Verlag, Düsseldorf 1967

N. Bourbaki: Elemente der Mathematikgeschichte, Vandenhoeck und Ruprecht, Göttingen, 1971

M. Cantor: Vorlesungen über Geschichte der Mathematik, 4 Bände, Teubner Verlagsgesellschaft, Stuttgart, Neudruck 1964

L.E. Dickson: History of the Theory of Numbers, 3 Bände, Carnegie Institute of Washington, 1919, 1920 und 1923 (Neudruck Chelsea Pub. Co. 1971)

Ch.C. Gillispie (Herausgeber): Dictionary of Scientific Biography, 15 Bände, Charles Scribner's Sons, New York, 1970-1978

F. Klein: Vorlesungen über die Entwicklung der Mathematik im 19. Jahrhundert, 2 Bände, Springer-Verlag, Berlin, 1926/27

M. Kline: Mathematical Thought from Ancient to Modern Times, Oxford University Press, New York, 1972

D.J. Struik: Abriss der Geschichte der Mathematik, 4. Auflage, Vieweg, Braunschweig, 1967

A. Weil: Two lectures on number theory, past and present

- Sur les sommes de trois et quatre carrés

- La cyclotomie jadis et naguère

- Fermat et l'équation de Pell

- History of mathematics: Why and how
  alles in Collected Papers, Band III, Springer-Verlag, New York-Heidelberg-Berlin, 1979

1. Die Anfänge

Das erste mathematik-historische Werk, das uns fragmentarisch überliefert ist, stammt von dem der aristotelischen Schule angehörigen griechischen Historiker Eudemus von Rhodos und beginnt mit den folgenden Worten (zitiert nach Cantor):

"Da es nun notwendig ist, auch die Anfänge der Künste und Wissenschaften in der gegenwärtigen Periode zu betrachten, so berichten wir, daß nach den meisten Angaben von den Ägyptern die Geometrie erfunden wurde. Sie nahm ihren Ursprung in den Vermessungen der Ländereien, die wegen der Nilüberschwemmungen, die die einem jeden zugehörigen Grenzen verwischten, notwendig waren. Es ist aber nicht erstaunlich, daß die Erfindung dieser sowie der anderen Wissenschaften von einem praktischen Bedürfnis ausgegangen ist, da doch alles im Entstehen Begriffene vom Unvollkommenen zum Vollkommenen vorwärtsschreitet. Die Entwicklung verläuft in natürlicher Weise von der sinnlichen Wahrnehmung zur denkenden Betrachtung und von dieser zur vernünftigen Erkenntnis. Wie nun bei den Phöniziern aus den Bedürfnissen des Handels und des Verkehrs eine genaue Kenntnis der Zahlen ihren Anfang nahm, so wurde bei den Ägyptern aus dem erwähnten Grunde die Geometrie erfunden."

In diesem Bericht wird also die Erfindung der Zahlentheorie den Phöniziern zugeschrieben, was jedoch wohl unzutreffend ist; den Ursprung der Arithmetik und Algebra hat man vielmehr in der babylonischen Kultur zu suchen. Interessanter ist für uns aber, was Eudemus an Grundsätzlichem zu sagen hat: Verstehen wir seine ersten Worte etwas allgemeiner, so spricht er hier von der Notwendigkeit der historischen Betrachtung. Zwar war es eine Eigentümlichkeit der durch Aristoteles gegründeten Schule, einen Urheber für jeden Gedanken ausfindig machen zu wollen, so daß es nicht verwunderlich ist, bei Eudemus eine solche Aussage zu finden. Aber die bedeutendsten Mathematiker betonen in ihren Werken immer wieder, wie wichtig ihnen das Studium der Originalschriften ihrer Vorgänger und das Zurückgehen auf die Quellen war. Oft ist dies verbunden mit einer ganz direkten Aufforderung an den Leser, es ihnen gleichzutun. In der heutigen Zeit, in der man eine mathematische Theorie nie aus den Originalwerken, sondern immer aus der Sekundärliteratur lernt, ist diese Mahnung sicher keine Selbstverständlichkeit. So ist es denn auch ein Hauptziel dieses Buches, an das Studium der Werke einiger der größten Zahlentheoretiker heranzuführen.

Nur einen Augenblick wollen wir halten bei dem Satz, daß die Wissenschaft vom Unvollkommenen zum Vollkommenen vorwärtsschreitet. Diese Feststellung erscheint ganz selbstverständlich und wird sicher von allen Mathematikern geteilt. Sie gewinnt aber eine ganz andere Perspektive, wenn man bedenkt, daß die Geschicke der Menschheit insgesamt sich allem Anschein nach *nicht* vom Unvollkommenen zum Vollkommenen fortentwickeln. Vielleicht fühlt sich der eine oder andere Leser angeregt, darüber nachzudenken, was es mit diesem scheinbaren oder wirklichen Gegensatz auf sich hat.

Von besonderer Bedeutung für uns ist schließlich, wie die Entwicklung einer mathematischen Theorie - denn so können wir diese Stelle verstehen - geschildert wird. "Sinnliche Wahrnehmung" wird man im Fall der Zahlentheorie als ein interessantes Zahlenbeispiel, eine naheliegende Rechenaufgabe oder dergleichen interpretieren dürfen. Die "denkende Betrachtung" fragt nach einer umfassenderen Behandlung der Aufgabe, der Bestimmung aller Lösungen etwa einer mehrdeutigen Gleichung, notwendigen oder hinreichenden Bedingungen für Lösbarkeit. "Vernünftige Erkenntnis" ist schließlich die Einbettung des speziellen Problems in eine allgemeine Theorie, die Ablösung von speziellen Gegebenheiten im Wege der Verallgemeinerung, die Suche nach den eigentlichen Gründen. Wir wollen dies an einem Beispiel erläutern, dem einzigen zahlentheoretischen Problem, das wohl schon im Altertum vollständig durchdacht worden ist.

Als sinnliche Wahrnehmung stellen wir folgende Gleichung fest

$$3^2+4^2 = 5^2 ,$$

die auf Grund des schon lange vor Pythagoras (ca. 580-500) bekannten Lehrsatzes eine wohlbekannte geometrische Interpretation hat. (Wem das als "sinnliche Wahrnehmung" nicht ausreicht, der möge sich davon überzeugen, daß die Teile einer in einem entsprechenden rechtwinkligen Dreieck gespannten Saite im Verhältnis Grundton : Quarte : Sexte gestimmt sind). Weitere "pythagoräische Tripel" waren ebenfalls schon lange und in verschiedenen Kulturen bekannt:

$$5^2+12^2 = 13^2$$
$$7^2+24^2 = 25^2$$
$$8^2+15^2 = 17^2 .$$

Es ist naheliegend (?!), nach allen solchen Zahlen zu fragen. Dazu stellt man als allererstes fest, daß man aus jedem Tripel neue erhält, indem man die entsprechende Gleichung mit einer Quadratzahl multipliziert. Diesen Gedanken kann man umkehren und soweit wie möglich quadratische Faktoren ausklammern. Es genügt also, die Gleichung

$$a^2+b^2 = c^2$$

für den Fall zu betrachten, daß a,b,c keinen gemeinsamen Faktor besitzen. Dann haben aber auch je zwei keinen gemeinsamen Faktor, also sind a,b,c paarweise teilerfremd. Insbesondere sind also diese drei Zahlen nicht alle gerade, offensichtlich sind sie aber auch nicht alle drei ungerade. (Jetzt sind wir schon mitten in der denkenden Betrachtung!) Genau eine der drei Zahlen ist also gerade.

Welche? Mit etwas mehr Nachdenken sehen wir, daß es nicht c sein kann. Dann wäre nämlich c^2 ein Vielfaches von 4, während sich für a^2+b^2, weil a,b ungerade sind, etwa $a = 2d+1$, $b = 2f+1$, folgendes ergeben würde

$$a^2+b^2 = 4(d^2+d+f^2+f)+2 ,$$

also kein Vielfaches von 4. Von jetzt an bezeichne also a nicht die kleinste, sondern die gerade Zahl unseres pythagoräischen Tripels. Jetzt formen wir unsere Gleichung um

$$a^2 = c^2-b^2 = (c-b)(c+b).$$

Hier sind alle Faktoren gerade positive Zahlen, und entsprechend setzen wir

$$a = 2n , \; c-b = 2v , \; c+b = 2w$$

und haben dann $n^2 = vw$. Was ist bei diesem Prozeß aus unserer Bedingung der Teilerfremdheit geworden? Antwort: v und w müssen teilerfremd und nicht beide ungerade sein, sonst hätten nämlich $b = w-v$, $c = w+v$ einen gemeinsamen Teiler. Sind nun aber in der Gleichung $n^2 = vw$ die Faktoren v und w teilerfremd, so müssen wegen Euklids (ca. 300 v. Chr.) Satz von der eindeutigen Primfaktorzerlegung v und w beides Quadrate sein.

Jetzt können wir unsere Schlüsse umkehren: Wir wählen für v und w beliebige teilerfremde Quadrate von verschiedener Parität, etwa $v = p^2$ und $w = q^2$ mit $q > p$. Dann setzen wir auf Grund der gefundenen Gleichungen

$$a = 2pq \;,\; b = q^2-p^2 \;,\; c = q^2+p^2 \;,$$

und wissen, daß jedes pythagoräische Tripel notwendig von dieser Gestalt ist. Tatsächlich sind a,b,c - wie man schnell sieht - wirklich teilerfremd, und es gilt

$$\begin{aligned} a^2+b^2 &= (2pq)^2+(q^2-p^2)^2 = 4p^2q^2+q^4-2p^2q^2+p^4 \\ &= q^4+2p^2q^2+p^4 = (q^2+p^2)^2 = c^2 \;. \end{aligned}$$

Der uns leider unbekannte babylonische Mathematiker, der anscheinend dies alles schon vor etwa 3500 Jahren wußte, tat dann sicher dasselbe, was wir auch tun: Er beauftragte einen seiner Hilfsrechner damit, eine Liste der ersten 60, 120 oder gar 3600 pythagoräischen Tripel zu berechnen und in Keilschrifttafeln einzuritzen. Wir schreiben ein kleines Programm für unseren Tischrechner und lassen sie ausdrucken. Könnten wir den babylonischen Mathematiker fragen, warum er diese Zahlen kennen will, würde er vielleicht ähnlich dunkle Antworten geben wie wir selbst, jedenfalls nichts von der Klarheit wie

$$4961^2+6480^2 = 8161^2 \;.$$

Wie schon gesagt, haben wir mit diesen Überlegungen den Höhepunkt der antiken Zahlentheorie dargestellt. Was darüber hinaus bekannt war, ist mit wenigen Sätzen umrissen: Die wichtigsten Teilbarkeitseigenschaften der ganzen Zahlen bis zum euklidischen Algorithmus und der eindeutigen Primfaktorzerlegung, die Summation einfacher endlicher Reihen, etwa

$$1+2+3+\ldots+n = \frac{n(n+1)}{2}$$

oder

$$1+k+k^2+\ldots+k^n = \frac{k^{n+1}-1}{k-1}$$

und als bemerkenswertestes Einzelergebnis vielleicht Euklids Satz, daß für eine Primzahl p der Gestalt $1+2+\ldots+2^n = 2^{n+1}-1 = p$ die Zahl $2^n p$ eine vollkommene Zahl ist, also gleich der Summe ihrer echten Teiler.

Zu diesen vollkommenen Zahlen wollen wir eine Nebenbemerkung machen: Die Bestimmung aller dieser Zahlen ist das älteste ungelöste zahlentheoretische Problem, wohl das älteste ungelöste mathematische Problem überhaupt. Euler hat gezeigt, daß eine gerade vollkommene Zahl die von Euklid angegebenen Gestalt hat. Ungerade kennt man nicht, aber ihre Nichtexistenz ist unbewiesen.

Alles was sonst zur Zahlentheorie im Altertum bekannt war, betrifft meistens nicht ein allgemeines Problem, sondern spezielle numerische Gleichungen oder Gleichungssysteme. Davon finden sich eine ganze Menge - oft mit trickvollen Lösungen - in den Werken des Diophantos (ca. 250 n. Chr.). Im Gegensatz zur modernen Terminologie, wo zu einer "diophantischen Gleichung" immer ganzzahlige Lösungen gesucht werden, sind bei Diophantos durchaus auch rationale Lösungen zugelassen. Damit gehört sein Werk insgesamt mehr in die Algebra als in die Zahlentheorie. Oft ist diese Unterscheidung aber nur scheinbar, so etwa auch bei der oben behandelten Gleichung $a^2+b^2 = c^2$. Hat man eine rationale Lösung, so erhält man durch Multiplikation mit dem Hauptnenner eine ganzzahlige, und umgekehrt erhält man aus den ganzzahligen Lösungen auch die rationalen, indem man durch beliebige Quadratzahlen dividiert. Tatsächlich findet sich die dargestellte Lösung dieser Gleichungen auch in ähnlicher Form bei Diophantos. Darüber hinaus kannte er auch einige grundlegende Sätze über die Darstellung von Zahlen als Quadratsummen - wenn auch ohne oder nur mit partiellen Beweisen. Insgesamt ist sein Werk für spätere Mathematiker - vor allem für Fermat - eine wichtige Quelle von Anregungen gewesen, und wir können den Worten Jacobis voll zustimmen: "Immer aber wird Diophantos der Ruhm bleiben, zu den tiefer liegenden Eigenschaften und Beziehungen der Zahlen, welche durch die schönen Forschungen der neueren Mathematik erschlossen wurden, den ersten Anstoß gegeben zu haben."

Literaturhinweise

Cantor, Band 1, vor allem Kapitel 5

Edwards, Chap. 1

Th. L. Heath: Diophantus of Alexandria, Dover Publications Inc, New York, 1964

2. Fermat

Nach mehr als einem Jahrtausend der Stagnation und des Verfalls beginnt die Erneuerung und Wiederbelebung der abendländischen Mathematik - insbesondere der Algebra und der Zahlentheorie - mit Leonardo von Pisa, gen. Fibonacci (ca. 1180 - ca. 1250), dem manchmal die Formel

$$(a^2+b^2)(c^2+d^2) = (ac-bc)^2+(ad+bc)^2 \qquad (2.1)$$

zugeschrieben wird: Sind zwei Zahlen jeweils Summe zweier Quadrate, so gilt das auch für ihr Produkt. Die mit ihm beginnende Entwicklung wird fortgeführt durch die italienischen Renaissance-Mathematiker Scipio del Ferro (ca. 1465-1526), Nicolo Fontano, gen. Tartaglia (ca. 1500-1557), Geronimo Cardano (1501-1576) und Ludovico Ferrari (1522-1565), denen mit der Lösung algebraischer Gleichungen 3. und 4. Grades der erste wesentliche Schritt über das antike Wissen hinaus gelang. Der nächste in dieser Reihe ist François Viète (1540-1603), auf den die bis heute übliche Buchstabenrechnung in der Mathematik zurückgeht. Mit Viète ist dann auch schon die Schwelle zum 17. Jahrhundert überschritten, und seitdem befindet sich die Mathematik in einer ununterbrochenen, kontinuierlichen und sich exponentiell beschleunigenden Entwicklung. Dieses neue Zeitalter - das Zeitalter der modernen Mathematik - beginnt mit vier großen französischen Mathematikern: Girard Desargues (1591-1661), René Descartes (1596-1650), Pierre de Fermat (1601-1665) und Blaise Pascal (1623-1662).

Ein gegensätzlicheres Quartett als diese vier ist nur schwer vorstellbar: Desargues - der originellste, Architekt von Beruf - wird als verschrullter Sonderling geschildert, der sein Hauptwerk in einer Art Geheimsprache verfaßte und mit mikroskopisch kleinen Lettern drucken ließ. Descartes - der berühmteste - war zunächst Berufssoldat und konnte sich notfalls mit dem Degen räuberischer Rheinschiffer erwehren; in der Manier eines Berufssoldaten plante er auch seinen Generalangriff (Discours sur la méthode) auf die Grundlegung der Wissenschaften.

Pascal - der genialste - wandte sich von der Mathematik ab und wurde zum religiösen Schwärmer, der zeitlebens von Verstopfung geplagt wurde. Fermat schließlich - der bedeutendste - hatte als königlicher Hofrat am Parlament von Toulouse eine Stellung inne, die man heute am ehesten mit der eines höheren Verwaltungsbeamten vergleichen könnte.

Entsprechend viel Muße hatte er offenbar auch zur Beschäftigung mit der Mathematik, entsprechend gemächlich war auch sein Arbeitsstil und entsprechend lakonisch und trocken auch seine Briefe, die alles wesentliche enthalten, was er in der Zahlentheorie entdeckt hat. Die meisten dieser Briefe sind an Mersenne gerichtet, der zeitweise als Mittelsmann zu anderen Mathematikern fungierte, einige für die Zahlentheorie besonders bedeutsame auch an Frenicle, Pascal und Carcavi. Meistens formuliert er in seinen Briefen zahlentheoretische Probleme, öfter stellt er auch definitive Behauptungen auf, und auch spezielle numerische Beispiele werden besprochen.

Beweise werden aber in keinem Fall gegeben, und nur einmal gibt er wenigstens eine Beschreibung seiner Beweismethode. (Wir werden darauf noch zurückkommen.) Es läßt sich deshalb kaum mit absoluter Sicherheit sagen, was er wirklich bewiesen hatte und was er nur auf Grund von Teilresultaten oder numerischer Evidenz vermutete. Wie wir noch sehen werden, sind viele seiner Sätze durchaus nicht leicht zu beweisen, und es hat erstrangige Mathematiker, wie Euler, größte Mühe gekostet, Beweise zu finden. Andererseits kann aber auch kein Zweifel bestehen, daß Fermat viele (vielleicht die meisten) seiner Sätze exakt begründen konnte. Den Briefen läßt sich entnehmen, daß Fermat etwa ab 1635, und zwar von Mersenne angeregt, beginnt, sich mit zahlentheoretischen Fragen zu beschäftigen. Als erstes interessiert er sich für vollkommene Zahlen, "befreundete" Zahlen und ähnliche zahlentheoretische Spielereien. Er gibt eine Reihe von Konstruktionsverfahren für solche Zahlen; aber weit bemerkenswerter ist es, daß es ihm - alle seine Zeitgenossen an Einsicht weit übertreffend - gelingt, auf diesem, bis heute völlig unfruchtbaren Gebiet, einen bedeutenden Satz zu entdecken, den kleinen Fermat'schen Satz: $a^{p-1} \equiv 1 \bmod p$ für jede Primzahl p und jede zu p teilerfremde Zahl a. (Heute wird dieser Satz zu Beginn der Algebra-Vorlesung aus den einfachsten Begriffen der Gruppentheorie gefolgert.)

Fermats wohl bedeutendste zahlentheoretische Hinterlassenschaft ist ein Brief an Carcavi vom August 1659 (Fermat, Oeuvres, II, Seite 431-436). Diesen Brief sieht er selbst als sein zahlentheoretisches Vermächtnis an, was er mit den folgenden Worten ausdrückt: "Voilà sommairement le compte de mes rêveries sur le sujet des nombres". Am Anfang dieses Briefes ist die Stelle, wo er sich über die von ihm entdeckte und mit großem Erfolg verwandte Beweismethode äußert. Anschließend formuliert er eine Reihe von Sätzen. Alle diese Sätze hatte er schon in früheren Briefen oder Arbeiten mitgeteilt, und es ist ganz offensichtlich, daß er hier noch einmal zusammenstellte, was er selbst als seine schönsten und bedeutendsten Ergebnisse ansah.

Zu seiner Beweismethode schreibt er (in freier Übersetzung, Zitat nach "E.T. Bell: Die großen Mathematiker"): "Lange Zeit gelang es mir nicht, meine Methode auf bejahende Sätze anzuwenden, denn der richtige Kniff, an sie heranzukommen, ist viel beschwerlicher als jener, den ich für verneinende Sätze verwende. So befand ich mich, als ich zu beweisen hatte, daß jede Primzahl, die ein Vielfaches von 4 um 1 übersteigt, aus zwei Quadraten besteht, in einer rechten Klemme. Schließlich brachte eine oft wiederholte Besinnung die Erleuchtung, und nun lassen sich auch bejahende Sätze mit Hilfe neuer Grundregeln, die noch hinzukommen müssen, mit meiner Methode behandeln. Der Gang meiner Überlegungen bei bejahenden Sätzen ist folgender: Wenn eine willkürlich gewählte Primzahl der Form $4n+1$ keine Summe von zwei Quadraten ist, (beweise ich, daß) es eine kleinere der gleichen Form gibt, und (deshalb) eine dritte noch kleinere usw. Wenn wir auf diese Art einen unendlichen Abstieg vornehmen, gelangen wir zur Zahl 5 als der kleinsten dieser Zahlen ($4n+1$). (Aus dem erwähnten Beweis und dem ihm vorangehenden Argument) folgt, daß 5 keine Summe von zwei Quadraten ist. Es ist jedoch eine. Deshalb müssen wir durch eine reductio ad absurdum zu dem Schluß kommen, daß alle Zahlen der Form $4n+1$ Summen von zwei Quadraten sind."

Die hier geschilderte Methode nennt man die Methode des unendlichen Abstiegs. Bevor wir mehr dazu sagen, wollen wir kurz erklären, woran Fermat gedacht haben mag, wenn er von der relativen Leichtigkeit, mit der man verneinende Sätze beweisen kann, spricht. Dazu ein Beispiel, dessen Prinzip wir schon bei der Betrachtung pythagoräischer Tripel verwandt haben:

(2.2) Satz. *Keine natürliche Zahl der Form* $8n+7$ *ist Summe von drei Quadraten.*

Beweis. Ist k eine natürliche Zahl (0 zugelassen), so läßt k^2 bei Division durch 8 den Rest 0,1 oder 4. Ein gerades k liefert nämlich als Rest 0 oder 4, ein ungerades $k = 2l+1$ liefert wegen $k^2 = 4(l^2+l)+1$ den Rest 1.

Pierre de Fermat

Bildet man die Summe von drei Quadraten natürlicher Zahlen, so bleibt daher bei Division durch 8 ein Rest $p+q+r$ mit p,q,r gleich 0,1 oder 4. Indem man alle Möglichkeiten überprüft, sieht man, daß der Rest gleich 0,1,2,3,4,5 oder 6 aber nicht gleich 7 sein kann. q.e.d.

Es ist leicht, zahllose ähnliche Resultate negativer Art zu gewinnen. Überlegen Sie sich z.B., welche Zahlen sich sicher nicht als Summe von zwei Quadraten darstellen lassen.

Wir formulieren jetzt die meisten der von Fermat in seinem Brief an Carcavi mitgeteilten Sätze.

(2.3) Satz. (Zwei-Quadrate-Satz) *Jede Primzahl der Form* $4k+1$ *ist - abgesehen vom Vorzeichen und der Reihenfolge der Summanden - auf genau eine Weise als Summe von zwei Quadraten darstellbar.*

(2.4) Satz. (Vier-Quadrate-Satz) *Jede natürliche Zahl ist Summe von vier Quadraten natürlicher Zahlen (Null als Summand zugelassen).*

(2.5) Satz. *Es sei* N *kein Quadrat. Dann hat die Gleichung*

$$Nx^2+1 = y^2$$

unendlich viele Lösungen in ganzen Zahlen.

Diese Gleichung wird oft Pellsche Gleichung genannt (weil der englische Mathematiker Pell, 1610-1685, damit nichts zu tun hat).

(2.6) Satz. *Die Gleichung*

$$x^3+y^3 = z^3$$

ist in natürlichen Zahlen unlösbar.

(2.7) Satz. *Die einzige Lösung der Gleichung*

$$x^3 = y^2+2$$

in natürlichen Zahlen ist $y = 5$, $x = 3$.

Schließlich findet sich auch eine Behauptung, die später von Euler als falsch erkannt wurde, nämlich

(2.8) Jede Zahl der Form $2^{2^n}+1$ ist eine Primzahl.

Das von Euler angegebene Gegenbeispiel lautet:

$$2^{2^5}+1 = 4294967297 = 641 \cdot 6700417 .$$

Ganz zutreffend schreibt Fermat in seinem Brief: "Il y a infinies questions de cette espèce, ..." und es ist bemerkenswert, mit welcher Sicherheit er zentrale Probleme der Zahlentheorie erkannt hat. Jeder der eben aufgeführten Sätze ist Ausgangspunkt für eine tiefe und reiche Theorie. Dies gilt sogar für die falsche Behauptung (2.8). Die Fermatschen Zahlen $2^{2^n}+1$ tauchen nämlich bei der Lösung des Konstruktionsproblems für das regelmäßige k-Eck durch Gauß auf. Nach Gauß gelingt die k-Teilung des Kreises mit Zirkel und Lineal für ungerades k nur, wenn k ein quadratfreies Produkt Fermatscher Primzahlen ist. Über die Aussagen Fermats zu den "quadratischen Formen" x^2+y^2, x^2+2y^2, x^2+3y^2, x^2-dy^2,... schreibt Jacobi, Gesammelte Werke, Bd. 7: "Aus den Bemühungen der Mathematiker, diese Sätze zu beweisen, ist die große arithmetische Theorie der quadratischen Formen entstanden." Den Vier-Quadrate-Satz betreffend wollen wir noch Descartes zu Worte kommen lassen; seinem Urteil ist nichts hinzuzufügen: "Was diesen Satz betrifft, der ohne Zweifel einer der schönsten ist, den man in der Zahlentheorie finden kann, so kenne ich keinen Beweis, und ich urteile, daß er so schwierig ist, daß ich nicht versucht habe, danach zu suchen." Euler - der bedeutendste Mathematiker des 18. Jahrhunderts - hat 40 Jahre lang vergeblich nach einem Beweis gesucht! Die aufgeführten Sätze kannte Fermat zum größten Teil schon vor 1638, wie aus einem Brief an Mersenne hervorgeht. Bevor wir damit beginnen, einige Beweise auszuführen, wollen wir unser Bild von dem Stand der Zahlentheorie um die Mitte des 17. Jahrhunderts vervollständigen, indem wir weitere Sätze aus Fermats Briefen zitieren.

(2.9) Satz. *Die Gleichung* $x^4+y^4 = z^2$ *- insbesondere auch die Gleichung* $x^4+y^4 = z^4$ *- ist in ganzen Zahlen unlösbar.*

(2.10) Satz. (aus einem Brief an Pascal vom 25.9.1654) *Jede Primzahl der Form* $3k+1$ *kann in der Form* x^2+3y^2 *dargestellt werden. Jede Primzahl der Form* $8k+1$ *oder* $8k+3$ *ist von der Form* x^2+2y^2.

(2.11) Satz. *Jede Zahl ist Summe von höchstens drei "Dreieckszahlen", d.h. Zahlen der Form* $\frac{n(n-1)}{2} = \binom{n}{2}$.

Gauß bewies rund 150 Jahre später, daß jede natürliche Zahl, die nicht die Form $4^k(8n+7)$ hat, Summe von drei Quadraten ist. Dieses Resultat ist im wesentlichen aequivalent zu dem letzten Satz über die Dreieckszahlen.

(2.12) <u>Satz</u>. *Keine Dreieckszahl (außer 1) ist eine dritte Potenz.*

Damit wollen wir unsere Liste abschließen, obwohl sie sich noch um manches interessante Resultat erweitern ließe. Es ist offenkundig, daß die meisten dieser Sätze bis heute in Vorlesungen oder Büchern über elementare Zahlentheorie mit im Mittelpunkt stehen.

Wir führen jetzt zunächst den Beweis von (2.9) aus. Dafür, daß wir mit diesem Satz beginnen, gibt es drei Gründe. Erstens ist es der einzige Satz, für den Fermat selbst einen einigermaßen vollständigen Beweis veröffentlicht hat, zweitens können wir an die Bestimmung der pythagoräischen Tripel aus Kapitel 1 anschließen und drittens ist es das einfachste Resultat, an dem die Methode des unendlichen Abstiegs zur Anwendung kommt.

<u>Beweis von (2.9)</u>. Angenommen die Behauptung ist falsch. Dann gibt es paarweise teilerfremde ganze Zahlen x,y,z mit $x^4+y^4 = z^2$. Wir nehmen an, daß z minimal mit der angegebenen Eigenschaft ist. Aus der Eigenschaft pythagoräischer Tripel (Kapitel 1) ergibt sich dann: $x^2 = A^2-B^2$, $y^2 = 2AB$, $z = A^2+B^2$. B ist gerade. Da x und y teilerfremd sind, sind auch A und B teilerfremd, und daher folgt: $A = a^2$, $B = 2b^2$. Also gilt $x^2+(2b^2)^2 = a^4$ und damit $2b^2 = 2CD$, $a^2 = C^2+D^2$. Die Zahlen C und D sind teilerfremd. Man erhält $C = c^2$, $D = d^2$, also $a^2 = c^4+d^4$. Nun ist $z = a^4+(2b^2)^2 > a^4 \geq a$, da mit $y > 0$ auch $b > 0$ ist. Das aber widerspricht der Minimalität von z.

Dem Beweis des Zwei-Quadrate-Satzes, der ebenfalls mit der Methode des unendlichen Abstiegs geführt wird, schicken wir den folgenden Hilfssatz voraus:

(2.13) <u>Hilfssatz</u>. *Genau für Primzahlen* q *der Form* $q = 4k+1$ *hat die Gleichung* $x^2+y^2 = 0$ *im Körper* $\mathbb{F}_q$ *mit* q *Elementen eine nichttriviale Lösung.*

<u>Beweis</u>. Für $q = 4k+1$ enthält die multiplikative Gruppe $\mathbb{F}_q^*$ von $\mathbb{F}_q$ ein Element x der Ordnung 4, d.h. in $\mathbb{F}_q$ gilt $x^2+1 = x^2+1^2 = 0$. Angenommen für $q = 4k+3$ existiert eine nichttriviale Lösung (x,y). Dann ist x/y

ein nichttriviales Element in $\mathbb{F}_q^*$ von der Ordnung 4. Die Ordnung der Gruppe $\mathbb{F}_q^*$ ist aber $q-1 = 4k+2 = 2(2k+1)$.

Man darf wohl unterstellen, daß sich Fermat den nun folgenden *Beweis des Zwei-Quadrate-Satzes* so ähnlich vorgestellt hat.

Wir zeigen zunächst die Existenzaussage. Angenommen die Behauptung ist falsch. Dann gibt es eine kleinste Primzahl p der Form $p = 4k+1$, die nicht Summe von zwei Quadraten ganzer Zahlen ist. Sei n die kleinste natürliche Zahl, so daß $np = x^2+y^2$ mit teilerfremden x,y. Ein solches n existiert; denn nach (2.13) besteht eine Gleichung der Form $mp = z^2+1$. Wir können annehmen, daß $x,y > 0$. Außerdem gilt $x,y < p/2$, wie man erkennt, wenn man ganze Zahlen k,l so bestimmt, daß $x-kp < p/2$ bzw. $y-lp < p/2$ und dann x,y durch $x-kp$ bzw. $y-lp$ ersetzt. Es folgt auch $n < p/2$. x und y sind teilerfremd. Andernfalls gibt es eine Primzahl q, so daß $x = x_o q$, $y = y_o q$ und somit $np = q^2(x_o^2+y_o^2)$. Wegen $x,y < p/2$ ist dann $q < p$ und somit q^2 ein Teiler von n. n/q^2 ist also eine natürliche Zahl $< n$, so daß $(n/q^2)p$ Summe von zwei Quadraten ist, im Widerspruch zur Wahl von n. Insbesondere sind also x,y nicht beide gerade. Sie sind auch nicht beide ungerade. Sonst ist nämlich 2 ein Teiler von $x \pm y$ und n, und wir erhalten widersprüchlicherweise: $(n/2)p = (x+y)^2/4+(x-y)^2/4$. Um den Beweis zu vollenden, bemerken wir zunächst, daß n nur Primteiler der Form $4k+1$ enthält. Hat n nämlich einen Primfaktor der Form $q = 4k+3$, so haben x und y nach (2.13) den gemeinsamen Teiler q, im Widerspruch zur Teilerfremdheit von x und y. Sei nun q ein Primteiler von n. Wegen $n < p/2$ ist $q < p$, und daher gibt es eine Darstellung von q als Summe von zwei Quadraten: $q = u^2+v^2$. Dann ist

$$\left(\frac{n}{q}\right)p = \frac{1}{q}(x^2+y^2) = \frac{x^2+y^2}{u^2+v^2}$$

$$= \left(\frac{ux+vy}{u^2+v^2}\right)^2 + \left(\frac{uy-vx}{u^2+v^2}\right)^2 \qquad (*)$$

$$= \left(\frac{ux-vy}{u^2+v^2}\right)^2 + \left(\frac{uy+vx}{u^2+v^2}\right)^2 \; . \qquad (**)$$

Nun gilt im Körper mit q Elementen: $v^2/u^2 = -1$ und $x^2/y^2 = -1$, also $v/u = \pm x/y$ oder $vy \pm xu = 0$. Aus den obigen Gleichungen ergibt sich jetzt, daß (*) oder (**) eine Darstellung von $(n/q)p$ als Summe von zwei Quadraten ganzer Zahlen liefert, Widerspruch.

Nun beweisen wir die Eindeutigkeitsaussage. Angenommen es gilt

$$p = x^2+y^2 = X^2+Y^2. \qquad (+)$$

Es gibt genau zwei Lösungen der Kongruenz $z^2+1 \equiv 0 \bmod p$ (vgl. (2.13)). Diese sind von der Form $z \equiv \pm h \bmod p$. Also gilt $x \equiv \pm hy \bmod p$ und $X \equiv \pm hY \bmod p$. Da das Vorzeichen keine Rolle spielt, wählen wir

$$x \equiv hy \bmod p \;,\; X \equiv hY \bmod p \;. \qquad (++)$$

Aus (+) und der Formel von Fibonacci (2.1) ergibt sich dann

$$p^2 = (x^2+y^2)(X^2+Y^2) = (xX+yY)^2+(xY-yX)^2 \;.$$

Wegen (++) ist $xY-yX \equiv 0 \bmod p$ und dann auch $xX+yY \equiv 0 \bmod p$. Division durch p^2 ergibt eine Darstellung der Zahl 1 als Summe von zwei ganzzahligen Quadraten. Die einzig mögliche solche Darstellung ist $1 = (\pm 1)^2+0^2$. Das zeigt: $xX+yY$ oder $xX-yY = 0$. Berücksichtigt man, daß x,y,X,Y paarweise teilerfremd sind, so folgt daraus die behauptete Eindeutigkeit.

Aus dem Bewiesenen und der Formel von Fibonacci (2.1) folgt jetzt sofort, daß alle Zahlen, die nur Primteiler 2 und solche der Form $4k+1$ haben, als Summe von zwei Quadraten darstellbar sind. Wenn man einmal weiß, daß sich jede Primzahl p der Form $4k+1$ eindeutig in der Form x^2+y^2 darstellen läßt, liegt natürlich die Frage nach der Konstruktion solcher Zahlen x,y nahe. Wir erwähnen lediglich, daß hierfür in der Tat verschiedene Methoden bekannt sind (Legendre (1808), Gauß (1825), Serret (1848), Jacobsthal (1906)).

Die Methode von Legendre basiert auf der Theorie der Kettenbrüche, auf die wir im Kapitel 5 noch zu sprechen kommen werden, um damit dann den wichtigen Satz (2.5) zu beweisen. Zu der in diesem Satz angesprochenen Gleichung $x^2-dy^2 = 1$ (wie man sie heute meistens schreibt) wollen wir an dieser Stelle wenigstens ein paar Bemerkungen machen. Das Interesse an dieser Gleichung rührt zum Teil wohl daher, eine möglichst gute rationale Approximation von $\sqrt{d}$ zu finden. Für große x,y ist ja $\sqrt{d} \approx x/y$, falls $x^2-y^2d = 1$. Mathematisch interessanter ist jedoch die Tatsache, daß keinerlei Regelmäßigkeiten für die kleinsten Lösungen der Gleichung erkennbar sind. Das zeigt auch die folgende Tabelle, in der für einige d die kleinste Lösung angegeben ist. Eine ähnliche Tabelle hat

Fermat offenbar auch berechnet, denn in seinen Briefen stellt er mehrfach die Gleichung $x^2-y^2d = 1$ als Aufgabe, und er wählt oft spezielle d, für die x,y besonders groß werden, z.B. d = 61, 109, 149. (Vieles über diese Gleichung war offenbar schon Jahrhunderte früher indischen Mathematikern bekannt.)

Tabelle für die kleinste Lösung von $x^2-dy^2 = 1$

d	x	y
8	3	1
10	19	6
11	10	3
12	7	2
13	649	180
14	15	4
15	4	1
60	31	4
61	1766319049	226153980
62	63	8
108	1351	130
109	158070671986249	15140424455100
110	21	2
148	73	6
149	25801741449	2113761020
150	49	4

... und wer sieht schon auf Anhieb:

d = 991

x = 379516400906811930638014896080

y = 12055735790331359447442538767 ?

Zum Abschluß dieses Kapitels über Fermat noch ein Wort zum sogenannten "Fermatschen Problem".

Zu der Frage, ob Fermat einen Beweis besessen hat oder nicht, ist so viel geschrieben und spekuliert worden. Die Wahrheit scheint offensichtlich zu sein! Etwa 1637 schrieb Fermat seine berühmte Bemerkung in sein privates Exemplar der Bachetschen Diophant-Ausgabe (bei der Aufgabe, eine Quadratzahl in die Summe zweier Quadratzahlen zu zerlegen): "Cubum autem in duos cubos, aut quadrato-quadratum in duos quadrato-quadratos, et generaliter nullam in infinitum ultra quadratum potestatem in duas ejusdem nominis fas est dividere; cujus rei demonstrationem mirabilem sane detexi. Hanc marginis exiguitas non caperet." (Fermat, Oeuvres, III, S. 241). Dem Sinne nach behauptet hier Fermat, daß die Gleichung $x^n+y^n = z^n$, $n \geqq 3$, unlösbar ist (natürlich in ganzen Zahlen) und sagt, daß er einen wahrhaft wunderbaren Beweis hierfür besitze. Der Rand sei nur zu klein, ihn darauf aufzuschreiben.

In diese Zeit fallen auch seine ersten Briefe, die sich mit Zahlentheorie beschäftigen, und wir können annehmen, daß sein Interesse für Zahlentheorie nicht sehr viel früher erwacht war. Nach allem was bekannt ist, hat er diese allgemeine Behauptung nie wieder ausgesprochen. Dagegen hat er die Behauptung im Fall n = 3 und 4 verschiedentlich wiederholt und seinen Brieffreunden als Problem gestellt. Wie wir gesehen haben, hat er schließlich in dem Brief an Carcavi aus dem Jahre 1659 den Fall n = 3 gesondert formuliert. (Der Fall n = 4 erschien ihm offensichtlich zu einfach, um ihn in diese Sammlung seiner bedeutendsten Sätze aufzunehmen.) Alle diese Tatsachen sprechen eindeutig dafür, daß ihm sehr bald die Lückenhaftigkeit seines "Beweises" von 1637 bewußt wurde. Natürlich gab es nicht den geringsten Anlaß für ihn, diese Vermutung, (die sich ja nur in seinen privaten Notizen findet,) öffentlich zu widerrufen.

Literaturhinweise

Fermat, Oevres, Bd. 2

Edwards, Chap. 1

Bell, Kapitel 4

Th.L. Heath (vgl. Literaturhinweise zu Kapitel 1)

J.E. Hofmann: Fermat, Pierre de (in Dictionary of Scientific Biography)

J.E. Hofmann: Über zahlentheoretische Methoden Fermats und Eulers, ihre Zusammenhänge und Bedeutung, Arch. History Exact Sciences 1, (1961), 122-159

M.S. Mahoney: The mathematical career of Pierre de Fermat (1601-1665), Princeton University Press, 1973

dazu auch

A. Weil: Besprechung des Buches von Mahoney, Werke III

L.J. Mordell: Three lectures on Fermat's last theorem, Cambridge University Press, Cambridge (1921)

P. Bachmann: Das Fermatproblem in seiner bisherigen Entwicklung, Springer Verlag, Berlin-Heidelberg-New York, Neudruck 1976

H. Davenport: The Higher Arithmetic, Hutchinson & Co, Third Ed., 1960

3. Euler

Von 1650 an tat sich in der Zahlentheorie 100 Jahre lang so gut wie nichts. Diese Zeit steht ganz im Zeichen der Entwicklung der Analysis durch Isaac Newton (1642-1727), Gottfried Wilhelm Leibniz (1646-1716), die Bernoullis (Jacob 1654-1705, Johann I 1667-1748, Nikolaus II 1687-1759, Daniel 1700-1782) und Leonhard Euler (1707-1783). Die Analysis ist zwar nicht das Thema dieses Buches, aber seit Dirichlet werden in der Zahlentheorie in großem Umfang analytische Methoden verwandt. Der Keim zu dieser Verbindung von Analysis und Zahlentheorie ist in den Untersuchungen Eulers gelegt, und wir wollen jetzt versuchen, die Anfänge dieser Entwicklungslinie zu verfolgen.

Eines der ersten und interessantesten Probleme, das in der Analysis auftauchte, war die Berechnung unendlicher Reihen. Der Prototyp einer unendlichen Reihe ist die geometrische Reihe, die zuerst von Nicole Oresme (ca. 1323 bis 1382) summiert wurde:

$$1+x+x^2+\ldots = \frac{1}{1-x} \quad \text{für } |x| < 1 \ .$$

Durch verhältnismäßig einfache Manipulationen, deren Technik seit den Begründern der Analysis Allgemeingut ist, kann man aus dieser Reihe andere gewinnen, z.B.

$$\frac{1}{1+x} = 1-x+x^2-x^3+-\ldots \ ;$$

Integration liefert

$$\log(1+x) = x-\frac{x^2}{2}+\frac{x^3}{3}-+\ldots \ .$$

Mit Hilfe des Abelschen Grenzwertsatzes erhält man:

$$\log(2) = 1-\frac{1}{2}+\frac{1}{3}-+\ldots \ .$$

Ein weiteres Beispiel ist

$$\frac{1}{1+x^2} = 1-x^2+x^4-x^6+-\ldots ;$$

Integration liefert

$$\arctan x = x - \frac{x^3}{3} + \frac{x^5}{5} -+\ldots .$$

Mit Hilfe des Abelschen Grenzwertsatzes erhält man:

$$\frac{\pi}{4} = \arctan 1 = 1 - \frac{1}{3} + \frac{1}{5} - \frac{1}{7} +-\ldots .$$

Diese letzte Reihe, die sicher jedem Leser aus der Analysis-Vorlesung bekannt ist, wird uns noch wiederholt beschäftigen. Wie viele grundlegende Resultate der Analysis kann ihre Entdeckung mehreren Mathematikern zugeschrieben werden. Als Erster hat sie wohl Gregory gefunden, aber unabhängig wurde sie von Leibniz ca. 1673 entdeckt, also noch bevor er den Hauptsatz der Differential- und Integralrechnung (ebenfalls wieder-) entdeckt hatte. Diese (z.B. von Huygens) sogleich beachteten und anerkannten mathematischen Erfolge mögen mitentscheidend für die Hinwendung des Juristen und Diplomaten Leibniz zur Mathematik gewesen sein.

In diesen Reihen zeigt sich bereits ein (zunächst ganz naiv festgestellter) Zusammenhang zwischen Folgen ganzer Zahlen, die ein einfaches zahlentheoretisches Gesetz erfüllen, und transzendenten Funktionen. Solche Beispiele werden uns immer wieder begegnen, und wir wollen jetzt noch ein ganz besonders wichtiges vorstellen. Es handelt sich um die sogenannten Bernoulli-Zahlen. Diese spielen bis heute in der Mathematik eine große Rolle.

Die in $x = 0$ offensichtlich stetig ergänzbare Funktion

$$f(x) = x/e^x-1$$

besitzt in 0 eine konvergente Potenzreihenentwicklung

$$f(x) = B_0 + \frac{B_1}{1!}x + \frac{B_2}{2!}x^2 + \ldots + \frac{B_n}{n!}x^n + \ldots .$$

Die Koeffizienten B_i in dieser Potenzreihenentwicklung heißen Bernoulli-Zahlen (benannt nach Jacob Bernoulli). Wir leiten nun eine Rekursionsformel für diese Zahlen her. Das Cauchy-Produkt von zwei Potenzreihen ist

$$\left(\sum_{m=0}^{\infty} a_m x^m\right)\left(\sum_{n=0}^{\infty} b_n x^n\right) = \sum_{r=0}^{\infty}\left(\sum_{k=0}^{r} a_k b_{r-k}\right)x^r .$$

Ist die rechte Seite die Funktion 1, so ergibt sich also

$$a_0 b_0 = 1, \; a_0 b_n = -\sum_{k=0}^{n-1} b_k a_{n-k} .$$

Hieraus lassen sich die b_n sukzessive bestimmen.
Wegen

$$\frac{e^x - 1}{x} = \sum_{n=0}^{\infty} \frac{1}{(n+1)!} x^n$$

erhalten wir für die Bernoulli-Zahlen folgende Rekursionsformel:

$$B_n = -\sum_{k=0}^{n-1} B_k \frac{1}{k!} \frac{n!}{(n-k+1)!} . \tag{3.1}$$

Diese Formel zeigt, daß alle B_n rationale Zahlen sind. Man berechnet z.B.

$$B_0 = 1, \; B_1 = -\frac{1}{2}, \; B_2 = \frac{1}{6}, \; B_3 = 0, \; B_4 = -\frac{1}{30},$$

$$B_5 = 0, \; B_6 = \frac{1}{42}, \; B_7 = 0, \; B_8 = -\frac{1}{30}, \; B_9 = 0,$$

$$B_{10} = \frac{5}{66}, \; B_{11} = 0, \; B_{12} = -\frac{691}{2730}, \; \ldots .$$

Bereits Euler hat alle B_k für $k \leq 30$ berechnet.

Zum ersten Mal tauchen die B_k wohl in der "Ars conjectandi" von Jacob Bernoulli, Basel 1713, auf; und zwar im Zusammenhang mit der Berechnung der Summe $\sum_{\nu} \nu^k$, ν von 1 bis n-1. Das Problem der Berechnung dieser Summen war schon vor Fermat aktuell und auch von diesem vorübergehend behandelt worden. Heute treten die Bernoulli-Zahlen an vielen Stellen in der Zahlentheorie, aber auch in anderen Gebieten, z.B. in der algebraischen Topologie, in Erscheinung, und man hat den Eindruck, daß sie mit ganz besonders tiefliegenden und zentralen Fragestellungen zusammenhängen. Wir wollen nun einige der einfacheren Eigenschaften dieser Zahlen besprechen.

Zunächst schreiben wir die Rekursionsformel um:

$$\sum_{k=o}^{n} \frac{n!}{k!(n-k+1)!} B_k = 0 .$$

Multipliziert man mit n+1 und benutzt man die Identität

$$\frac{(n+1)!}{k!(n-k+1)!} = \binom{n+1}{k} ,$$

so folgt

$$\sum_{k=o}^{n} \binom{n+1}{k} B_k = 0 .$$

Führt man für ein Polynom $p(x) = \sum_{k=o}^{n} a_k x^k$ die Bezeichnung

$$p(B) := \sum_{k=o}^{n} a_k B_k$$

ein, so läßt sich die Rekursionsformel schließlich in der eleganten Form

$$(1+B)^{n+1} - B^{n+1} = 0 \qquad (3.1)'$$

schreiben.

Auf Grund der obigen Tabelle wird man schon vermuten, daß gilt:

(3.2) Bemerkung. *Für ungerades* $k > 1$ *ist* $B_k = 0$.

Beweis. Die Behauptung ist offenbar aequivalent zu der Aussage, daß $x/(e^x-1)+x/2$ eine gerade Funktion ist. Das ist aber leicht nachzuprüfen; denn

$$\frac{x}{e^x-1} + \frac{1}{2}x = \frac{-x}{e^{-x}-1} - \frac{1}{2}x$$

gilt genau dann, wenn

$$\frac{x}{e^x-1} + \frac{x}{e^{-x}-1} = -x ,$$

was aber wegen $e^x e^{-x} = 1$ richtig ist. q.e.d.

In der folgenden Formel tauchten, wie gesagt, die Bernoulli-Zahlen zum ersten Mal auf.

$$1^k+2^k+\ldots+(n-1)^k = \frac{1}{k+1}\left((n+B)^{k+1}-B^{k+1}\right) ; \qquad (3.3)$$

speziell für k = 1,2,3:

$$1+2+\ldots+(n-1) = \frac{1}{2}(n-1)n$$

$$1+2^2+\ldots+(n-1)^2 = \frac{1}{6}n(n-1)(2n-1)$$

$$1+2^3+\ldots+(n-1)^3 = \frac{1}{4}n^2(n-1)^2 .$$

Beweis. Es ist einerseits

$$\frac{e^{nx}-1}{x}\,\frac{x}{e^x-1} = \sum_{r=0}^{n-1} e^{rx} = \sum_{r=0}^{n-1}\sum_{k=0}^{\infty}\frac{r^k x^k}{k!} = \sum_{k=0}^{\infty}\Big(\sum_{r=0}^{n-1}\frac{r^k}{k!}\Big)x^k .$$

Andererseits gilt mittels Cauchy-Produkt

$$\frac{e^{nx}-1}{x}\,\frac{x}{e^x-1} = \Big(\sum_{s=0}^{\infty}\frac{n^{s+1}x^s}{(s+1)!}\Big)\Big(\sum_{t=0}^{\infty}\frac{B_t}{t!}x^t\Big)$$

$$= \sum_{k=0}^{\infty}\Big(\sum_{s=0}^{k}\frac{n^{s+1}B_{k-s}}{(s+1)!(k-s)!}\Big)x^k$$

mit t = k-s. Koeffizientenvergleich liefert

$$\sum_{r=0}^{n-1}\frac{r^k}{k!} = \sum_{s=0}^{k}\frac{n^{s+1}B_{k-s}}{(s+1)!(k-s)!} .$$

Multiplikation mit k! ergibt

$$\sum_{r=0}^{n-1} r^k = \frac{1}{k+1}\sum_{s=0}^{k}\frac{(k+1)!}{(s+1)!(k-s)!}n^{s+1}B_{k-s}$$

$$= \frac{1}{k+1}\sum_{s=0}^{k}\binom{k+1}{s+1}n^{s+1}B_{k-s}$$

$$= \frac{1}{k+1}\left((n+B)^{k+1}-B^{k+1}\right). \qquad \text{q.e.d.}$$

Nun kommen wir zu einem der berühmtesten Sätze Eulers, den er 1736 entdeckte. ("Institutiones Calculi Differentialis", Opera (1), Vol. 10)

(3.4) <u>Satz</u>.

$$\sum_{n=1}^{\infty} \frac{1}{n^{2k}} = \frac{2^{2k-1}\pi^{2k}|B_{2k}|}{(2k)!} .$$

Speziell für k = 1,2 *bzw.* 3 *ergibt sich*

$$\sum_{n=1}^{\infty} \frac{1}{n^2} = \frac{\pi^2}{6} , \quad \sum_{n=1}^{\infty} \frac{1}{n^4} = \frac{\pi^4}{90} , \quad \sum_{n=1}^{\infty} \frac{1}{n^6} = \frac{\pi^6}{945} .$$

(Wegen $\frac{1}{n^{2k}} \leq \frac{1}{n^2} < \frac{1}{n(n-1)}$ *für* $n \geq 2$ *und* $\sum_{n=2}^{k} \frac{1}{n(n-1)} = \sum_{n=2}^{k} (\frac{1}{n-1} - \frac{1}{n}) = 1 - \frac{1}{k}$

ist die betrachtete Reihe $\sum_{n=1}^{\infty} \frac{1}{n^{2k}}$ *konvergent.)*

Für den Beweis von (3.4) braucht man einige Tatsachen über trigonometrische Funktionen. Hierzu zunächst eine Art didaktischer Bemerkung: Der üblichen Definition

$$\sin x = \sum_{n=0}^{\infty} (-1)^n \frac{x^{2n+1}}{(2n+1)!}$$

$$\cos x = \sum_{n=0}^{\infty} (-1)^n \frac{x^{2n}}{(2n)!}$$

sieht man in keiner Weise an, daß diese Funktionen periodisch sind. Es ist naheliegend, nach einem Ansatz zu suchen, bei dem die Periodizität offensichtlich ist. Die einfachste Möglichkeit ist, folgende Funktion zu betrachten:

$$f(x) = \sum_{n=-\infty}^{\infty} \frac{1}{x+n} . \tag{3.5}$$

Nehmen wir für einen Augenblick an, daß diese Definition sinnvoll ist. Dann ist jedenfalls offensichtlich, daß die rechte Seite die Periode 1 hat: Ersetzt man x durch x+1, so ersetzt man nur den Summationsindex n durch n+1. Nun zur Schreibweise: Wir meinen natürlich:

$$f(x) := \frac{1}{x} + \sum_{n=1}^{\infty} (\frac{1}{x+n} + \frac{1}{x-n}) = \frac{1}{x} + \sum_{n=1}^{\infty} \frac{2x}{x^2-n^2} .$$

Selbstverständlich ist $f(x)$ für $x \in \mathbb{Z}$ nicht definiert, aber man kann leicht zeigen, daß $\sum_{n=1}^{\infty} (\frac{1}{x+n} + \frac{1}{x-n})$ für $x \notin \mathbb{Z}$ absolut konvergent ist (vgl. z.B. Erwe, Differential- und Integralrechnung I, S. 216/217). Wie läßt sich die Funktion f durch eine bekannte periodische Funktion ausdrücken? Es ist

$$f(x) = \frac{1}{x} + \sum_{n=1}^{\infty} (\frac{1}{x+n} + \frac{1}{x-n}) \tag{3.6}$$

$$= \pi \operatorname{cotg} (\pi x) \ .$$

Das ist die sogenannte *Partialbruchzerlegung der Cotangensfunktion*. Obwohl diese Darstellung aus der Differential- und Integralrechnung bekannt sein dürfte, wollen wir sie wegen der dabei verwandten typischen und oft vorkommenden Schritte aus der Eulerschen Produktdarstellung der Sinusfunktion herleiten. Eulers Grundidee bei der Herleitung von Produktdarstellungen überhaupt war, für eine Funktion eine Darstellung zu finden, die analog der Zerlegung eines Polynoms in Linearfaktoren der Form $x-\alpha_\nu$ ist, wobei α_ν die verschiedenen Nullstellen sind. Natürlich wird das Produkt i.a. nicht mehr endlich sein, und man hat Konvergenzfragen zu diskutieren. Hat man einmal eine Produktdarstellung gefunden, so läßt sich diese Darstellung unter gewissen Konvergenzvoraussetzungen in eine additive Form bringen, indem man logarithmiert. Euler fand für die Sinusfunktion, genauer für $\sin(\pi x)$, deren Nullstellen genau alle ganzen Zahlen sind, die folgende Produktdarstellung

$$\sin\pi x = x \prod_{n \neq 0} (1 - \frac{x}{n}) \tag{3.7}$$

$$:= x \prod_{n=1}^{\infty} (1 - \frac{x^2}{n^2}) \ .$$

Das rechts stehende Produkt konvergiert absolut. Aus dieser Produktdarstellung läßt sich nun die Partialbruchzerlegung der Cotangensfunktion ableiten: Die Funktion $\pi \operatorname{cotg}(\pi x)$ ist die logarithmische Ableitung von $\sin(\pi x)$. Logarithmiert man daher die Produktdarstellung von $\sin\pi x$ (dies darf man wegen der absoluten Konvergenz des Produktes gliedweise tun), so erhält man zunächst

$$\log(\sin\pi x) = \log x + \sum_{n=1}^{\infty} \log(1 - \frac{x^2}{n^2})$$

und dann durch Differentiation (die man nach einem bekannten Kriterium gliedweise ausführen darf)

$$\pi \operatorname{cotg}(\pi x) = \frac{1}{x} + \sum_{n=1}^{\infty} \frac{-2x}{n^2(1-x^2/n^2)}$$

$$= \frac{1}{x} + \sum_{n=1}^{\infty} \left(\frac{1}{x+n} + \frac{1}{x-n}\right) .$$

Es sei noch erwähnt, daß man die Theorie der periodischen und trigonometrischen Funktionen aufbauen kann, indem man die obige Partialbruchzerlegung als Definition der Cotangensfunktion nimmt. (Vgl. dazu A. Weil: Elliptic functions according to Eisenstein und Kronecker, Springer Verlag, Ergebnisse der Mathematik, 1976).

Beweis von (3.4). In $\frac{x}{e^x-1}$ substituieren wir $x = 2iz$. Dann gilt

$$\frac{2iz}{e^{2iz}-1} = \sum_{k=0}^{\infty} \frac{B_k}{k!}(2iz)^k = \sum_{k=0}^{\infty} \frac{2^k i^k B_k}{k!} z^k$$

$$= 1-iz + \sum_{k=1}^{\infty} \frac{2^{2k}(-1)^k B_{2k}}{(2k)!} z^{2k} ,$$

weil für alle ungeraden $k > 1$ die B_k verschwinden. Andererseits ist

$$z \operatorname{cotg} z = z \frac{\cos z}{\sin z} = z \frac{\frac{1}{2}(e^{iz}+e^{-iz})}{\frac{1}{2i}(e^{iz}-e^{-iz})}$$

$$= iz \frac{e^{iz}+e^{-iz}}{e^{iz}-e^{-iz}} = iz \frac{e^{2iz}+1}{e^{2iz}-1}$$

$$= iz \frac{2+e^{2iz}-1}{e^{2iz}-1} = \frac{2iz}{e^{2iz}-1} + iz .$$

Mittels der letzten Gleichung folgt dann

$$z \operatorname{cotg} z = 1 + \sum_{k=1}^{\infty} \frac{2^{2k}(-1)^k B_{2k}}{(2k)!} z^{2k} .$$

Nun benutzen wir die Partialbruchzerlegung der Cotangensfunktion (mit

$z = \pi x$)

$$z \operatorname{cotg} z = \pi x \operatorname{cotg}(\pi x) = 1+x \sum_{n=1}^{\infty} \left(\frac{1}{x+n} + \frac{1}{x-n}\right)$$

$$= 1 + \frac{z}{\pi} \sum_{n=1}^{\infty} \left(\frac{1}{\frac{z}{\pi}+n} + \frac{1}{\frac{z}{\pi}-n}\right) = 1+z \sum_{n=1}^{\infty} \left(\frac{1}{z+n\pi} + \frac{1}{z-n\pi}\right)$$

$$= 1+2 \sum_{n=1}^{\infty} \frac{z^2}{z^2-n^2\pi^2} = 1-2 \sum_{n=1}^{\infty} \frac{z^2}{n^2\pi^2} \left(\frac{1}{(1-z^2/n^2\pi^2)}\right)$$

$$= 1-2 \sum_{n=1}^{\infty} \frac{z^2}{n^2\pi^2} \sum_{k=0}^{\infty} \frac{z^{2k}}{n^{2k}\pi^{2k}} \qquad \text{(geometrische Reihe)}$$

$$= 1-2 \sum_{k=0}^{\infty} \left(\sum_{n=1}^{\infty} \frac{1}{n^{2k+2}}\right) \frac{z^{2k+2}}{\pi^{2k+2}} \qquad \text{(absolute Konvergenz)}$$

$$= 1-2 \sum_{k=1}^{\infty} \left(\sum_{n=1}^{\infty} \frac{1}{n^{2k}}\right) \frac{z^{2k}}{\pi^{2k}} \quad .$$

Durch Koeffizientenvergleich beider Reihen für $z \operatorname{cotg} z$ folgt:

$$\sum_{n=1}^{\infty} \frac{1}{n^{2k}} = \frac{2^{2k-1}\pi^{2k}(-1)^{k+1}B_{2k}}{(2k)!} \quad .$$

Weil die Reihe positiv ist, haben die B_{2k} abwechselndes Vorzeichen, und es folgt die Behauptung. q.e.d.

(3.8) <u>Zusatz</u>. *Mit k geht auch* $|B_{2k}|$, *ja sogar* $\sqrt[2k]{|B_{2k}|}$, *gegen Unendlich. Der Konvergenzradius der Potenzreihe* $\sum_{k=0}^{\infty} \frac{B_k}{k!} x^k$ *ist* 2π.

<u>Beweis</u>. Wir setzen zur Abkürzung $G_k := \sum_{n=1}^{\infty} \frac{1}{n^{2k}}$. Es ist

$$0 < G_k - 1 = \frac{1}{2^{2k}} \sum_{n=2}^{\infty} \left(\frac{2}{n}\right)^{2k} \leq \frac{1}{2^{2k}} \sum_{n=2}^{\infty} \left(\frac{2}{n}\right)^2 = \frac{G_1-1}{2^{2k-2}} ,$$

so daß $\lim_{k\to\infty} G_k = 1$, d.h. nach (3.4)

$$\lim_{k\to\infty} \frac{|B_{2k}|}{(2k)!} 2^{2k-1}\pi^{2k} = 1 \quad .$$

Dann gilt bekanntlich aber auch

$$\lim_{k\to\infty} \sqrt[2k]{\frac{(2k)!}{|B_{2k}|}} = 2\pi$$

und daher

$$\lim_{k\to\infty} \frac{k}{\sqrt[2k]{|B_{2k}|}} = \pi e \quad .$$

Daraus folgt die erste Behauptung. Mit der Cauchy-Hadamardschen Konvergenzradiusformel ergibt sich auch die letzte Behauptung. q.e.d.

Eulers Leben war, anders als das Fermats, in jeder Hinsicht ereignisreich. Leonhard Euler wurde 1707 in Basel geboren. Sein Vater, der mathematisch interessierte Pfarrer Paul Euler, der bei Jacob Bernoulli gehört hatte, gab seinem Sohn ersten Unterricht. Im Jahre 1720, noch nicht ganz vierzehn Jahre alt, begann Euler an der Universität Basel zu studieren, und zwar zunächst Theologie und Philosophie; daneben besuchte er aber auch mathematische Vorlesungen bei Johann I Bernoulli. Obwohl er ein Examen in Philosophie ablegte, gehörte sein Hauptinteresse doch der Mathematik. Im Alter von 18 Jahren veröffentlichte Euler erste mathematische Arbeiten. Als die Söhne Johann I Bernoullis, Daniel und Nikolaus II, 1725 von der Zarin Katharina I nach Petersburg an die dort gerade nach Plänen Peters des Großen gegründete Akademie gerufen wurden, versuchten sie, auch für ihren gemeinsamen Freund Leonhard Euler eine Stellung zu beschaffen. Ihre Bemühungen hatten teilweise Erfolg. Im Jahre 1726 erhielt Euler einen Ruf an die medizinische Abteilung der Akademie. Nachdem er schnell noch etwas Physiologie studiert hatte, traf er nach ziemlich beschwerlicher Reise (vom 5.4.-24.5.1727!) in Petersburg ein. Wider Erwarten wurde er dort sofort doch "Adjunkt der mathematischen Klasse", im Jahre 1731 dann Professor für Naturlehre und 1733 Professor für Mathematik, als Nachfolger von Daniel Bernoulli. Euler beschäftigte sich sehr viel mit praktischer Wissenschaft (Physik und Technik, Landkarten, Navigation, Schiffsbau) und auch mit Didaktik

Jacob Bernoulli

David Bernoulli
Leonhard Euler

Johann Bernoulli
Jacob Steiner

Joseph Louis Lagrange

Veröffentlicht mit freundlicher Genehmigung des Germanischen Nationalmuseums Nürnberg

Adrien Marie Legendre

(mathematische und physikalische Lehrbücher). Zweifellos liegen seine bedeutendsten Leistungen aber im Gebiet der reinen Mathematik. Jedoch zeigt sich auch hier ein Hang zum Konkreten. Bevor er zur Formulierung eines allgemeinen Satzes schritt, hatte er etliche Rechenbeispiele durchprobiert.

Im Jahre 1740 wurde die politische Situation in der russischen Hauptstadt ziemlich verworren. In dieser Zeit war Friedrich der Große, der gerade König von Preußen geworden war, im Begriff, die von Friedrich I gegründete Berliner Akademie der Wissenschaften wiederzubeleben. Euler wurde eingeladen, dort zu arbeiten. Er akzeptierte und erreichte mit seiner großen Familie am 25. Juli 1741 Berlin. Hier wartete eine Vielzahl von Aufgaben auf ihn (Verwaltungsangelegenheiten, Organisation und Leitung praktischer Arbeiten, z.B. Kanalbau, Entwässerungsarbeiten, Versicherungsangelegenheiten, Ballistik, ...). Aber seine mathematischen und physikalischen Untersuchungen kamen dabei nie zu kurz. Er veröffentlichte sehr viel und hatte einen regen Briefwechsel mit vielen Gelehrten in ganz Europa. Friedrich der Große und Euler waren sehr unterschiedliche Persönlichkeiten, sowohl von ihrer geistigen Interessenlage als auch hinsichtlich ihres Charakters. Der König war sehr interessiert an Literatur, Musik und Philosophie und umgab sich mit Künstlern, Philosophen und Freidenkern. In diese Atmosphäre paßte Euler, dem jegliches Freidenkertum fremd war, nicht. Im calvinistischen Glauben erzogen, blieb er sein ganzes Leben lang christlichen Grundsätzen treu. So ist es kein Wunder, daß er sich bald den Spott der tonangebenden Persönlichkeiten am königlichen Hofe zuzog, als er sich mit seiner christlichen Weltanschauung in einen damals herrschenden Philosophenstreit über die sogenannte Monadenlehre einmischte. Alle diese Gegensätze und sein vergebliches Bemühen, Nachfolger des verstorbenen Maupertuis im Amt des Präsidenten der Akademie zu werden, mögen mit dazu beigetragen haben, daß Euler 1766 die Einladung Katharinas der Großen, wieder an die Petersburger Akademie zurückzukehren, annahm. Hier lebte Euler bis zu seinem Tode am 18.9.1783. Trotz Erblindung im Jahre 1771 blieb er dank seiner unerschöpflichen Arbeitskraft bis zu seinem letzten Tag unglaublich produktiv: Die 1911 von der Schweizerischen Gesellschaft für Naturforschung begonnene Herausgabe seiner Werke ist bis heute noch nicht abgeschlossen. Allein die mathematischen Bände füllen über ein Meter Regal.

Zu jedem mathematischen Gebiet, mit dem Euler sich beschäftigte, hat er wesentliche Beiträge geliefert. Seine bedeutendsten Leistungen liegen aber zweifellos in der Analysis (unendliche Reihen, Funktionentheorie,

Differential- und Integralrechnung, Differentialgleichungen und Variationsrechnung). Von prinzipieller Bedeutung war - wie schon erwähnt - Eulers Anwendung der Theorie der unendlichen Reihen auf zahlentheoretische Probleme. Dieser Thematik wollen wir uns nun zuwenden.

Die Berechnung der Reihen $\Sigma\, n^{-2k}$ führte auf Reihen der Form $\Sigma\, n^{-s}$, $s \in \mathbb{N}$. Schon für $s = 2k+1$ treten schwierige Probleme auf. Bis heute ist der Wert der entsprechenden Reihe nicht bekannt, wenn man darunter - recht einschränkend - eine Formel wie etwa (3.4) versteht. Interessante andersartige Interpretationen dieser Reihenwerte wurden von Minkowski entdeckt. Euler hat wohl als erster gesehen, daß man diese Reihen auf Probleme der Zahlentheorie anwenden kann. Sein Beweis für die Existenz unendlich vieler Primzahlen benutzt die Divergenz der harmonischen Reihe $\Sigma\, n^{-1}$ $(s=1)$: Angenommen nämlich, es gibt nur endlich viele Primzahlen. Dann hat das Produkt

$$\prod_p \left(1 - \frac{1}{p}\right)^{-1} ,$$

wobei p alle Primzahlen durchläuft, einen endlichen Wert. Entwickelt man nun jeden Faktor in eine geometrische Reihe und benutzt den sogenannten Fundamentalsatz der elementaren Zahlentheorie, nach dem sich jede natürliche Zahl in eindeutiger Weise als Produkt von Primzahlpotenzen schreiben läßt, so erhält man

$$\infty > \prod_p \left(1 - \frac{1}{p}\right)^{-1} = \prod_p \left(1 + p^{-1} + p^{-2} + \ldots\right) = \sum_{n=1}^{\infty} \frac{1}{n} = \infty ,$$

Widerspruch!

L.P.G. Dirichlet (1805-1859) hat später als erster systematisch analytische Methoden in die Zahlentheorie eingeführt. Er untersuchte unter anderem Reihen $\Sigma\, n^{-s}$ für reelle s. B. Riemann (1826-1866) ließ dann auch komplexe s zu.

Für reelle $s \geqq 1+\varepsilon$ $(\varepsilon > 0)$ ist $\Sigma\, n^{-(1+\varepsilon)}$ eine Majorante von $\Sigma\, n^{-s}$. Daher ist $\Sigma\, n^{-s}$ in $s \geqq 1+\varepsilon$ gleichmäßig konvergent und wegen der Stetigkeit der Summanden eine stetige Funktion in s. Die durch diese Reihe dargestellte Funktion heißt Zetafunktion und wird mit $\zeta(s)$ bezeichnet. Man hat

$$\frac{1}{s-1} \leqq \int_1^{\infty} \frac{1}{x^s}\, dx \leqq \zeta(s) \leqq 1 + \int_1^{\infty} \frac{1}{x^s}\, dx \leqq 1 + \frac{1}{s-1} .$$

Daraus folgt

$$\lim_{s \downarrow 1} \zeta(s)(s-1) = 1, \text{ insbesondere } \lim_{s \downarrow 1} \zeta(s) = \infty . \tag{3.9}$$

In s = 1 liegt also eine Polstelle erster Ordnung vor.

Entwickelt man in dem über alle Primzahlen erstreckten unendlichen Produkt $\prod_p (1-p^{-s})^{-1}$ alle Faktoren in eine geometrische Reihe und benutzt man den Fundamentalsatz der elementaren Zahlentheorie, so erhält man - ähnlich wie oben - für alle reellen s > 1 die sogenannte *Eulersche Produktdarstellung der Zetafunktion*

$$\zeta(s) = \sum_{n=1}^{\infty} \frac{1}{n^s} = \prod_{\substack{p \\ \text{Primzahl}}} (1-p^{-s})^{-1} . \tag{3.10}$$

(3.11) <u>Satz</u>. $\sum_{\substack{p \\ \text{Primzahl}}} \frac{1}{p}$ *ist divergent.*

<u>Beweis</u>. Wegen $\lim_{s \downarrow 1} \zeta(s) = \infty$ ist auch $\lim_{s \downarrow 1} (\log \zeta(s)) = \infty$.

Aber

$$\log \zeta(s) = \log \left(\prod_p (1-p^{-s})^{-1}\right) = \sum_p \log \left(\frac{1}{1-p^{-s}}\right)$$

$$= \sum_p \sum_{n=1}^{\infty} \frac{p^{-ns}}{n} \quad \text{(logarithmische Reihe)}$$

$$= \sum_p p^{-s} + \sum_p \sum_{n=2}^{\infty} \frac{p^{-ns}}{n} ;$$

daher reicht es zu zeigen, daß $\sum_p \sum_{n=2}^{\infty} \frac{p^{-ns}}{n}$ konvergiert. Das ist aber richtig, wie man mit Hilfe der folgenden groben Abschätzung erkennt:

$$\sum_p \sum_{n=2}^{\infty} \frac{1}{np^{ns}} < \sum_p \sum_{n=2}^{\infty} \frac{1}{p^{ns}} = \sum_p \left(\frac{1}{1-p^{-s}}\right) \frac{1}{p^{2s}}$$

$$= \sum_p \frac{1}{p^s(p^s-1)} \leq \sum_p \frac{1}{p(p-1)} \leq \sum_{n=2}^{\infty} \frac{1}{n(n-1)} = 1 . \quad \text{q.e.d.}$$

Aus (3.11) erhält man schon eine Aussage über die Verteilung der Primzahlen: Die Primzahlen liegen dichter als die Quadratzahlen, weil ja nach (3.4) $\sum_{n=1}^{\infty} \frac{1}{n^2} = \frac{\pi^2}{6} < \infty$. Die Reihe $\sum_p \frac{1}{p}$ divergiert außerordentlich langsam. Bildet man die Partialsumme für die ersten 50 Millionen Summanden, so ist diese immer noch kleiner als 4.

* * *

Bezeichnend für die Denkweise Eulers ist auch ein Ansatz, den er zum Beweis des Vier-Quadrate-Satzes gemacht hat. Dieses Problem hat ihn jahrzehntelang beschäftigt; einen vollständigen Beweis hat er allerdings nicht gefunden, wohl aber den ersten von Lagrange entdeckten Beweis verbessert und vereinfacht. Seine eigene Beweisidee beruht auf der Betrachtung der für $|x| < 1$ definierten Funktion

$$f(x) = 1+x+x^4+x^9+x^{25}+\dots .$$

Entwickelt man die Funktion $f(x)^4$ in eine Potenzreihe

$$f(x)^4 = \sum_{n=0}^{\infty} \tau(n)x^n ,$$

so sieht man durch Koeffizienten-Vergleich unmittelbar, daß $\tau(n)$ die Anzahl der verschiedenen Darstellungen von n als Summe von 4 Quadraten ist. Zum Beweis der Fermat'schen Behauptung ist also "nur" $\tau(n) > 0$ zu zeigen. Die Durchführung dieses Ansatzes ist recht schwierig und erst viele Jahre später C.G.J. Jacobi im Rahmen der Theorie der elliptischen Funktionen gelungen. Wir sehen aber, wie Euler mit einem Schlage in geradezu magischer Weise eine rein zahlentheoretische Frage in ein analytisches Problem verwandelt hat. Tatsächlich ist dieser Ansatz stark verallgemeinerungsfähig, und wir wollen jetzt ein ähnliches Problem diskutieren. Eine Partition einer natürlichen Zahl ist eine Darstellung als Summe von natürlichen Zahlen. Wir sehen zwei Partitionen nicht als verschieden an, wenn sie sich nur in der Reihenfolge der Summanden unterscheiden, und denken uns eine Partition $n = n_1+\dots+n_k$ stets in der Weise gegeben, daß $n_1 \geq n_2 \geq \dots \geq n_k$. Mit $p(n)$ bezeichnen wir die Anzahl der Partitionen von n. Man berechnet z.B. $p(2) = 2$, $p(3) = 3$, $p(4) = 5$, $p(5) = 7$. Die Untersuchung der Partitionen wurde von Leibniz in einem Brief an Johann I Bernoulli aus dem Jahre 1663 angeregt. Die Berechnung der $p(n)$ für beliebiges n erweist sich als äußerst schwieriges Problem. Wie die eben betrachtete Funktion $\tau(n)$ ist auch $p(n)$ eine zahlentheoretische Funktion, d.h. einfach eine Funktion $f : \mathbb{N} \to \mathbb{N}$. Euler ordnet nun jeder solchen Funktion die Reihe

$$F(x) := \sum_{n=0}^{\infty} f(n)x^n, \quad f(0) := 1 \ , \qquad (3.12)$$

zu. F heißt *erzeugende Funktion* zu f. Wenn f(n) mit n nicht zu stark gegen ∞ konvergiert, hat diese Reihe einen von Null verschiedenen Konvergenzradius. Z.B. ist für f = p diese Reihe für $|x| < 1$ konvergent. Euler zeigte nun

(3.13) Satz. *Für* $|x| < 1$ *gilt*

$$\sum_{n=0}^{\infty} p(n)x^n = \prod_{m=1}^{\infty} \frac{1}{1-x^m}$$

(*mit der Vereinbarung* p(0) = 1).

Beweis. Zunächst entwickeln wir jeden Faktor in eine geometrische Reihe und erhalten

$$\prod_{m=1}^{\infty} \frac{1}{1-x^m} = (1+x+x^2+\ldots)(1+x^2+x^4+\ldots)(1+x^3+x^6+\ldots)\ldots$$

Wir sehen zunächst von Konvergenzfragen ab und multiplizieren die Reihen auf der rechten Seite wie Polynome und ordnen nach Potenzen von x. Wir erhalten dann eine Potenzreihe der Form

$$\sum_{k=0}^{\infty} a(k)x^k \quad (a(0) := 1) .$$

Wir haben zu zeigen, daß a(k) = p(k). Sei x^{k_1} ein Term der ersten Reihe, x^{2k_2} ein Term der zweiten und allgemein x^{mk_m} ein Term in der m-ten Reihe. Das Produkt dieser Terme ist

$$x^{k_1} x^{2k_2} \ldots x^{mk_m} = x^k$$

mit

$$k = k_1+2k_2+\ldots+mk_m \ .$$

Der letzte Ausdruck ist eine Partition von k. Jeder Term liefert eine Partition von k und umgekehrt liefert jede Partition einen Term. Diese Beziehung ist eineindeutig und daher gilt a(k) = p(k).

Ein richtiger Beweis ist das natürlich noch nicht. Wir wollen jetzt die Lücken füllen: Zunächst betrachten wir nur $x \in [0,1)$ und führen die folgenden Funktionen ein

$$G_m(x) = \prod_{k=1}^{m} \frac{1}{1-x^k}, \quad G(x) = \prod_{k=1}^{\infty} \frac{1}{1-x^k} = \lim_{m\to\infty} G_m(x) .$$

Das die Funktion G definierende Produkt konvergiert absolut für $x \in [0,1)$, weil die Reihen $\Sigma\, x^k$ diese Eigenschaft haben. Für festes x in $[0,1)$ ist die Folge $G_m(x)$ monoton wachsend. Daher gilt $G_m(x) \leq G(x)$ für festes $x \in [0,1)$ und jedes m. Da $G_m(x)$ das Produkt einer endlichen Anzahl absolut konvergenter Reihen ist, ist $G_m(x)$ selbst absolut konvergent und hat die Form

$$G_m(x) = \sum_{k=0}^{\infty} p_m(k)x^k ,$$

wobei $p_m(k)$ die Anzahl der Partitionen von k in Teile nicht größer als m ist ($p_m(0) := 1$). Für $m \geq k$ gilt $p_m(k) = p(k)$. Also gilt stets $p_m(k) \leq p(k)$ und somit $\lim_{m\to\infty} p_m(k) = p(k)$.

Wir zerlegen nun $G_m(x)$ in zwei Teile

$$\begin{aligned} G_m(x) &= \sum_{k=0}^{m} p_m(k)x^k + \sum_{k=m+1}^{\infty} p_m(k)x^k \\ &= \sum_{k=0}^{m} p(k)x^k + \sum_{k=m+1}^{\infty} p_m(k)x^k . \end{aligned}$$

Wegen $x \geq 0$ gilt

$$\sum_{k=0}^{m} p(k)x^k \leq G_m(x) \leq G(x) .$$

Daher konvergiert $\sum_{k=0}^{\infty} p(k)x^k$ und wegen $p_m(k) \leq p(k)$ gilt

$$\sum_{k=0}^{\infty} p_m(k)x^k \leq \sum_{k=0}^{\infty} p(k)x^k \leq G(x) .$$

Also konvergiert die Reihe $\sum_{k=0}^{\infty} p_m(k)x^k$ gleichmäßig in m, und es ist

$$G(x) = \lim_{m\to\infty} G_m(x) = \lim_{m\to\infty} \sum_{k=0}^{\infty} p_m(k)x^k =$$

$$= \sum_{k=0}^{\infty} \lim_{m\to\infty} p_m(k)x^k$$

$$= \sum_{k=0}^{\infty} p(k)x^k .$$

Damit ist Eulers Formel für $x \in [0,1)$ bewiesen. Der Beweis für $x \in (-1,1)$ ergibt sich durch analytische Fortsetzung. q.e.d.

In ähnlicher Weise stellt man die erzeugenden Funktionen zu q und r auf, wobei q(n) die Anzahl der Partitionen von n in *ungerade* Summanden und r(n) die Anzahl der Partitionen von n in *verschiedene* Summanden bezeichnet.

(3.14) Satz. (Euler) *Die erzeugende Funktion zu* q *ist* $\dfrac{1}{(1-x)(1-x^3)(1-x^5)\ldots}$ *und die zu* r *ist* $(1+x)(1+x^2)(1+x^3)\ldots$.

Die erste Aussage läßt sich ähnlich wie (2.4) beweisen, die zweite Aussage ist trivial.

(3.15) Satz. (Euler) *Es ist* $q(n) = r(n)$.

Der Beweis ist leicht mit Hilfe der entsprechenden erzeugenden Funktionen zu erbringen; wir zeigen einfach, daß sie übereinstimmen. Die Behauptung folgt dann durch Koeffizientenvergleich. Es ist tatsächlich

$$(1+x)(1+x^2)(1+x^3)\ldots = \frac{(1-x^2)(1-x^4)(1-x^6)}{(1-x)(1-x^2)(1-x^3)}\ldots$$

$$= \frac{1}{(1-x)(1-x^3)(1-x^5)\ldots} . \quad \text{q.e.d.}$$

Ohne Verwendung erzeugender Funktionen ist ein Beweis dieses Satzes durchaus nicht auf der Hand liegend; vgl. z.B. "Hardy-Wright, The Theory of Numbers".

Wir haben damit ein schönes Beispiel für die Kraft dieser Methode kennengelernt und wollen dieses Gebiet jetzt mit einem weiteren Satz Eulers, den wir nicht beweisen, abschließen.

Wir betrachten das Reziproke der zu p(n) gehörigen erzeugenden Funktion, nämlich $\prod_{m=1}^{\infty}(1-x^m)$, und rechnen ein paar Terme aus:

$$(1-x)(1-x^2)(1-x^3)(1-x^4)(1-x^5)(1-x^6)(1-x^7)\ldots =$$

$$1-x-x^2+x^5+x^7-x^{12}-x^{15}+-\ldots .$$

Das Bildungsgesetz ist nicht so ohne weiteres zu erkennen, und Euler berechnete sicherlich eine große Anzahl von Termen, bevor er es erriet. Einige Jahre später bewies er dann:

(3.16) <u>Satz</u>. $$\prod_{m=1}^{\infty}(1-x^m) = \sum_{k=-\infty}^{+\infty}(-1)^k x^{\frac{3k^2+k}{2}}$$

$$:= \sum_{k=0}^{\infty}(-1)^k\left(x^{\frac{3k^2-k}{2}} + x^{\frac{3k^2+k}{2}}\right) .$$

Ein "natürlicher" Beweis dieses Resultates wurde wiederum erst von Jacobi im Rahmen der Theorie der elliptischen Funktionen gegeben. Für einen sehr reizvollen kombinatorischen Beweis von F. Franklin (1881) verweisen wir auf das Buch von Hardy-Wright.

Das bisher in diesem Kapitel Besprochene ist augenscheinlich wesentlich durch analytische Methoden geprägt und gehört sogar wohl eher in die Analysis als in die Zahlentheorie. Die Zahlentheorie war eben - da Fermat keine Beweise hinterlassen hatte, als Euler mit seinen Arbeiten begann - praktisch noch nicht vorhanden. Euler mußte ganz von vorne anfangen und arbeitete zunächst auch ganz allein auf dem Gebiet der Zahlentheorie, bis er schließlich in Lagrange einen kompetenten Partner fand. Heutzutage kann man sich nur mit Mühe die Schwierigkeiten vorstellen, die Euler zu überwinden hatte, und die wir heute mit einfachen algebraischen Begriffen wie vor allem dem Gruppenbegriff mit Leichtigkeit überwinden. André Weil, einer der bedeutendsten Mathematiker unserer Zeit, der sich neben seiner eigentlichen Forschungstätigkeit auch sehr viel mit Mathematikgeschichte beschäftigt, urteilt in diesem Sinne über Eulers zahlentheoretisches Werk wie folgt: "One must realize that Euler had absolutely nothing to start from except Fermat's mysterious-looking statements. ... Euler had to reconstruct everything from scratch, ..." Man wird der Vielseitigkeit Eulers jedoch nicht gerecht, sobald man sich in irgendeiner Weise zu sehr festlegt, sei es die behandelten Probleme, sei es die verwandten Methoden betreffend. Es ist im Gegenteil für Euler gerade so bezeichnend, daß er - mit der Begeisterung eines sammelnden und beschreibenden Naturwissenschaftlers vom Typus vergangener Zeiten - an allem Interesse nimmt und so vielen Fragen nachgeht.

Zum Abschluß dieses Kapitels erwähnen wir deshalb noch einige Resultate, die die ganze Spanne seines mathematischen Werkes verdeutlichen sollen. Manches sind tiefe Einsichten, manches schon fast Kuriositäten; alle ausgewählten haben auch einen zahlentheoretischen Bezug, den wir teilweise später noch erhellen werden.

Da sind einfach zu verstehende - und nicht so einfach zu beweisende - Formeln wie

$$\int_0^\infty \frac{\sin x}{x}\,dx = \frac{\pi}{2}$$

$$\int_0^\infty \sin x^2 dx = \frac{1}{2}\sqrt{\frac{\pi}{2}}$$

$$1 - \frac{1}{2} + \frac{1}{4} - \frac{1}{5} + \frac{1}{7} - \dots = \frac{\pi}{3\sqrt{3}}\,.$$

Da ist eine zunächst überhaupt nicht zu verstehende und nur sehr schwer zu beweisende Formel

$$\frac{1-2^{m-1}+3^{m-1}-4^{m-1}+\dots}{1-2^{-m}+3^{-m}-4^{-m}+\dots} = \frac{1\cdot 2\cdot 3\ \dots\ (m-1)(2^m-1)}{(2^{m-1}-1)\pi^m}\cos\frac{m\pi}{2}$$

(Remarques sur un beau rapport entre les series des Puissances tant directes que reciproques, Opera (1), Vol. 15, S. 83), die sich bei näherer Betrachtung als die Funktionalgleichung der ζ-Funktion entpuppt. Da sind strikt zahlentheoretische Sätze, die mehrmals in seiner Korrespondenz und seinen Arbeiten auftreten, die er aber nicht beweisen kann und nicht einmal wirklich präzise formuliert, z.B.: Die Zahlen
d = 1, 2, 3, 4, 5, 6, 7, 8, 9, 10, 12, 13, 15, 16, 18, 21, ... 1320, 1365, 1848 (insgesamt 65 Stück) haben folgende Eigenschaft: Ist ab = d

und kann eine Zahl nur auf eine Weise in der Form ax^2+by^2 mit ax,by teilerfremd geschrieben werden, so ist diese Zahl von der Form p,2p oder 2^k, wobei p eine Primzahl ist. Insbesondere ist jede eindeutig darstellbare ungerade Zahl > 1 eine Primzahl. Euler nennt diese Zahlen numeri idonei, weil sie nämlich geeignet sind, zu testen, ob eine gegebene Zahl eine Primzahl ist. Für d = 57 gibt er z.B. folgende Anwendung: 1000003 ist Primzahl, da eindeutig dargestellt als

$$19\cdot 8^2 + 3\cdot 577^2 .$$

Für d = 1848 erhält er z.B. die Primzahl 18518809, die als einzige Darstellung

$$197^2 + 1848\cdot 100^2$$

hat. Es ist bis heute ein ungelöstes Problem, ob die von Euler gefundenen 65 Zahlen die einzigen numeri idonei sind. (Daß sie tatsächlich die formulierte Eigenschaft haben, wurde von Euler nur für d = 1,2,3 bewiesen, allgemein von Gauß im Rahmen der Theorie der binären quadratischen Formen. Für d = 1 hat man offensichtlich einen Bezug zum Fermatschen Satz (2.3).)

Ausgesprochen kurios anmutend ist die Aussage, daß

$$x^2+x+41$$

für x = 0, 1, 2,...,39 eine Primzahl ist. Das ist natürlich schnell nachgerechnet, aber wie kommt man zu einer solchen Aussage und was steckt dahinter? (Dahinter steckt die Tatsache, daß der Körper $\mathbb{Q}(\sqrt{-163})$ Klassenzahl 1 hat.)

Ebenso leicht nachzurechnen ist folgende rein algebraische Formel (in Eulers Schreibweise mit xx statt x^2)

$$(aa+bb+cc+dd)(pp+qq+rr+ss) = xx+yy+zz+vv$$

mit

$$x = ap+bq+cr+ds$$

$$y = aq-bp\pm cs\mp dr$$

$$z = ar\mp bs-cp\pm dq$$

$$v = as\pm br\mp cq-dp ,$$

die offenbar besagt, daß das Produkt zweier Summen von 4 Quadraten ebenfalls Summe von vier Quadraten ist und daher den Beweis des Fermat'schen 4-Quadrate-Satzes auf den Fall einer Primzahl reduziert.

Abschließen wollen wir diese Liste mit einer Formulierung des quadratischen Reziprozitätsgesetzes, das Euler aber ebenfalls nicht beweisen konnte:

Eine ungerade Primzahl s ist modulo einer ungeraden Primzahl p ein Quadrat genau dann, wenn $(-1)^{1/2(p-1)}p$ ein Quadrat modulo s ist.

Literaturhinweise

L. Euler: Introductio in Analysin infinitorum, Opera Omnia (1), Bd. 8

Hardy - Wright, insbesondere Kapitel 17 und 19

A. Weil: Two lectures on number theory, past and present

L. Kronecker: Zur Geschichte des Reziprozitätsgesetzes, Werke II, 1-10

J. Steinig: On Euler's Idoneal Numbers, Elem. der Math. 21 (1966), 73-88

Th.L. Heath: Vgl. Literaturhinweise zu Kapitel 2

J.E. Hofmann: Vgl. Literaturhinweise zu Kapitel 2

A.P. Youschkevitch: Euler, Leonhard (in: Dictionary of Scientific Biography)

N. Fuss: Lobrede auf Herrn Leonhard Euler, in: Euler, Opera Omnia (1), Bd. 1

4. Lagrange

Joseph Louis Lagrange lebte von 1736 bis 1813. Er wurde in Turin geboren; seine Vorfahren waren teils französischer, teils italienischer Abstammung. Sein Vater verlor das Vermögen der angesehenen Familie durch gewagte Finanzgeschäfte, ein Umstand, von dem Lagrange später angeblich sagte: "Hätte ich ein Vermögen geerbt, so wäre ich wahrscheinlich nicht auf die Mathematik verfallen." (vgl. E.T. Bell, Die großen Mathematiker.) Ein Aufsatz von Halley, eines Freundes von Newton, erweckte in dem jungen Lagrange, der sich vorher mehr für klassische Sprachen interessiert hatte, das Interesse für Mathematik. In kürzester Zeit eignete er sich dann selbständig umfassende Kenntnisse in der Analysis an und wurde schon mit 19 Jahren Professor an der königlichen Artillerieschule in Turin. Hier blieb Lagrange etwa 10 Jahre lang. Er machte sich schnell als Mathematiker einen Namen, vor allem durch grundlegende Beiträge zur Analysis (insbesondere zur Variationsrechnung und zur Theorie der Differentialgleichungen) und Mechanik. Diese Verbindung von Mathematik und Mechanik (oder allgemeiner theoretischer Physik) ist für das ganze 18. Jahrhundert charakteristisch: Mathematik wurde in erster Linie nicht um ihrer selbst willen, sondern als Hilfsmittel zur Naturerkenntnis betrieben. Durch Vermittlung von d'Alembert wurde er im Jahre 1766 von Friedrich II als Nachfolger von Euler an die Berliner Akademie der Wissenschaften berufen. Die Bedingungen in Berlin waren finanziell und arbeitsmäßig äußerst günstig. Er blieb dort bis 1787. Danach ging er, seit Eulers Tod als der bedeutendste lebende Mathematiker anerkannt, an die Pariser Akademie der Wissenschaften. Obwohl Lagrange enge Verbindungen zum französischen Königshaus gehabt hatte, behandelten ihn die führenden Männer der Revolution mit Toleranz. Überhaupt spielte die Wissenschaft seit der Zeit der Revolution und Napoleons eine hervorragende Rolle im öffentlichen Leben Frankreichs. Das Ansehen Lagranges ging sogar über den wissenschaftlichen Rahmen hinaus: zum Beispiel wurde er Mitglied im Senat. Nach seinem Tode wurde er im Pantheon beigesetzt.

In seiner Pariser Zeit beschäftigte sich Lagrange viel mit Didaktik und auch mit anderen Wissensgebieten. Zeitweise verlor er sogar ganz das Interesse an Mathematik. Die für diese Vorlesung wichtigen zahlentheoretischen Arbeiten von Lagrange fallen in die Berliner Zeit, und zwar in die Periode von 1766 bis etwa 1777. Sie wurden wohl hauptsächlich durch Eulers Arbeiten angeregt, die er aufmerksam studierte. (Obwohl Lagrange mit Euler über längere Zeit korrespondierte, ist er mit ihm nie persönlich zusammengetroffen.)

In der Bearbeitung der von Fermat hinterlassenen Probleme ist Euler eigentlich nicht sehr erfolgreich gewesen. Trotz großer Mühe hatte er - nach mehreren Anläufen - nur den Zwei-Quadrate-Satz vollständig bewiesen. Seine Beiträge z.B. zum Vier-Quadrate-Satz oder zu den Gleichungen $x^3+y^3 = z^3$ oder $x^3 = y^2+2$ führten zwar fast zu einer Lösung, waren aber doch lückenhaft. Eulers eigentliche Leistung ist mehr in der Bereitstellung eines umfangreichen Beispielmaterials und der Anwendung analytischer Methoden zu sehen.

Lagrange dagegen kann in seinem zahlentheoretischen Werk als direkter Nachfolger Fermats angesehen werden, und zwar sowohl in inhaltlicher Hinsicht, indem er eine ganze Reihe der Fermatschen Sätze als erster beweist, als auch in methodischer Hinsicht, indem er ganz im Rahmen algebraisch-zahlentheoretischer Methoden bleibt und diese vielfach überhaupt erst entwickelt. Unter seinen - nicht sehr zahlreichen - Arbeiten zur Zahlentheorie heben sich drei besonders heraus:

"Solution d'un problème d'arithmétique" von 1768 (Oeuvres de Lagrange I, 671-731). Hier behandelt er die Fermatsche Gleichung $x^2-dy^2 = 1$ (vgl. (2.5)).

"Démonstration d'un théorème d'arithmétique" von 1770 (Oeuvres III, 189-201). Hier wird der Vier-Quadrate-Satz (2.4) zum ersten Mal bewiesen.

"Recherches d'arithmétique" von ca. 1773 (Oeuvres III, 695-795). Hier wird die Theorie der binären quadratischen Formen begründet, und aus der allgemeinen Theorie werden z.B. die Fermatschen Sätze über Darstellung von Primzahlen durch x^2+2y^2 und x^2+3y^2 abgeleitet und so zum ersten Mal bewiesen.

Für uns ist insbesondere diese dritte Arbeit von Bedeutung, denn hier wird - über die von Fermat und Euler betrachteten Einzelfragen hinausgehend - zum erstenmal eine *ganze* zahlentheoretische Theorie zusammenhängend und systematisch entwickelt. Dies ist ein Schritt, dessen Bedeutung für die weitere Entwicklung der Zahlentheorie und Algebra kaum überschätzt werden kann. Gauß hat etwa 25 Jahre später die Theorie der binären quadratischen Formen ganz wesentlich erweitert und vertieft. Wir werden darauf noch zu sprechen kommen und wollen deshalb schon in diesem Kapitel teilweise die Gaußschen Begriffe verwenden.

Dies ist wohl auch eine passende Gelegenheit, darauf hinzuweisen, daß es oft sehr schwierig oder fast unmöglich ist, ein mathematisches Resultat einem einzigen Mathematiker zuzuschreiben. Oft ist es so, daß A den Satz entdeckt, B teilweise bewiesen, C vollständig bewiesen und D wesentlich verallgemeinert hat. Wir haben also eine gewisse Freiheit darin, in welchen Abschnitten wir jeweils welche Sätze besprechen, und von dieser Freiheit wollen wir auch Gebrauch machen.

Um auf Lagrange zurückzukommen, wollen wir noch anfügen, daß seine Arbeiten in demselben Stil geschrieben sind, in dem auch heute mathematische Arbeiten geschrieben werden (sollten). Sie sind gut lesbar und in ihrer klaren und übersichtlichen Darstellung vorbildlich.

Wir entwickeln jetzt systematisch die Grundlagen der Theorie der binären quadratischen Formen und folgen dabei der Darstellung von Lagrange. Wir beginnen mit einer freien Übersetzung von Auszügen aus der Einleitung der Arbeit "Recherches d'Arithmétiques": "Diese Untersuchungen haben die Zahlen zum Gegenstand, die sich in der Form

$$Bt^2+Ctu+Du^2$$

darstellen lassen, wobei B,C,D ganze Zahlen sind und auch t,u ganze aber unbestimmte Zahlen. Ich werde zunächst die Formen ermitteln, die Zahlen darstellen, deren Teiler auch in eben dieser Weise dargestellt werden können; ich werde dann ein Verfahren angeben, diese Formen auf ihre kleinste mögliche Anzahl zu reduzieren; ich werde daraus eine Tabelle für den praktischen Gebrauch ableiten und werde die Nützlichkeit dieser Tabelle bei der Untersuchung der Teiler einer Zahl zeigen. Schließlich werde ich Beweise für mehrere Sätze über Primzahlen der Form $B^2+Ctu+Du^2$ geben, von denen einige schon bekannt, aber noch nicht bewiesen und andere völlig neu sind."

Es geht also um die Theorie der quadratischen Formen

$$q(x,y) = ax^2+bxy+cy^2 ,$$

von denen einige, nämlich x^2+y^2, x^2+2y^2, x^2+3y^2, x^2-dy^2, schon von Fermat betrachtet wurden, vgl. Kapitel 2. Zunächst untersucht Lagrange also die möglichen Teiler einer von $ax^2+bxy+cy^2$ dargestellten Zahl. Dabei heißt eine Zahl m durch diese Form *dargestellt*, wenn die Gleichung

$$m = ax^2+bxy+cy^2$$

in ganzen Zahlen lösbar ist. Er beweist dazu den folgenden Satz, den wir samt Beweis fast wörtlich aus Lagranges Abhandlung übertragen.

(4.1) Satz. *Es sei r ein Teiler einer Zahl, die von der Form* $ax^2+bxy+cy^2$ *mit teilerfremden* $x = x_o$, $y = y_o$ *dargestellt wird. Dann wird r von einer Form* $AX^2+BXY+CY^2$ *mit teilerfremden* $X = X_o$, $Y = Y_o$ *dargestellt, wobei* $4AC-B^2 = 4ac-b^2$.

Beweis. Es sei

$$rs = ax^2+bxy+cy^2,$$

und es sei t der größte gemeinsame Teiler von s und y, so daß also s = tu, y = tX mit u und X teilerfremd. Man hat somit

$$rtu = ax^2+btxX + ct^2X^2 .$$

Folglich ist ax^2 durch t teilbar. Nun sind nach Voraussetzung x und y teilerfremd, also sind auch x und t teilerfremd. Deswegen ist a durch t teilbar, also a = et, und Division durch t ergibt

$$ru = ex^2+bxX+ctX^2 .$$

Weil u und X teilerfremd sind, kann man die Gleichung

$$x = uY+wX$$

lösen. Setzt man dies in die letzte Gleichung ein, so ergibt sich

$$\begin{aligned} ru &= e(uY+wX)^2+b(uY+wX)X+ctX^2 \\ &= (ew^2+bw+ct)X^2+(2euw+bu)XY+eu^2Y^2 . \end{aligned}$$

Der erste Summand ist also durch u teilbar. Weil u und X teilerfremd sind, ist daher $ew^2+bw+ct$ durch u teilbar und man erhält mit

$$A := \frac{ew^2+bw+ct}{u}, \quad B := 2ew+b, \quad C := eu$$

wie gewünscht

$$r = AX^2+BXY+CY^2 .$$

X,Y sind teilerfremd, und durch Nachrechnen erhält man schließlich auch

$$4AC-B^2 = 4ac-b^2 . \qquad \text{q.e.d.}$$

Wir sagen, daß eine Zahl m durch eine (binäre) quadratische Form q *eigentlich dargestellt* wird, wenn die Gleichung $m = q(x,y)$ in teilerfremden ganzen Zahlen lösbar ist. m heißt *Teiler* von q, wenn m Teiler einer Zahl ist, die durch q eigentlich dargestellt wird. Der Ausdruck $4ac-b^2$ heißt *Determinante* der Form $ax^2+bxy+cy^2$. Mit diesen Bezeichnungen kann man Satz (4.1) auch so formulieren:

(4.1)' Satz. *Ist* m *Teiler einer quadratischen Form, dann wird* m *von einer quadratischen Form derselben Determinante eigentlich dargestellt.*

Im Folgenden betrachten wir statt $ax^2+bxy+cy^2$ die speziellere quadratische Form

$$ax^2+2bxy+cy^2 ,$$

wie dies später auch Lagrange und dann schließlich auch Gauß tut. Satz (4.1) bzw. (4.1)' gilt unverändert für diese neue Form, da ein gerades b wegen $B = 2ew+b$ ein gerades B liefert.

Mittels Matrizen läßt sich die neue Form bequem so schreiben:

$$ax^2+2bxy+cy^2 = (x,y)\begin{pmatrix} a & b \\ b & c \end{pmatrix}\begin{pmatrix} x \\ y \end{pmatrix} .$$

Man erkennt, daß die Form vollständig durch die obige 2×2 Matrix mit ganzzahligen Koeffizienten a,b,c beschrieben wird, und wir werden daher die Form je nach Kontext mit dieser Matrix identifizieren. In Zukunft schreiben wir oft abkürzend $q(x,y) = ax^2+2bxy+cy^2$, und ab jetzt

$$\Delta := \det(q) := \det \begin{pmatrix} a & b \\ b & c \end{pmatrix} = ac-b^2$$

und setzen durchweg $\Delta \neq 0$ voraus.

Wir nennen zwei Formen

$$ax^2+2bxy+cy^2, \quad AX^2+2BXY+CY^2$$

aequivalent (oder isomorph), falls die eine aus der anderen durch eine umkehrbare ganzzahlige lineare Variablensubstitution hervorgeht, d.h. falls

$$\begin{aligned} X &= \alpha x+\beta y \\ & \qquad\qquad \text{mit } \begin{pmatrix} \alpha & \beta \\ \gamma & \delta \end{pmatrix} \in GL(2,\mathbb{Z}) . \\ Y &= \gamma x+\delta y \end{aligned}$$

Die Formen heißen *eigentlich aequivalent*, falls $\begin{pmatrix} \alpha & \beta \\ \gamma & \delta \end{pmatrix} \in SL(2,\mathbb{Z})$. Hierbei bezeichnet $GL(2,\mathbb{Z})$ bzw. $SL(2,\mathbb{Z})$ die Gruppe der invertierbaren 2×2-Matrizen mit Koeffizienten in $\mathbb{Z}$ bzw. die Gruppe der invertierbaren 2×2-Matrizen mit Koeffizienten in $\mathbb{Z}$ mit Determinante 1.

In Matrixschreibweise bedeutet (eigentlich) aequivalent also:

$$\begin{pmatrix} X \\ Y \end{pmatrix} = \begin{pmatrix} \alpha & \beta \\ \gamma & \delta \end{pmatrix} \begin{pmatrix} x \\ y \end{pmatrix} . \qquad (*)$$

Aus (*) folgt

$$\begin{aligned} (X,Y) \begin{pmatrix} A & B \\ B & C \end{pmatrix} \begin{pmatrix} X \\ Y \end{pmatrix} &= (x,y) \begin{pmatrix} \alpha & \gamma \\ \beta & \delta \end{pmatrix} \begin{pmatrix} A & B \\ B & C \end{pmatrix} \begin{pmatrix} \alpha & \beta \\ \gamma & \delta \end{pmatrix} \begin{pmatrix} x \\ y \end{pmatrix} \\ &= (x,y) \begin{pmatrix} a & b \\ b & c \end{pmatrix} \begin{pmatrix} x \\ y \end{pmatrix} . \end{aligned}$$

Zwei Matrizen $\begin{pmatrix} a & b \\ b & c \end{pmatrix}$, $\begin{pmatrix} A & B \\ B & C \end{pmatrix}$ definieren also aequivalente (bzw. eigentlich aequivalente) Formen genau dann, wenn ein $T \in GL(2,\mathbb{Z})$ (bzw. $T \in SL(2,\mathbb{Z})$) existiert, so daß

$$\begin{pmatrix} A & B \\ B & C \end{pmatrix} = T^t \begin{pmatrix} a & b \\ b & c \end{pmatrix} T .$$

"Aequivalenz" bzw. "Eigentliche Aequivalenz" liefert eine Aequivalenzrelation. Aequivalente Formen stellen dieselbe Zahl dar und haben wegen $(\det T)^2 = 1$ dieselbe Determinante. Wir nennen die Form $q(x,y) = ax^2+2bxy+cy^2$ *positiv* bzw. *negativ*, falls für alle $x,y \in \mathbb{Z}$ gilt: $q(x,y) \geq 0$ bzw. ≤ 0. Ist die Form entweder positiv oder negativ, so heißt sie *definit*, sonst *indefinit*.

Es ist leicht zu sehen, daß die Form q genau dann positiv ist, wenn Δ und $a > 0$, genau dann negativ, falls $\Delta > 0$, $a < 0$ und genau dann indefinit, falls $\Delta < 0$.

Zum Beweis schreibt man

$$ax^2+2bxy+cy^2 = a(x + \frac{b}{a}y)^2+cy^2 - \frac{b^2}{a}y^2$$

und probiert die einzelnen Fälle durch.

Im Folgenden betrachten wir nur definite Formen und dabei ohne Einschränkung der Allgemeinheit positive.

Als nächstes Resultat beweist Lagrange in seiner Arbeit im wesentlichen den folgenden für die ganze Theorie grundlegenden Satz.

(4.2) Satz. *Eine positive Form q ist eigentlich aequivalent zu einer sogenannten reduzierten Form, d.h. einer Form, die durch eine Matrix* $\begin{pmatrix} a & b \\ b & c \end{pmatrix}$ *mit den folgenden Bedingungen für die Koeffizienten beschrieben werden kann:*

$$-\frac{a}{2} < b \leq \frac{a}{2}, \quad a \leq c \text{ und } 0 \leq b \leq \frac{a}{2}, \text{ falls } a = c.$$

Die Matrix ist durch diese Bedingungen eindeutig bestimmt. Außerdem gilt

$$a \leq 2\sqrt{\frac{\Delta}{3}},$$

wobei Δ *die Determinante von q ist.*

Beweis. Sei q beschrieben durch die Matrix $\begin{pmatrix} A & B \\ B & C \end{pmatrix}$. Es sei a die kleinste Zahl, die durch q dargestellt wird, etwa

$$a = AX_o^2+2BX_oY_o+CY_o^2$$

für geeignete $X_o, Y_o \in \mathbb{Z}$. X_o und Y_o sind teilerfremd. Also gibt es $\alpha, \beta \in \mathbb{Z}$ mit der Eigenschaft

$$\alpha X_o + \beta Y_o = 1 .$$

Dann ist $\begin{pmatrix} X_o & Y_o \\ -\beta & \alpha \end{pmatrix} \in SL(2,\mathbb{Z})$ und

$$\begin{pmatrix} X_o & Y_o \\ -\beta & \alpha \end{pmatrix}\begin{pmatrix} A & B \\ B & C \end{pmatrix}\begin{pmatrix} X_o & -\beta \\ Y_o & \alpha \end{pmatrix} = \begin{pmatrix} a & B' \\ B' & C' \end{pmatrix}$$

mit gewissen Zahlen B', $C' \in \mathbb{Z}$. Für ein beliebiges $k \in \mathbb{Z}$ transformieren wir mit der Matrix $\begin{pmatrix} 1 & 0 \\ k & 1 \end{pmatrix} \in SL(2,\mathbb{Z})$:

$$\begin{pmatrix} 1 & 0 \\ k & 1 \end{pmatrix}\begin{pmatrix} a & B' \\ B' & C' \end{pmatrix}\begin{pmatrix} 1 & k \\ 0 & 1 \end{pmatrix} = \begin{pmatrix} a & B'+ka \\ B'+ka & * \end{pmatrix} .$$

Nun wählen wir $k \in \mathbb{Z}$ speziell so, daß $-\frac{a}{2} < B'+ka \leq \frac{a}{2}$. Setzt man $b := B'+ka$, $c := *$, so ist die Matrix

$$\begin{pmatrix} a & b \\ b & c \end{pmatrix}$$

nach Konstruktion eigentlich aequivalent zu $\begin{pmatrix} A & B \\ B & C \end{pmatrix}$ und erfüllt die Bedingungen $-\frac{a}{2} < b \leq \frac{a}{2}$ und $a \leq c$; letzteres, weil c dargestellt wird (wähle $x = 0$, $y = \pm 1$) und weil a die kleinste Zahl ist, die dargestellt wird.

Sollte im Fall $a = c$ die Zahl b kleiner 0 sein, so transformieren wir einfach mit der Matrix $\begin{pmatrix} 0 & -1 \\ 1 & 0 \end{pmatrix} \in SL(2,\mathbb{Z})$:

$$\begin{pmatrix} 0 & -1 \\ 1 & 0 \end{pmatrix}\begin{pmatrix} a & b \\ b & a \end{pmatrix}\begin{pmatrix} 0 & 1 \\ -1 & 0 \end{pmatrix} = \begin{pmatrix} a & -b \\ -b & a \end{pmatrix} ,$$

und es ist $-b > 0$.

Jetzt muß die Eindeutigkeit gezeigt werden. Dazu zeigen wir als erstes: Ist $\begin{pmatrix} a & b \\ b & c \end{pmatrix}$ in reduzierter Form, so ist a notwendig der kleinste Wert, den die Form darstellt; insbesondere ist also a eindeutig bestimmt.

Ist nämlich $\begin{pmatrix} a & b \\ b & c \end{pmatrix}$ reduziert, so nimmt die Form $ax^2+2bxy+cy^2$ für $0 < |x| \leq |y|$ wegen $2bxy+cy^2 \geq 0$ nur Werte $\geq ax^2 \geq a$ an. Wenn $0 < |y| \leq |x|$, ist $ax^2+2bxy \geq 0$, und die Form nimmt nur Werte $\geq cy^2 \geq a$

an. Ist $x = 0$ oder $y = 0$, so ist wiederum $ax^2+2bxy+cy^2 \geqq a$. Dieses Minimum wird natürlich durch $x = \pm 1$, $y = 0$ geliefert.

Ist $a < c$, so sind dies die einzigen Werte, die das Minimum liefern, denn $|x| > 1$, $y = 0$ liefert jedenfalls nicht a und $x,y \neq 0$ ergibt:

$$\text{für} \quad x \geqq y \geqq 1 \quad : \quad ax^2+2bxy+cy^2 \geqq cy^2 > a$$

$$\text{für} \quad 1 \leqq |x| \leqq |y| \;:\; ax^2+2bxy+cy^2 > ax^2 \geqq a \,.$$

Ist daher $\begin{pmatrix} a & B \\ B & C \end{pmatrix}$ in reduzierter Form eigentlich aequivalent zu $\begin{pmatrix} a & b \\ b & c \end{pmatrix}$, etwa

$$\begin{pmatrix} a & B \\ B & C \end{pmatrix} = \begin{pmatrix} \alpha & \gamma \\ \beta & \delta \end{pmatrix} \begin{pmatrix} a & b \\ b & c \end{pmatrix} \begin{pmatrix} \alpha & \beta \\ \gamma & \delta \end{pmatrix}$$

$$= \begin{pmatrix} a\alpha^2+2b\alpha\gamma+c\gamma^2 & * \\ * & * \end{pmatrix} ,$$

dann folgt $a = a\alpha^2+2b\alpha\gamma+c\gamma^2$ und somit $\gamma = 0$, $\alpha = \pm 1$. Die Transformation sieht also so aus:

$$\begin{pmatrix} a & B \\ B & C \end{pmatrix} = \begin{pmatrix} \pm 1 & 0 \\ \beta & \pm 1 \end{pmatrix} \begin{pmatrix} a & b \\ b & c \end{pmatrix} \begin{pmatrix} \pm 1 & \beta \\ 0 & \pm 1 \end{pmatrix}$$

$$= \begin{pmatrix} a & b \pm \beta a \\ * & * \end{pmatrix} .$$

Daraus ergibt sich: $\beta = 0$, weil $-\frac{a}{2} < b$, $B \leqq \frac{a}{2}$. Also $B = b$ und damit $\begin{pmatrix} a & B \\ B & C \end{pmatrix} = \begin{pmatrix} a & b \\ b & c \end{pmatrix}$.

Ist $a = c$, $0 \leqq b < \frac{a}{2}$, so wird das Minimum a genau durch $x = \pm 1$, $y = 0$ und $x = 0$, $y = \pm 1$ geliefert.

Ist daher $\begin{pmatrix} a & B \\ B & C \end{pmatrix}$ in reduzierter Form eigentlich aequivalent zu $\begin{pmatrix} a & b \\ b & c \end{pmatrix}$, so sieht diese Aequivalenz so aus:

$$\begin{pmatrix} a & B \\ B & C \end{pmatrix} = \begin{pmatrix} \pm 1 & 0 \\ \beta & \pm 1 \end{pmatrix} \begin{pmatrix} a & b \\ b & a \end{pmatrix} \begin{pmatrix} \pm 1 & \beta \\ 0 & \pm 1 \end{pmatrix} \qquad (*)$$

oder

$$\begin{pmatrix} a & B \\ B & C \end{pmatrix} = \begin{pmatrix} 0 & \pm 1 \\ \mp 1 & \beta \end{pmatrix} \begin{pmatrix} a & b \\ b & a \end{pmatrix} \begin{pmatrix} 0 & \mp 1 \\ \pm 1 & \beta \end{pmatrix} . \qquad (**)$$

Aus (*) bzw. (**) folgt: $B = \pm a\beta + b$ bzw. $B = \pm a\beta - b$. Wegen $0 \leqq b$, $B \leqq \frac{a}{2}$

folgt $\beta = 0$, also $\begin{pmatrix} a & B \\ B & C \end{pmatrix} = \begin{pmatrix} a & b \\ b & c \end{pmatrix}$. Ist $a = c = 2b$, so ist

$$\begin{pmatrix} a & b \\ b & c \end{pmatrix} = b\begin{pmatrix} 2 & 1 \\ 1 & 2 \end{pmatrix} ,$$

und es genügt, die Matrix $\begin{pmatrix} 2 & 1 \\ 1 & 2 \end{pmatrix}$ zu betrachten. Das Minimum 2 wird von $2x^2+2xy+2y^2$ durch $x = \pm 1$, $y = 0$ oder $x = 0$, $y = \pm 1$ oder $x = \pm 1$, $y = \mp 1$ geliefert. Ähnlich wie oben schließt man nun, daß auch in diesem Fall $B = b$, $C = c$. q.e.d.

(4.3) <u>Zusatz</u>. *Es gibt nur endlich viele eigentliche Aequivalenzklassen positiver binärer quadratischer Formen mit gegebener Determinante* Δ.

<u>Beweis</u>. In jeder eigentlichen Aequivalenzklasse liegt eine reduzierte Form $\begin{pmatrix} a & b \\ b & c \end{pmatrix}$, und man hat die Abschätzungen

$$a \leq 2\sqrt{\frac{\Delta}{3}}\ , \quad |b| \leq 2\sqrt{\frac{\Delta}{3}}\ .$$

Für a und b, und daher auch für c, gibt es demnach nur endlich viele Möglichkeiten. q.e.d.

Aufgrund von (4.3) erhält man folgende Tabelle positiver reduzierter Formen:

Δ	positive reduzierte Formen			
1	$\begin{pmatrix} 1 & 0 \\ 0 & 1 \end{pmatrix}$			
2	$\begin{pmatrix} 1 & 0 \\ 0 & 2 \end{pmatrix}$			
3	$\begin{pmatrix} 1 & 0 \\ 0 & 3 \end{pmatrix}$	$\begin{pmatrix} 2 & 1 \\ 1 & 2 \end{pmatrix}$		
4	$\begin{pmatrix} 1 & 0 \\ 0 & 4 \end{pmatrix}$	$\begin{pmatrix} 2 & 0 \\ 0 & 2 \end{pmatrix}$		
5	$\begin{pmatrix} 1 & 0 \\ 0 & 5 \end{pmatrix}$	$\begin{pmatrix} 2 & 1 \\ 1 & 3 \end{pmatrix}$		
6	$\begin{pmatrix} 1 & 0 \\ 0 & 6 \end{pmatrix}$	$\begin{pmatrix} 2 & 0 \\ 0 & 3 \end{pmatrix}$		
7	$\begin{pmatrix} 1 & 0 \\ 0 & 7 \end{pmatrix}$	$\begin{pmatrix} 2 & 1 \\ 1 & 4 \end{pmatrix}$		
8	$\begin{pmatrix} 1 & 0 \\ 0 & 8 \end{pmatrix}$	$\begin{pmatrix} 2 & 0 \\ 0 & 4 \end{pmatrix}$	$\begin{pmatrix} 3 & 1 \\ 1 & 3 \end{pmatrix}$	
9	$\begin{pmatrix} 1 & 0 \\ 0 & 9 \end{pmatrix}$	$\begin{pmatrix} 2 & 1 \\ 1 & 5 \end{pmatrix}$	$\begin{pmatrix} 3 & 0 \\ 0 & 3 \end{pmatrix}$	
10	$\begin{pmatrix} 1 & 0 \\ 0 & 10 \end{pmatrix}$	$\begin{pmatrix} 2 & 0 \\ 0 & 5 \end{pmatrix}$		
11	$\begin{pmatrix} 1 & 0 \\ 0 & 11 \end{pmatrix}$	$\begin{pmatrix} 2 & 1 \\ 1 & 6 \end{pmatrix}$	$\begin{pmatrix} 3 & 1 \\ 1 & 4 \end{pmatrix}$	$\begin{pmatrix} 3 & -1 \\ -1 & 4 \end{pmatrix}$
12	$\begin{pmatrix} 1 & 0 \\ 0 & 12 \end{pmatrix}$	$\begin{pmatrix} 2 & 0 \\ 0 & 6 \end{pmatrix}$	$\begin{pmatrix} 3 & 0 \\ 0 & 4 \end{pmatrix}$	$\begin{pmatrix} 4 & 2 \\ 2 & 4 \end{pmatrix}$

(vgl. auch Lagrange, Oeuvres III, Seite 757 oder Gauß, Disquisitiones Arithmeticae, Art. 176)

Es ist nun genügend Theorie vorhanden, um eine konkretere Aussage aus Kapitel 2 zu vervollständigen, vgl. (2.3).

(4.4) <u>Satz</u>. (Fermat) *Eine natürliche Zahl* $a = b^2c$ *mit quadratfreiem* c *ist genau dann Summe von zwei Quadraten, wenn* c *nur Primteiler der Form* 4n+1 *oder* 2 *enthält.*

<u>Beweis</u>. Wenn c die genannte Bedingung erfüllt, ist c nach (2.3) und der dazugehörigen Ergänzung Summe von zwei Quadraten und damit auch a. Sei umgekehrt a Summe von zwei Quadraten, $a = x_o^2+y_o^2$, und dabei ohne Einschränkung x_o und y_o teilerfremd, und sei p ein Primteiler von c. Dann ist p ein Teiler von x^2+y^2 und nach (4.1) wird p dargestellt von einer positiven Form mit Determinante 1. Es gibt aber bis auf Aequivalenz nur eine Form mit Determinante 1. Daher wird p von x^2+y^2 eigentlich dargestellt, und demnach ist p gleich 2 oder von der Form 4n+1; denn eine Primzahl der Form 4n+3 ist nicht Summe von zwei Quadraten (vgl. (2.13)).
q.e.d.

q sei eine (binäre) quadratische Form, dargestellt durch die Matrix M. Eine invertierbare Matrix $T \in GL(2,\mathbb{Z})$ heißt *Einheit* von q, falls

$$T^tMT = M ,$$

d.h. falls T die Form q in sich selbst überführt. Die Einheiten von q bilden offensichtlich eine Gruppe, die sogenannte *Einheitengruppe* von q.

Sind die beiden Formen q und q' aequivalent, d.h. ist

$$M = U^tNU$$

mit $U \in GL(2,\mathbb{Z})$, wobei N die Matrix zu q' ist, dann liefert die Zuordnung

$$T \rightarrow UTU^{-1}$$

einen Isomorphismus der Einheitengruppe von q auf die Einheitengruppe von q'.

Die Struktur der Einheitengruppe einer positiven Form wird im folgenden

Satz aufgeklärt.

(4.5) Satz. *Sei q eine positive und (aufgrund der obigen Bemerkungen ohne Einschränkung der Allgemeinheit reduzierte) Form mit der Matrix* $\begin{pmatrix} a & b \\ b & c \end{pmatrix}$. *Dann sind alle Einheiten von q gegeben durch*

1) $\pm\begin{pmatrix} 1 & 0 \\ 0 & 1 \end{pmatrix}$ falls $a < c$, $b \neq 0$

2) $\pm\begin{pmatrix} 1 & 0 \\ 0 & 1 \end{pmatrix}$ $\pm\begin{pmatrix} 0 & 1 \\ -1 & 0 \end{pmatrix}$ falls $a = c$, $0 < b < \frac{a}{2}$

3) $\pm\begin{pmatrix} 1 & 0 \\ 0 & 1 \end{pmatrix}$ $\pm\begin{pmatrix} 1 & 0 \\ 1 & 1 \end{pmatrix}$ $\pm\begin{pmatrix} 1 & 1 \\ 0 & 1 \end{pmatrix}$ falls $a = c = 2b$

4) $\pm\begin{pmatrix} 1 & 0 \\ 0 & 1 \end{pmatrix}$ $\pm\begin{pmatrix} 1 & 0 \\ 0 & -1 \end{pmatrix}$ falls $a < c$, $b = 0$

5) $\pm\begin{pmatrix} 0 & 1 \\ 1 & 0 \end{pmatrix}$ $\pm\begin{pmatrix} 0 & 1 \\ -1 & 0 \end{pmatrix}$ falls $a = c$, $b = 0$.

Beweis. Der Beweis ergibt sich aus einer genauen Analyse des Beweises der Eindeutigkeitsaussage von (4.2). q.e.d.

Bis jetzt haben wir noch nicht indefinite Formen behandelt. Ähnlich wie (4.2) beweist man in diesem Fall

(4.6) Satz. *Eine indefinite quadratische Form ist eigentlich aequivalent zu einer Form mit der Matrix* $\begin{pmatrix} a & b \\ b & c \end{pmatrix}$, *wobei die Koeffizienten die folgenden Bedingungen erfüllen:*

$$|a| \leq |c| \;, \quad |b| \leq \left|\frac{a}{2}\right|$$

(Die reduzierte Form einer indefiniten Form ist aber i.a. nicht eindeutig bestimmt.)

Die Determinante Δ einer indefiniten Form ist negativ. Für die reduzierte Form aus dem vorstehenden Satz gilt also $\Delta = ac-b^2 < 0$. Die genannten Bedingungen zeigen: $ac < 0$ und $|\Delta| \geq 5b^2$, d.h. es gilt

(4.7) Folgerung. $|b| \leq \sqrt{\frac{|\Delta|}{5}}$

Ähnlich wie im positiven Fall läßt sich nun eine Tabelle reduzierter indefiniter Formen aufstellen.

Δ	reduzierte indefinite Formen (nicht notwendig inaequivalent)					
-1	$\begin{pmatrix}1&0\\0&-1\end{pmatrix}$					
-2	$\begin{pmatrix}1&0\\0&-2\end{pmatrix}$	$\begin{pmatrix}-1&0\\0&2\end{pmatrix}$				
-3	$\begin{pmatrix}1&0\\0&-3\end{pmatrix}$	$\begin{pmatrix}-1&0\\0&3\end{pmatrix}$				
-4	$\begin{pmatrix}1&0\\0&-4\end{pmatrix}$	$\begin{pmatrix}-1&0\\0&4\end{pmatrix}$				
-5	$\begin{pmatrix}1&0\\0&-5\end{pmatrix}$	$\begin{pmatrix}-1&0\\0&5\end{pmatrix}$	$\begin{pmatrix}2&1\\1&-2\end{pmatrix}$	$\begin{pmatrix}-2&1\\1&2\end{pmatrix}$		
-6	$\begin{pmatrix}1&0\\0&-6\end{pmatrix}$	$\begin{pmatrix}-1&0\\0&6\end{pmatrix}$	$\begin{pmatrix}2&0\\0&-3\end{pmatrix}$	$\begin{pmatrix}-2&0\\0&3\end{pmatrix}$		
-7	$\begin{pmatrix}1&0\\0&-7\end{pmatrix}$	$\begin{pmatrix}-1&0\\0&7\end{pmatrix}$	$\begin{pmatrix}2&1\\1&-3\end{pmatrix}$	$\begin{pmatrix}-2&1\\1&3\end{pmatrix}$		
-8	$\begin{pmatrix}2&0\\0&-4\end{pmatrix}$	$\begin{pmatrix}4&0\\0&-2\end{pmatrix}$	$\begin{pmatrix}1&0\\0&-8\end{pmatrix}$	$\begin{pmatrix}-1&0\\0&8\end{pmatrix}$		
-9	$\begin{pmatrix}2&1\\1&-4\end{pmatrix}$	$\begin{pmatrix}-2&1\\1&4\end{pmatrix}$	$\begin{pmatrix}3&0\\0&-3\end{pmatrix}$	$\begin{pmatrix}-3&0\\0&3\end{pmatrix}$		
-10	$\begin{pmatrix}1&0\\0&-10\end{pmatrix}$	$\begin{pmatrix}-1&0\\0&10\end{pmatrix}$	$\begin{pmatrix}2&0\\0&-5\end{pmatrix}$	$\begin{pmatrix}-2&0\\0&5\end{pmatrix}$	$\begin{pmatrix}3&1\\1&-3\end{pmatrix}$	$\begin{pmatrix}-3&1\\1&3\end{pmatrix}$

Aus der Tabelle erkennt man z.B. leicht, daß eine ungerade natürliche Zahl k, die x^2-5y^2 teilt, von x^2-5y^2 oder von $5x^2-y^2$ dargestellt wird; denn von den drei reduzierten Formen mit derselben Determinante wie x^2-5y^2 stellt die Form $2x^2+2xy-2y^2$ nur gerade Zahlen dar.

Lagrange untersucht in seiner Abhandlung dann das Problem der Darstellbarkeit von Primzahlen p durch die Form x^2+ay^2, $a \in \mathbb{Z}-\{0\}$. Er unterscheidet dabei die Fälle $p = 4n-1$ und $p = 4n+1$.

(4.8) <u>Satz</u>. *Sei* a *eine ganze Zahl* $\neq 0$. *Eine Primzahl* p *der Form* $p = 4n-1$ *ist genau dann ein Teiler von* x^2-ay^2, *wenn* p *kein Teiler von* x^2+ay^2 *ist.*

<u>Beweis</u>. Sei $p = 4n-1$ ein Teiler von x^2-ay^2. Dann gilt im Körper $\mathbb{F}_p$ mit p Elementen die Gleichung $x^2-ay^2 = 0$, d.h. a ist ein Quadrat in $\mathbb{F}_p$. Wäre $x^2+ay^2 = 0$ in $\mathbb{F}_p$, dann wäre auch $-a$ und also auch -1 ein Quadrat in $\mathbb{F}_p$. Wie wir bereits sahen (vgl. (2.13)), ist das nicht möglich. Sei nun p kein Teiler von x^2-ay^2. Wir haben zu zeigen, daß dann p ein Teiler von x^2+ay^2 ist. Dazu wiederum genügt es zu zeigen, daß $1+a^{(p-1)/2} = 1^2+a(a^{(p-3)/4})^2$ ein Vielfaches von p ist ($(p-3)/4$ ist ganz!).

Nun ist aber nach dem sogenannten kleinen Satz von Fermat $a^{p-1}-1 = (a^{(p-1)/2}-1)(a^{(p-1)/2}+1)$ ein Vielfaches von p, und daher genügt es zu zeigen, daß $a^{(p-1)/2}-1$ kein Vielfaches von p ist. Angenommen $a^{(p-1)/2}-1$

ist ein Vielfaches von p. Dann gilt in $\mathbb{F}_p$ die Polynomidentität

$$x^{p-1}-1 = x^{p-1}-a^{(p-1)/2} .$$

Vom letzten Ausdruck kann man den Faktor x^2-a abspalten. Dieser zerfällt über $\mathbb{F}_p$ in Linearfaktoren, weil schon $x^{p-1}-1$ in $\mathbb{F}_p$ nach dem kleinen Fermatschen Satz die Nullstellen 1, 2,...,p-1 besitzt und daher aus Gradgründen über $\mathbb{F}_p$ in Linearfaktoren zerfällt. Das bedeutet aber: a ist in $\mathbb{F}_p$ ein Quadrat, d.h. es gibt ein $x_o \in \mathbb{Z}$, so daß p ein Teiler von $x_o^2-a1^2$ ist, d.h. p ist ein Teiler von x^2-ay^2, Widerspruch. q.e.d.

Nun folgen einige typische Anwendungen, die gleichzeitig von Fermat hinterlassene Probleme lösen (vgl. (2.10)).

(4.9) Anwendung. (1) *Eine Primzahl* p *der Form* p = 8n+3 *wird von* x^2+2y^2 *dargestellt.* (2) *Eine Primzahl* p *der Form* p = 12n+7 *wird von* x^2+3y^2 *dargestellt.* (3) *Eine Primzahl* p *der Form* p = 24n+7 *wird von* x^2+6y^2 *dargestellt.*

Beweis. (1) Wäre p ein Teiler von x^2-2y^2, so würde p nach (4.1) und der Tabelle im Anschluß an (4.7) von x^2-2y^2 oder $-x^2+2y^2$ dargestellt. Diese Terme lassen als ungerade Reste modulo 8 nur ±1, aber nicht 3. p ist also kein Teiler von x^2-2y^2 und daher nach dem letzten Satz (4.8) ein Teiler von x^2+2y^2, der einzigen reduzierten Form mit Determinante 2. Also wird p = 8n+3 von x^2+2y^2 dargestellt.
(2) Wäre p = 12n+7 ein eigentlicher Teiler von x^2-3y^2, so würde p von x^2-3y^2 oder $-x^2+3y^2$ dargestellt. Diese Terme lassen aber modulo 12 nur die ungeraden Reste ±1, ±9, ±3, aber nicht 7. p ist also kein Teiler von x^2-3y^2 und daher nach (4.8) ein Teiler von x^2+3y^2. Die andere reduzierte Form der Determinante 3, nämlich $2x^2+2xy+2y^2$, stellt nur gerade Zahlen dar. Also wird p = 12n+7 von x^2+3y^2 dargestellt.
(3) Wäre p = 24n+7 ein Teiler von x^2-6y^2, so würde p von $\pm(x^2-6y^2)$ oder $\pm(2x^2-3y^2)$ dargestellt. Diese Formen haben aber, wie man sich leicht überlegt, modulo 24 nicht den ungeraden Rest 7. Nach (4.8) ist daher p ein Teiler von x^2+6y^2, und p = 24n+7 wird daher von einer Form mit Determinante 6 dargestellt, nach der Tabelle im Anschluß an (4.3) also von x^2+6y^2 oder von $2x^2+3y^2$. Die letzte Form hat aber modulo 24 nicht den Rest 7. p wird also von x^2+6y^2 dargestellt. q.e.d.

Nun betrachten wir Primzahlen p der Form p = 4n+1. Ausgangspunkt ist

(4.9) Lemma. *p ist ein Teiler von* x^2+ay^2 *genau dann, wenn p ein Teiler von* x^2-ay^2 *ist.*

Beweis. p ist ein Teiler von $x^2 \pm ay^2$ genau dann, wenn in $\mathbb{F}_p$ die Gleichung $x^2 \pm ay^2 = 0$ gilt. Das bedeutet aber, daß $\mp a$ ein Quadrat in $\mathbb{F}_p$ ist. Nun ist für $p = 4n+1$ die Zahl -1 ein Quadrat in $\mathbb{F}_p$, und daher ist $-a$ ein Quadrat in $\mathbb{F}_p$ genau dann, wenn a ein Quadrat in $\mathbb{F}_p$ ist. q.e.d.

Lagrange beschränkt sich im Folgenden auf Primzahlen p der Form $p = 4an+1$ (mit obigem a).

Man stellt zunächst fest, daß es ein x_o gibt, so daß $x_o^{2an}+1$ ein Vielfaches von p ist; denn für das Polynom $x^{p-1}-1$ gilt:

$$(x^{p-1}-1) = (x^{(p-1)/2}+1)(x^{(p-1)/2}-1)$$

$$= (x^{2an}+1)(x^{2an}-1) \quad ,$$

und wie wir bereits oben sahen, zerfällt $x^{p-1}-1$ - und daher auch $x^{2an}+1$ - in $\mathbb{F}_p$ in Linearfaktoren. Man kann außerdem x_o so wählen, daß $x_o^{2n}+1$ kein Vielfaches von $p = 4an+1$ für $a > 1$ ist. Wir setzen nun $y := x^n$, $z := y^2+1$. Es gilt die bemerkenswerte Formel

$$x^{2an}+1 = z^a-az^{a-2}y^2+ \frac{a(a-3)}{2!} z^{a-4}y^4 -$$

$$- \frac{a(a-4)(a-5)}{3!} z^{a-6}y^6+ \frac{a(a-5)(a-6)(a-7)}{4!} z^{a-8}y^8-+\dots .$$

Da $y_o = x_o^n$ und $z_o = y_o^2+1$ teilerfremd sind, folgt aus dieser Formel für $a = 2$, daß $p = 8n+1$ ein Teiler der Form X^2-2Y^2 und daher nach (4.9) ein Teiler von X^2+2Y^2, der einzigen reduzierten Form mit Determinante 2, ist Nach (4.1) wird daher p auch von dieser Form dargestellt.
Für $a = 3$ ergibt sich, daß p die Zahl $z_o^3-3z_oy_o^2 = z_o(z_o^2-3y_o^2)$ und wegen de Teilerfremdheit von p und z_o dann die Zahl $z_o^2-3y_o^2$ teilt. $p = 12n+1$ teilt also die Form X^2-3Y^2 und nach (4.9) daher auch X^2+3Y^2. Außer X^2+3Y^2 hat nur noch die reduzierte Form $2X^2+2XY+2Y^2$ die Determinante 3. Letztere liefert aber modulo 12 nicht den Rest 1. Daher wird p von X^2+3Y^2 dargestellt.

Für $a = 5$ ist $p = 20n+1$ ein Teiler der Zahl
$z_o^5-5z_o^3y_o^2+5z_oy_o^4 = z_o(z_o^4-5z_o^2y_o^2+5y_o^4)$, also von $z_o^4-5z_o^2y_o^2+5y_o^4$ und daher auch von $4z_o^4-20z_o^2y_o^2+20y_o^4 = (2z_o^2-5y_o^2)^2-5y_o^4$. p teilt also die Form X^2-5Y^2 und daher nach (4.9) auch X^2+5Y^2. p wird nach der Tabelle im Anschluß an (4.3) also dargestellt von X^2+5Y^2 oder $2X^2+2XY+3Y^2$. Die letztgenannte Form liefert aber modulo 20 nicht den Rest 1, und daher wird p von X^2+5Y^2 dargestellt. Wir fassen zusammen:

(4.10) Anwendung. *Eine Primzahl der Form* $8n+1$ *wird von* X^2+2Y^2, *eine Primzahl der Form* $12n+1$ *wird von* X^2+3Y^2 *und eine Primzahl der Form* $20n+1$ *wird von* X^2+5Y^2 *dargestellt.*

Es ist nicht schwer, eine Reihe weiterer Sätze dieser Art zu beweisen, vgl. dazu auch Lagranges Abhandlung.

Das Problem der Darstellung von Zahlen durch quadratische Formen führt zwangsläufig auf das Lösen von quadratischen Kongruenzen (vgl. (5.2)) und damit auf das quadratische Reziprozitätsgesetz (vgl. (5.1)). Wir gehen darauf im folgenden Kapitel noch einmal ein.

Wir besprechen jetzt als nächstes Lagranges Lösung der Fermatschen Gleichung

$$x^2-dy^2 = 1 ,$$

bei der wesentlich von der Theorie der Kettenbrüche Gebrauch gemacht wird, die Lagrange zu diesem Zweck erheblich weiterentwickelt hat. Diese Lösungen sind im wesentlichen dasselbe, wie die Einheiten der quadratischen Diagonalform

$$\begin{pmatrix}1 & 0\\ 0 & -d\end{pmatrix} .$$

Gilt nämlich

$$\begin{pmatrix}x & y\\ u & v\end{pmatrix}\begin{pmatrix}1 & 0\\ 0 & -d\end{pmatrix}\begin{pmatrix}x & u\\ y & v\end{pmatrix} = \begin{pmatrix}1 & 0\\ 0 & -d\end{pmatrix} ,$$

so folgt durch Ausrechnen

$$x^2-dy^2 = 1 , \quad xu-dyv = 0 , \quad u^2-dv^2 = -d .$$

Für $x = \pm 1$, $y = 0$ folgt $u = 0$, $v = \pm 1$. Für $x, y \neq 0$ folgt

$$u = \frac{dyv}{x} , \quad -d = \frac{d^2y^2v^2}{x^2} - dv^2 .$$

Die letzte Relation ergibt

$$dy^2v^2 - v^2x^2 = -x^2 , \quad v^2(x^2-dy^2) = x^2 , \quad v^2 = x^2 , \quad v = \pm x$$

und somit

$$u = \pm dy .$$

Die Einheiten sind also

$$\pm\begin{pmatrix}1 & 0\\ 0 & 1\end{pmatrix} , \quad \pm\begin{pmatrix}1 & 0\\ 0 & -1\end{pmatrix} , \quad \begin{pmatrix}x & dy\\ y & x\end{pmatrix} , \quad \begin{pmatrix}x & -dy\\ y & -x\end{pmatrix} .$$

Die Einheiten der Determinante 1 sind

$$\pm\begin{pmatrix}1 & 0\\ 0 & 1\end{pmatrix} , \quad \begin{pmatrix}x & dy\\ y & x\end{pmatrix} .$$

Insbesondere kann man die Lösungsmenge der Fermatschen Gleichung in natürlicher Weise als Gruppe interpretieren.

Zur Lösung der Fermatschen Gleichung verwendet Lagrange den sogenannten Kettenbruch-Algorithmus. Für die Theorie der Kettenbrüche gilt, was für so viele zahlentheoretische Fragen gilt: Nach vielen Einzelergebnissen und mehr oder weniger zufällig gefundenen Zusammenhängen durch frühere Mathematiker wird diese Theorie durch Euler und vor allem Lagrange in den Rang einer systematischen Theorie erhoben. Euler muß man dabei noch mehr der "naiven" Periode des Entdeckens, des Rechnens und des Probierens zurechnen. Mit Lagrange beginnt die moderne Mathematik mit strengen Beweisen, systematischem Vorgehen und klarer Beschreibung und Abgrenzung der Probleme. Die Entwicklung der Zahlentheorie von Euler zu Lagrange stellt für die Geistesgeschichte der Mathematik sicherlich eine einschneidende Zäsur dar.

Im Folgenden beschreiben wir die Kettenbruchentwicklungen. Als Literatur hierzu nennen wir Niven - Zuckermann: An Introduction to the Theory of Numbers, Hardy - Wright, Hasse.

Für eine Zahl $\Theta \in \mathbb{R}$ bezeichnen wir mit $[\Theta]$ die größte ganze Zahl $\leq \Theta$. [ ] heißt die *Gauß-Klammer*. Wir definieren für $\Theta \notin \mathbb{Z}$:

$$\Theta := a_o + \frac{1}{\Theta_1} \quad \text{mit } a_o := [\Theta], \quad \Theta_1 > 1.$$

Dieses Verfahren setzen wir fort:

$$\Theta_1 := a_1 + \frac{1}{\Theta_2} \text{ mit } a_1 := [\Theta_1], \quad \Theta_2 > 1, \qquad \text{falls } \Theta_1 \notin \mathbb{Z}.$$

....

$$\Theta_n := a_n + \frac{1}{\Theta_{n+1}} \text{ mit } a_n := [\Theta_n], \quad \Theta_{n+1} > 1, \quad \text{falls } \Theta_n \notin \mathbb{Z}.$$

Aufgrund dieser Definition hat man

$$\Theta = a_o + \cfrac{1}{a_1 + \cfrac{1}{a_2 + \cfrac{\cdot}{\cdot \cdot \cfrac{}{+a_n + \cfrac{1}{\Theta_{n+1}}}}}} .$$

Die Folge $a_o, a_1, a_2, \ldots$ nennt man Kettenbruchentwicklung von Θ.

(4.11) Bemerkung. *Die Kettenbruchentwicklung bricht genau für eine rationale Zahl Θ ab.*

Beweis. Bricht die Entwicklung ab, so ist $\Theta_n = a_n$ ganz. Dann ist

$$\Theta = a_o + \cfrac{1}{a_1 + \cfrac{\cdot}{\cdot \cdot \cfrac{}{a_{n-1} + \cfrac{1}{a_n}}}}$$

offensichtlich rational.

Ist umgekehrt Θ rational und $\Theta = \frac{u}{v}$ rationaler Bruch, so schreiben wir mittels des euklidischen Algorithmus

$$u = a_o v + r_1 \qquad 0 < r_1 < v$$
$$v = a_1 r_1 + r_2 \qquad 0 < r_2 < r_1$$
$$r_1 = a_2 r_2 + r_3 \qquad 0 < r_3 < r_2 \,.$$
$$\cdots\cdots\cdots\cdots$$

Das Verfahren bricht nach endlich vielen Schritten mit $r_{n-1} = a_n r_n$ ab. Die Gleichungen sind aequivalent zu

$$\Theta = a_o + \frac{r_1}{v} = a_o + \frac{1}{\Theta_1}$$
$$\Theta_1 = a_1 + \frac{r_2}{r_1} = a_o + \frac{1}{\Theta_2}$$
$$\Theta_2 = a_2 + \frac{r_3}{r_2} = a_2 + \frac{1}{\Theta_3}$$
$$\cdots\cdots\cdots\cdots\cdots\cdots\cdots\cdots$$

Man erhält also schließlich: $\Theta_n = \frac{r_{n-1}}{r_n} \in \mathbb{Z}$, und die Kettenbruchentwicklung bricht ab. q.e.d.

Es ist amüsant, die Kettenbruchentwicklung für einige Zahlen zu berechnen:

π:	3	7	15	1	293	...				
e:	2	1	2	1	1	4	1	1	6	1 ...
$\sqrt{2}$:	1	2	2	2	...					
$\sqrt{3}$:	1	1	2	1	2	1	...			
$\sqrt{5}$:	2	4	2	4	...					
$\sqrt{6}$:	2	2	4	2	4	2	...			

(bezüglich e siehe "A. Hurwitz, Über die Kettenbruchentwicklung der Zahl e", Ges. Abh. II).

Es fällt auf, daß die Entwicklung für die Quadratwurzeln periodisch wird; diesem Phänomen werden wir noch nachgehen.

Für unsere weiteren Untersuchungen brauchen wir eine Reihe von Formeln, die wir jetzt ableiten wollen. Es seien allgemeiner als bisher

$$a_o, a_1, \ldots, a_n \in \mathbb{R}, \quad a_1, \ldots, a_n \geq 1 .$$

Dann sei

$$\langle a_o, a_1, \ldots, a_n \rangle := a_o + \cfrac{1}{a_1 + \cfrac{\ddots}{a_{n-1} + \cfrac{1}{a_n}}} .$$

Ist $a_n > 1$, so gilt $a_n = a_n - 1 + \frac{1}{1}$, also

$$\langle a_o, a_1, \ldots, a_n \rangle = \langle a_o, a_1, \ldots, a_n - 1, 1 \rangle .$$

Abgesehen von dieser Gleichheit ist die Kettenbruch-Entwicklung einer rationalen Zahl eindeutig:

(4.12) Bemerkung. *Ist* $\langle a_o, \ldots, a_m \rangle = \langle b_o, \ldots, b_n \rangle$ *mit* $a_i, b_i \in \mathbb{Z}$, $a_1, \ldots, b_1, \ldots \geq 1$ *und* $a_m, b_n > 1$, *so gilt* $m = n$ *und* $a_i = b_i$ *für alle* i.

Beweis. Wegen

$$\langle a_o, \ldots, a_m \rangle = a_o + \frac{1}{\langle a_1, \ldots, a_m \rangle} = b_o + \frac{1}{\langle b_1, \ldots, b_n \rangle}$$

folgt der Beweis sofort durch Induktion, wenn wir nur wissen, daß aus $a_1, \ldots, a_m \geq 1$, $a_m > 1$ folgt $\langle a_1, \ldots, a_m \rangle > 1$.

Das ist wegen

$$\langle a_1, \ldots, a_m \rangle = a_1 + \cfrac{1}{a_2 + \ddots}$$

offensichtlich. q.e.d.

Ist eine Folge $a_o, a_1, a_2, \ldots$ mit den Bedingungen $a_1, a_2, \ldots > 0$ gegeben, so sei

$$\tau_n := \langle a_o, a_1, a_2, \ldots, a_n\rangle .$$

Zur Berechnung der τ_n dienen folgende Rekursionsformeln

$$\begin{aligned} p_o &= a_o, \; p_1 = a_o a_1 + 1, \ldots \; p_n = a_n p_{n-1} + p_{n-2} \\ q_o &= 1, \; q_1 = a_1 \quad, \ldots \; q_n = a_n q_{n-1} + q_{n-2} . \end{aligned} \tag{4.13}$$

Dann ist

$$\frac{p_o}{q_o} = \frac{a_o}{1} = \tau_o, \quad \frac{p_1}{q_1} = a_o + \frac{1}{a_1} = \tau_1 \ \ldots ,$$

und allgemein gilt

(4.14) <u>Bemerkung</u>. $\frac{p_n}{q_n} = \tau_n$, *insbesondere*

$$\Theta = \frac{\Theta_n p_{n-1} + p_{n-2}}{\Theta_n q_{n-1} + q_{n-2}} .$$

<u>Beweis</u>. Durch Induktion. Die Fälle n = 0,1 sind bereits erledigt. Es ist

$\tau_n = \langle a_o, a_1, \ldots, a_n\rangle = \langle a_o, a_1, \ldots, a_{n-1} + \frac{1}{a_n}\rangle =$ (nach Induktionsvoraussetzung)

$= \frac{p'_{n-1}}{q'_{n-1}}$,

wobei p'_{n-1}, q'_{n-1} zu $a_o, \ldots, a_{n-2}, a_{n-1} + \frac{1}{a_n}$ gehörige p,q sind. Es ist

$$\frac{p'_{n-1}}{q'_{n-1}} = \frac{(a_{n-1} + \frac{1}{a_n}) p_{n-2} + p_{n-3}}{(a_{n-1} + \frac{1}{a_n}) q_{n-2} + q_{n-3}} = \frac{p_{n-1} + \frac{1}{a_n} p_{n-2}}{q_{n-1} + \frac{1}{a_n} q_{n-2}} .$$

Die zweite Behauptung folgt aus der ersten und $\Theta = \langle a_o, \ldots, a_{n-1}, \Theta_n\rangle$.
q.e.d.

τ_n heißt n-ter *Näherungsbruch* zur Folge $a_o, a_1, a_2, \ldots$.

(4.15) <u>Satz</u>. *Seien* $a_o \in \mathbb{Z}$; $a_1, a_2, \ldots \in \mathbb{N}$. *Dann konvergiert die Folge* $\{\tau_n\}_{n=1,2,\ldots}$ *gegen eine irrationale Zahl* Θ. *Die* a_i *sind die sich aus der Kettenbruchentwicklung von* Θ *ergebenden Zahlen, also eindeutig be-*

stimmt. Ist umgekehrt Θ *eine beliebige irrationale Zahl, so gilt* $\Theta = \lim_n \tau_n$ *wenn die* $\tau_n = \langle a_o,\ldots,a_n\rangle$ *durch die Kettenbruchentwicklung von* Θ *gegeben sind.*

<u>Beweis</u>. Offensichtlich liefern die $\{p_i\}$, $\{q_i\}$ streng monoton wachsende Folgen natürlicher Zahlen. Die Konvergenz folgt dann aus

$$\tau_n - \tau_{n-1} = (-1)^{n-1}\frac{1}{q_n q_{n-1}} ; \qquad (4.16)$$

denn wegen dieser Gleichung bilden die Differenzen eine *alternierende* Nullfolge. Die Relation (4.16) ist aequivalent zu

$$p_n q_{n-1} - p_{n-1} q_n = (-1)^{n-1} , \qquad (4.16)'$$

und diese Formel folgt trivial durch Induktion.

Mit diesen Überlegungen haben wir auch schon fast die zweite Behauptung bewiesen: Es sei $a_o, a_1, \ldots$ die sich aus Θ ergebende Kettenbruchentwicklung, es seien τ_o, $\tau_1, \ldots$ die zugehörigen Näherungsbrüche. Dann wenden wir (4.16) auf

$$\Theta = \langle a_o, a_1, \ldots, a_{n-1}, \Theta_n\rangle$$

an und erhalten

$$\Theta - \tau_{n-1} = (-1)^{n-1}\frac{1}{q_{n-1}(\Theta_n q_{n-1} + q_{n-2})} .$$

Wegen $\Theta_n > 0$, $q_i \to +\infty$ folgt die Behauptung $\lim_n \tau_n = \Theta$. Es bleibt die Eindeutigkeit der Kettenbruchentwicklung zu zeigen, und dies geschieht ganz analog wie bei rationalen Zahlen in (4.12). q.e.d.

Wir nennen einen Kettenbruch der Form

$$\langle a_o,\ldots,a_{n-1},b_1,\ldots,b_k,b_1,\ldots,b_k,\ldots\rangle$$

periodisch und schreiben dafür abkürzend auch

$$\langle a_o,\ldots,a_{n-1},\overline{b_1,\ldots,b_k}\rangle .$$

$a_o,\ldots,a_{n-1}$ heißt die Vorperiode, $b_1,\ldots,b_k$ die Periode.

(4.17) Satz. *Θ hat genau dann eine periodische Kettenbruchentwicklung, wenn Θ von der Form $\alpha+\beta\sqrt{d}$ ist, wobei $\alpha,\beta \in \mathbb{Q}$ und $d \in \mathbb{N}$ kein Quadrat ist.*

Beweis. Es sei die Kettenbruchentwicklung periodisch und zwar zunächst *rein periodisch*:

$$\Theta = \langle a_o,a_1,\ldots,a_n,a_o,a_1,\ldots,a_n,\ldots\rangle .$$

Dann ist

$$\Theta = \langle a_o,a_1,\ldots,a_n,\Theta\rangle ,$$

also

$$\Theta = \frac{\Theta p_{n-1}+p_{n-2}}{\Theta q_{n-1}+q_{n-2}} ,$$

und das ist eine quadratische Gleichung für Θ. Hat Θ eine Vorperiode, etwa

$$\Theta = \langle a_o,\ldots,a_m,\overline{b_1,\ldots,b_n},\ldots\rangle ,$$

so setzen wir

$$\tau := \langle\overline{b_1,\ldots,b_n}\rangle , \quad \Theta := \langle a_o,\ldots,a_m,\tau\rangle , \quad \Theta = \frac{\tau p_m+p_{m-1}}{\tau q_m+q_{m-1}} .$$

Θ und τ hängen also rational zusammen, d.h. Θ ist auch von der Form $\alpha+\beta\sqrt{d}$.

Jetzt gehen wir umgekehrt aus von einer quadratischen *Irrationalität* Θ. Diese können wir schreiben in der Form

$$\Theta = \frac{a+\sqrt{b}}{c} = \frac{ac+\sqrt{bc^2}}{c^2} \quad \text{oder} = \frac{-ac+\sqrt{bc^2}}{-c^2} \qquad (a,b,c \in \mathbb{Z})$$

$$= \frac{m_o+\sqrt{d}}{k_o} \qquad (m_o,k_o,d \in \mathbb{Z})$$

mit k_o teilt m_o^2-d. Wir definieren jetzt rekursiv

$$\Theta := \Theta_o, \quad \Theta_i := \frac{m_i+\sqrt{d}}{k_i}, \quad a_i := [\Theta_i],$$

$$m_{i+1} := a_i k_i - m_i, \quad k_{i+1} := \frac{d-m_{i+1}^2}{k_i}, \tag{4.18}$$

Wir werden dann zeigen: $a_i, m_i, k_i \in \mathbb{Z}$, und die a_i bilden die Kettenbruchentwicklung von $\Theta = \Theta_o$. In jedem Fall haben wir Folgen reeller Zahlen a_i, m_i, k_i definiert. Für $i = 0$ gilt $m_i, k_i \in \mathbb{Z}$, k_i teilt $d-m_i^2$. Dies sei auch für i richtig. Dann erhalten wir für i+1:

$$m_{i+1} \in \mathbb{Z}, \quad k_{i+1} = \frac{d-a_i^2k_i^2+2a_ik_im_i-m_i^2}{k_i}$$

$$= \frac{d-m_i^2}{k_i} + 2a_im_i - a_i^2k_i \in \mathbb{Z}.$$

Wegen $k_i = (d-m_{i+1}^2)/k_{i+1}$ ist k_{i+1} Teiler von $d-m_{i+1}^2$. Weiter folgt aus den Definitionen:

$$\Theta_i - a_i = \frac{-a_ik_i+m_i+\sqrt{d}}{k_i} = \frac{\sqrt{d}-m_{i+1}}{k_i}$$

$$= \frac{d-m_{i+1}^2}{k_i\sqrt{d}+k_im_{i+1}} = \frac{k_{i+1}}{m_{i+1}+\sqrt{d}} = \frac{1}{\Theta_{i+1}}.$$

Also gilt $\Theta = \langle a_o, a_1, a_2, \ldots \rangle$.

Bisher haben wir die Kettenbruchentwicklung nur in etwas anderer Form dargestellt. Jetzt beginnt der eigentliche Beweis. Für $\xi = \alpha+\beta\sqrt{d}$ sei $\xi' = \alpha-\beta\sqrt{d}$ die konjugierte Zahl. Es gilt $(\xi+\eta)' = \xi'+\eta'$, $(\xi\eta)' = \xi'\eta'$, $(\frac{\xi}{\eta})' = \frac{\xi'}{\eta'}$.

Wir erhalten

$$\Theta' = \Theta_o' = \frac{\Theta_n'p_{n-1}+p_{n-2}}{\Theta_n'q_{n-1}+q_{n-2}} .$$

Diese Gleichung lösen wir nach Θ_n' auf:

$$\Theta_n' = -\frac{q_{n-2}}{q_{n-1}}\left(\frac{\Theta_o'-p_{n-2}/q_{n-2}}{\Theta_o'-p_{n-1}/q_{n-1}}\right) .$$

Für $n \to \infty$ konvergiert die Klammer gegen $1 = (\Theta_o'-\Theta)/(\Theta_o'-\Theta)$. Für $n > N_o$ ist also $\Theta_n' < 0$. Wegen $\Theta_n > 0$ gilt also $\Theta_n-\Theta_n' > 0$. Nach Definition von Θ_n ist dann

$$\Theta_n-\Theta_n' = \frac{2\sqrt{d}}{k_n} > 0 ,$$

insbesondere

$$0 < k_n$$

Weiter folgt aus (4.18)

$$0 < k_n k_{n+1} = d-m_{n+1}^2 \leq d ,$$

$$m_{n+1}^2 < m_{n+1}^2+k_n k_{n+1} \leq d , \qquad |m_{n+1}| < \sqrt{d} .$$

Für $n > N_o$ können also k_n, m_n nur noch *endlich* viele Werte annehmen. Es gibt also Indizes $n < j$ mit $k_n = k_j$, $m_n = m_j$, also $\Theta_n = \Theta_j$, also

$$\Theta = \langle a_o,\ldots,a_{n-1},\overline{a_n,a_{n+1},\ldots,a_{j-1}}\rangle . \qquad \text{q.e.d.}$$

(4.19) Satz. *Die Kettenbruchentwicklung einer quadratischen Irrationalität Θ ist rein periodisch genau dann, wenn $1 < \Theta$, $-1 < \Theta' < 0$.*

Beweis. Wir nehmen zuerst an, daß $1 < \Theta$ und $-1 < \Theta' < 0$. Es ist

$$\Theta_i = a_i + \frac{1}{\Theta_{i+1}} , \quad \frac{1}{\Theta_{i+1}'} = \Theta_i'-a_i .$$

Nun ist $a_i \geq 1$ für jedes i, auch für i = 0, weil $\Theta > 1$. Wenn daher $\Theta_i' < 0$, ist $1/\Theta_{i+1}' < -1$ und man hat $-1 < \Theta_{i+1}' < 0$. Da $-1 < \Theta' < 0$, folgt durch Induktion, daß $-1 < \Theta_i' < 0$ für alle $i \geq 0$. Daraus ergibt sich

$$0 < -\frac{1}{\Theta'_{i+1}} - a_i < 1 \;, \quad a_i = [-\frac{1}{\Theta'_{i+1}}] \;.$$

Als quadratische Irrationalität hat Θ eine periodische Kettenbruchentwicklung. Es gibt also Indizes $n < j$ mit $\Theta_n = \Theta_j$, $a_n = a_j$. Daraus folgt $-\frac{1}{\Theta'_n} = -\frac{1}{\Theta'_j}$, $[-\frac{1}{\Theta'_n}] = [-\frac{1}{\Theta'_j}]$ und somit $a_{n-1} = a_{j-1}$. Induktive Fortsetzung dieses Verfahrens zeigt, daß der Kettenbruch rein periodisch ist.

Um das Umgekehrte zu zeigen, nehmen wir an, daß die Kettenbruchentwicklung für Θ rein periodisch ist, etwa

$$\Theta = \overline{\langle a_o, a_1, \ldots, a_{n-1}\rangle} \qquad (a_i \in \mathbb{Z},\ a_i > 0)$$

Dann ist $\Theta > a_o \geq 1$ und wegen $\Theta = \frac{\Theta_n p_{n-1}+p_{n-2}}{\Theta_n q_{n-1}+q_{n-2}}$ gilt

$$\Theta = \langle a_o, a_1, \ldots, a_{n-1}, \Theta\rangle = \frac{\Theta p_{n-1}+p_{n-2}}{\Theta q_{n-1}+q_{n-2}} \;.$$

Also erfüllt Θ die quadratische Gleichung

$$f(x) = x^2 q_{n-1} + x(q_{n-2}-p_{n-1}) - p_{n-2} = 0 \;.$$

Die Lösungen dieser Gleichung sind Θ und Θ'. Wegen $\Theta > 1$ genügt es also zu zeigen, daß die Gleichung eine Wurzel zwischen -1 und 0 hat. Dafür wiederum reicht es zu zeigen, daß $f(-1)$ und $f(0)$ entgegengesetztes Vorzeichen haben. Nach Definition der p_n ist $f(0) = -p_{n-2} < 0$. Für $n > 1$ ist außerdem

$$\begin{aligned} f(-1) &= q_{n-1} - q_{n-2} + p_{n-1} - p_{n-2} \\ &= (q_{n-2}+p_{n-2})(a_{n-1}-1) + q_{n-3} + p_{n-3} \\ &\geq q_{n-3} + p_{n-3} > 0 \;. \end{aligned}$$

Schließlich gilt für $n = 1$: $f(-1) = a_o > 0$. q.e.d.

Wir wollen nun die Kettenbruchentwicklung von $\sqrt{d}$ für eine positive ganze Zahl d, die kein Quadrat ist, angeben. Dazu betrachten wir die irrationale Zahl $\Theta := \sqrt{d} + [\sqrt{d}]$. Es ist $\Theta > 1$, $\Theta' = -\sqrt{d} + [\sqrt{d}]$ und $-1 < \Theta' < 0$. Nach dem vorstehenden Satz besitzt daher Θ eine rein periodische Kettenbruchentwicklung, etwa

$$\Theta = <\overline{a_o,\ldots,a_{n-1}}> = <a_o,\overline{a_1,\ldots,a_{n-1},a_o}> .$$

Wir können annehmen, daß n die kleinste Periodenlänge ist.
$\Theta_i := <a_i,a_{i+1},\ldots>$ ist rein periodisch für alle i, und es ist $\Theta = \Theta_o = \Theta_n = \Theta_{2n} = \ldots$. $\Theta_o,\Theta_1,\ldots,\Theta_{n-1}$ sind alle verschieden, sonst wäre n nicht die kleinste Periodenlänge. Daher gilt $\Theta_i = \Theta_o$ genau dann, wenn $i = nj$ für ein j. Nun beginnen wir entsprechend der Vorschrift (4.18 auf Seite 61 mit $\Theta_o = (m_o+\sqrt{d})/k_o$, $k_o = 1$, $m_o = [\sqrt{d}]$. Dann ist

$$\frac{m_{nj}+\sqrt{d}}{k_{nj}} = \Theta_{nj} = \Theta_o = \frac{m_o+\sqrt{d}}{k_o}$$

$$= [\sqrt{d}] + \sqrt{d}$$

und somit

$$m_{nj}-k_{nj}[\sqrt{d}] = (k_{nj}-1)\sqrt{d} ,$$

daher $k_{nj} = 1$, da die linke Seite rational und $\sqrt{d}$ irrational ist. Nur für den Index $i = nj$ gilt $k_i = 1$. Denn aus $k_i = 1$ folgt $\Theta_i = m_i+\sqrt{d}$. Aber Θ_i besitzt eine rein periodische Kettenbruchentwicklung, also gilt nach dem vorstehenden Satz $-1 < m_i-\sqrt{d} < 0$, $\sqrt{d} - 1 < m_i < \sqrt{d}$ und somit $m_i = [\sqrt{d}]$, also $\Theta_i = \Theta_o$ und i ist doch ein Vielfaches von n. Es ist $k_i \neq -1$ für jedes i, denn $k_i = -1$ impliziert $\Theta_i = -m_i-\sqrt{d}$ und nach dem vorstehenden Satz $-m_i-\sqrt{d} > 1$ und $-1 < -m_i+\sqrt{d} < 0$. Das bedeutet aber $\sqrt{d} < m_i < -\sqrt{d}-1$, ein Widerspruch. Wegen $a_o = [\sqrt{d} + [\sqrt{d}]] = 2[\sqrt{d}]$ gilt

$$\sqrt{d} = -[\sqrt{d}] + (\sqrt{d} + [\sqrt{d}])$$

$$= -[\sqrt{d}] + <2[\sqrt{d}], \overline{a_1,a_2,\ldots,a_{n-1},a_o}>$$

$$= <[\sqrt{d}], \overline{a_1,a_2,\ldots,a_{n-1},a_o}>$$

mit $a_o = 2[\sqrt{d}]$.

Die Formeln (4.18) angewandt auf $\sqrt{d} + [\sqrt{d}]$, $k_o = 1$, $m_o = [\sqrt{d}]$ zeigen also: $a_o = 2[\sqrt{d}]$, $m_1 = [\sqrt{d}]$, $k_1 = d - [\sqrt{d}]^2$. Wendet man diese Formeln auf $\sqrt{d}$ mit $k_o = 1$, $m_o = 0$ an, so gilt $a_o = [\sqrt{d}]$, $m_1 = [\sqrt{d}]$, $k_1 = d - [\sqrt{d}]^2$. Die Werte von a_o ändern sich also, aber m_1 und k_1 bleiben erhalten. Wegen $\Theta_i = (m_i+\sqrt{d})/k_i$ liefern diese Formeln dieselben Werte für a_i, m_i und k_i $(i \neq 0)$. Die Kettenbruchentwicklungen für $\sqrt{d} + [\sqrt{d}]$ und $\sqrt{d}$ unterscheiden sich also nur in a_o und m_o.

Wir sind nun in der Lage, die Gleichungen

$$x^2-dy^2 = \pm 1 \ , \qquad d \text{ kein Quadrat,}$$

zu lösen. Dazu stellen wir zunächst fest:

(4.20) Satz. *Mit den früheren Bezeichnungen gilt* $p_{n-1}^2-q_{n-1}^2 d = (-1)^n k_n$.

Beweis. Es ist

$$\Theta = \sqrt{d} = \frac{\Theta_n p_{n-1}+p_{n-2}}{\Theta_n q_{n-1}+q_{n-2}} = \frac{((m_n+\sqrt{d})/k_n)p_{n-1}+p_{n-2}}{((m_n+\sqrt{d})/k_n)q_{n-1}+q_{n-2}}$$

$$= \frac{m_n p_{n-1}+\sqrt{d}p_{n-1}+k_n p_{n-2}}{m_n q_{n-1}+\sqrt{d}q_{n-1}+k_n q_{n-2}} \ .$$

Multipliziert man diese Gleichung mit dem Nenner und trennt dann den rationalen vom irrationalen Teil, so folgt

$$dq_{n-1} = m_n p_{n-1}+k_n p_{n-2}$$

$$p_{n-1} = m_n q_{n-1}+k_n q_{n-2} \ .$$

Wir multiplizieren nun die erste Gleichung mit q_{n-1} und die zweite mit p_{n-1} und subtrahieren die zweite von der ersten Gleichung:

$$dq_{n-1}^2-p_{n-1}^2 = k_n(p_{n-2}q_{n-1}-q_{n-2}p_{n-1}) \ .$$

Nach (4.16)' ist $p_{n-2}q_{n-1}-q_{n-2}p_{n-1} = (-1)^{n-1}$. q.e.d.

Wählt man für n die Periodenlänge der Kettenbruchentwicklung von $\sqrt{d}$, so ist $k_n = 1$, und man hat für $j \in \mathbb{N}$:

(4.21) Folgerung. $p_{nj-1}^2 - dq_{nj-1}^2 = (-1)^{nj}$.

(4.22) Folgerung. *Die Gleichung* $x^2-dy^2 = 1$ *hat unendlich viele Lösungen, nämlich* $x = p_{nj-1}$, $y = q_{nj-1}$, *falls* n *gerade, und* $x = p_{2nj-1}$, $y = q_{2nj-1}$, *falls* n *ungerade. Ist* n *ungerade, so hat auch die Gleichung* $x^2-dy^2 = -1$ *unendlich viele Lösungen, nämlich* $x = p_{nj-1}$, $y = q_{nj-1}$ *für ungerade* j.

Der nächste Satz zeigt, daß sich jede Lösung von $x^2-dy^2 = \pm 1$ aus der Kettenbruchentwicklung von $\sqrt{d}$ ergibt.

Zuvor jedoch noch folgende einfache Überlegung: Von den trivialen Lösungen $x = \pm 1$, $y = 0$ der Gleichung $x^2-dy^2 = 1$ abgesehen und analog bei ähnlichen trivialen Lösungen von $x^2-dy^2 = N$, bewirkt jede Lösung von $x^2-dy^2 = N$ drei weitere Lösungen, indem man nämlich alle Vorzeichen von $\pm x$ und $\pm y$ kombiniert. Es genügt daher, nur die positiven Lösungen $x>0$, $y>0$ zu betrachten.

(4.23) Satz. *Es sei* d *eine natürliche Zahl und kein Quadrat, und es seien* p_n/q_n *die Näherungsbrüche der Kettenbruchentwicklung von* $\sqrt{d}$. *Gilt für die ganze Zahl* N *die Ungleichung* $|N| < \sqrt{d}$, *dann gibt es zu jeder positiven Lösung* s,t *von* $x^2-dy^2 = N$ *mit* $(s,t) = 1$ *einen Index* n, *so daß* $s = p_n$, $t = q_n$ *gilt.*

Beweis. Es seien E und M natürliche Zahlen mit $\text{ggT}(E,M) = 1$ und $E^2-\rho M^2 = \sigma$, wobei $\sqrt{\rho}$ irrational sei und $0 < \sigma < \sqrt{\rho}$ gelte; dabei seien σ und $\rho \in \mathbb{R}$. Dann gilt

$$\frac{E}{M} - \sqrt{\rho} = \frac{\sigma}{M(E+M\sqrt{\rho})} ,$$

daher

$$0 < \frac{E}{M} - \sqrt{\rho} < \frac{\sqrt{\rho}}{M(E+M\sqrt{\rho})} = \frac{1}{M^2((E/M\sqrt{\rho})+1)} .$$

Aus $0 < \frac{E}{M} - \sqrt{\rho}$ ergibt sich $\frac{E}{M\sqrt{\rho}} > 1$. Daher gilt

$$\left| \frac{E}{M} - \sqrt{\rho} \right| < \frac{1}{2M^2} .$$

Nach dem folgenden noch zu beweisenden Hilfssatz ist daher E/M ein Näherungsbruch in der Kettenbruchentwicklung von $\sqrt{\rho}$.

(4.24) Hilfssatz. *Es sei* Θ *eine beliebige irrationale Zahl. Wenn es eine rationale Zahl* a/b *mit* $b \geq 1$ *gibt, für die*

$$\left| \Theta - \frac{a}{b} \right| < \frac{1}{2b^2}$$

gilt, so ist a/b *ein Näherungsbruch in der Kettenbruchentwicklung von* Θ.

Ist $N > 0$, so setzen wir $\sigma = N$, $\rho = d$, $E = s$, $M = t$, und der Satz gilt für diesen Fall. Ist $N < 0$, dann gilt $t^2-(1/d)s^2 = -N/d$. Wir setzen $\sigma = -N/d$, $\rho = 1/d$, $E = t$, $M = s$. Man erkennt, daß t/s ein Näherungsbruch in der Entwicklung von $1/\sqrt{d}$ ist. Daher ist nach dem folgenden noch zu beweisenden Hilfssatz s/t ein Näherungsbruch in der Entwicklung von $\sqrt{d}$. q.e.d.

(4.25) Hilfssatz. *Der* n-*te Näherungsbruch an* 1/x *ist der reziproke Wert des* (n-1)-*ten Näherungsbruches an* x *für* $x \in \mathbb{R}$, $x > 1$.

Vorbehaltlich der beiden noch zu beweisenden Hilfssätze haben wir nun:

(4.26) Satz. *Alle positiven Lösungen von* $x^2-dy^2 = \pm 1$ *sind durch die Näherungsbrüche der Kettenbruchentwicklung von* $\sqrt{d}$ *gegeben. Ist* n *die Periodenlänge der Entwicklung von* $\sqrt{d}$ *und gerade, so hat* $x^2-dy^2 = -1$ *keine Lösung; alle positiven Lösungen von* $x^2-dy^2 = 1$ *sind durch* $x = p_{nj-1}$, $y = q_{nj-1}$ *für* j = 1,2... *gegeben. Ist* n *ungerade, dann sind alle positiven Lösungen von* $x^2-dy^2 = -1$ *durch* $x = p_{nj-1}$ *und* $y = q_{nj-1}$ *für* j = 1,3,5,... *gegeben; für* j = 2,4,6,... *sind dies alle positiven Lösungen von* $x^2-dy^2 = 1$.

Die Folge der Paare (p_o,q_o), (p_1,q_1),... enthält alle positiven Lösungen von $x^2-dy^2 = 1$. Wegen $a_o = [\sqrt{d}\,] > 0$ ist die Folge p_o, p_1, p_2,... streng monoton wachsend. Nennen wir die erste auftretende Lösung x_1, y_1, dann gilt für alle weiteren Lösungen x,y : $x > x_1$ und $y > y_1$. Hat man die kleinste positive Lösung mit Hilfe des Kettenbruches ermittelt, so kann man alle weiteren positiven Lösungen nach einer einfachen Methode finden:

(4.27) Satz. *Es sei* x_1, y_1 *die kleinste Lösung von* $x^2-dy^2 = 1$ *in natürlichen Zahlen (d kein Quadrat und > 0). Alle weiteren Lösungen in natürlichen Zahlen sind dann durch* x_n, y_n *mit* $n = 1,2,3,...$ *gegeben, wobei* x_n *und* y_n *durch*

$$x_n+y_n\sqrt{d} = (x_1+y_1\sqrt{d})^n$$

definiert sind. (Die Werte von x_n *und* y_n *erhält man also, indem man die Potenz ausrechnet und rationalen und irrationalen Teil betrachtet.)*

Beweis. Es gilt $x_n-y_n\sqrt{d} = (x_1-y_1\sqrt{d})^n$. Also

$$\begin{aligned} x_n^2-y_n^2 d &= (x_n-y_n\sqrt{d})(x_n+y_n\sqrt{d}) \\ &= (x_1-y_1\sqrt{d})^n(x_1+y_1\sqrt{d})^n \\ &= (x_1^2-y_1^2 d)^n \\ &= 1 \ . \end{aligned}$$

Man erhält so jede positive Lösung: Angenommen, es gibt eine positive Lösung (s,t), die zu keinem (x_n, y_n) gehört. Wegen $x_1+y_1\sqrt{d} > 1$ und $s+t\sqrt{d} > 1$ folgt: Es gibt ein m, so daß

$$(x_1+y_1\sqrt{d})^m \leq s + t\sqrt{d} < (x_1+y_1\sqrt{d})^{m+1} \ .$$

Dabei ist $(x_1+y_1\sqrt{d})^m = s+t\sqrt{d}$ verboten, weil daraus $x_m+y_m\sqrt{d} = s+t\sqrt{d}$, also $s = x_m$, $t = y_m$ folgen würde. Nun ist aber $(x_1-y_1\sqrt{d})^m = (x_1+y_1\sqrt{d})^{-m}$. Multipliziert man die obige Ungleichung mit $(x_1-y_1\sqrt{d})^m$, so erhält man:

$$1 < (s+t\sqrt{d})(x_1-y_1\sqrt{d})^m < x_1+y_1\sqrt{d} \ .$$

Wir definieren die ganzen Zahlen a,b durch

$$(a+b\sqrt{d}) = (s+t\sqrt{d})(x_1-y_1\sqrt{d})^m$$

und erhalten dann

$$\begin{aligned} a^2-b^2 d &= (s^2-t^2 d)(x_1^2-y_1^2 d)^m \\ &= 1 \ . \end{aligned}$$

Also ist a,b eine Lösung von $x^2-dy^2 = 1$, für die $1 < a+b\sqrt{d} < x_1+y_1\sqrt{d}$ gilt. Nun ist aber $0 < (a+b\sqrt{d})^{-1} < 1$, d.h. $0 < a-b\sqrt{d} < 1$. Man erhält

$$a = \frac{1}{2}(a+b\sqrt{d}) + \frac{1}{2}(a-b\sqrt{d}) > \frac{1}{2} + 0 > 0$$

$$b\sqrt{d} = \frac{1}{2}(a+b\sqrt{d}) - \frac{1}{2}(a-b\sqrt{d}) > \frac{1}{2} - \frac{1}{2} = 0 ;$$

folglich ist a,b eine positive Lösung. Daher gilt $a > x_1$, $b > y_1$; dies widerspricht aber $a+b\sqrt{d} < x_1+y_1\sqrt{d}$. q.e.d.

Es verbleiben noch die Beweise von (4.24) und (4.25).

(4.25) ist einfach zu beweisen: Es gilt $x = \langle a_o,a_1,\ldots\rangle$ und $\frac{1}{x} = \langle 0,a_o,a_1,\ldots\rangle$. Sind nun p_n/q_n und p_n'/q_n' jeweils die Näherungsbrüche an x bzw. an $\frac{1}{x}$, so gilt:

$$p_o' = 0,\ p_1' = 1,\ p_2' = a_1,\ p_n' = a_{n-1}p_{n-1}'+p_{n-2}'$$

$$q_o = 1,\ q_1 = a_1,\ q_{n-1} = a_{n-1}q_{n-2}+q_{n-3}$$

$$q_o' = 1,\ q_1' = a_o,\ q_2' = a_oa_1+1,\ q_n' = a_{n-1}q_{n-1}'+q_{n-2}'$$

$$p_o = a_o,\ p_1 = a_oa_1+1,\ p_{n-1} = a_{n-1}p_{n-2}+p_{n-3} .$$

Die Behauptung folgt durch Induktion. q.e.d.

Zu (4.24): Ohne Einschränkung der Allgemeinheit sei ggT(a,b) = 1. Es seien p_n/q_n die Näherungsbrüche von Θ. Angenommen a/b ist nicht darunter. Dann wird eine Zahl m durch die Ungleichungen $q_m \leq b < q_{m+1}$ festgelegt. Wir behaupten nun, daß $|\Theta b-a| < |\Theta q_m-p_m|$ nicht gelten kann. Angenommen, das gilt. Wir betrachten dann das lineare Gleichungssystem

$$q_mx+q_{m+1}y = b$$

$$p_mx+p_{m+1}y = a .$$

Die Determinante $q_mp_{m+1}-q_{m+1}p_m$ ist, wie wir wissen (vgl. (4.16)') gleich ± 1. Daher existiert eine ganzzahlige Lösung x,y, und zwar mit $x \neq 0$ und $y \neq 0$. Wäre nämlich $x = 0$, dann wäre $b = yq_{m+1}$, also $y > 0$ und $b \geq q_{m+1}$

im Widerspruch zu $b < q_{m+1}$. Wäre $y = 0$, dann wäre $a = xp_m$, $b = xq_m$ und

$$|\Theta b-a| = |\Theta xq_m - xp_m| = |x||\Theta q_m - p_m| \geqq |\Theta q_m - p_m|$$

wegen $|x| \geqq 1$, Widerspruch.

x und y besitzen verschiedene Vorzeichen: Ist $y < 0$, dann folgt aus $xq_m = b-yq_{m+1}$ sofort $x > 0$. Ist dagegen $y > 0$, dann folgt aus $b < q_{m+1}$, daß $b < yq_{m+1}$. Daher ist xq_m negativ, also $x < 0$. Nun folgt aus den Formeln (4.16) und (4.16)', daß $\Theta q_m - p_m$ und $\Theta q_{m+1} - p_{m+1}$ verschiedene Vorzeichen besitzen und daher $x(\Theta q_m - p_m)$ und $y(\Theta q_{m+1} - p_{m+1})$ dasselbe Vorzeichen haben. Aus den Gleichungen, die x und y definieren, erhält man

$$\Theta b-a = x(\Theta q_m - p_m) + y(\Theta q_{m+1} - p_{m+1}) \ .$$

Da die beiden Ausdrücke auf der rechten Seite dasselbe Vorzeichen haben, ist

$$\begin{aligned} |\Theta b-a| &= |x(\Theta q_m - p_m) + y(\Theta q_{m+1} - p_{m+1})| \\ &= |x(\Theta q_m - p_m)| + |y(\Theta q_{m+1} - p_{m+1})| \\ &> |x(\Theta q_m - p_m)| \\ &= |x||\Theta q_m - p_m| \\ &\geqq |\Theta q_m - p_m| \ , \end{aligned}$$

Widerspruch.

Wir erhalten daher

$$|\Theta q_m - p_m| \leqq |\Theta b-a| < \frac{1}{2b}$$

$$\left|\Theta - \frac{p_m}{q_m}\right| < \frac{1}{2bq_m} \ .$$

Wegen $a/b \neq p_m/q_m$ gilt

$$\frac{1}{bq_m} \leq \frac{|bp_m - aq_m|}{bq_m} = \left|\frac{p_m}{q_m} - \frac{a}{b}\right|$$

$$\leq \left|\Theta - \frac{p_m}{q_m}\right| + \left|\Theta - \frac{a}{b}\right|$$

$$< \frac{1}{2bq_m} + \frac{1}{2b^2} .$$

Daraus folgt $b < q_m$, ein Widerspruch. q.e.d.

Wir beenden damit die Diskussion der Kettenbrüche und das Kapitel über Lagrange. Zum Abschluß wollen wir Dirichlets Meinung zu diesen Ergebnissen zitieren: "Diese Lücke [daß $x^2 - dy^2 = n^2$ außer $x = \pm n$, $y = 0$ noch andere Lösungen besitzt] ist erst von Lagrange ausgefüllt, und hierin besteht wohl eine der bedeutendsten Leistungen des großen Mathematikers auf dem Gebiete der Zahlentheorie, da die von ihm zu diesem Zweck eingeführten Prinzipien in hohem Grade der Verallgemeinerung fähig sind und deshalb auch auf ähnliche höhere Probleme anwendbar sind."

Literaturhinweise

J. Itard: Lagrange, Joseph Louis (in: Dictionary of Scientific Biography)

I. Niven, H.S. Zuckermann: An introduction to the theory of numbers, J. Wiley & Sons, Inc., New York London Sydney, 1966.

5. Legendre

Einer der berühmtesten Sätze der Zahlentheorie ist das quadratische Reziprozitätsgesetz, das wir schon am Schluß des Kapitels über Euler formuliert haben. Die Geschichte der Entdeckung dieses Satzes ist etwas kompliziert und nicht ganz klar. Wir werden gleich noch ausführen, daß man bei der Frage, ob eine gegebene Primzahl Teiler einer Zahl der Form x^2+ay^2 sein kann, nahezu zwangsläufig auf das quadratische Reziprozitätsgesetz geführt wird. In dieser Weise wurde es wohl von Euler und später (etwa 1785) unabhängig (?) von Legendre entdeckt. Legendre hatte - im Gegensatz zu Euler - auch einen ernst zu nehmenden Beweisversuch unternommen, den wir noch besprechen werden, der aber noch eine wesentliche Lücke enthielt. Schließlich wurde es dann noch einmal von Gauß wiederentdeckt und zwar vermutlich auf der Basis numerischer Rechnungen und nicht im Zusammenhang mit der Theorie der binären Formen. Gauß hat dann auch die ersten vollständigen Beweise gefunden.

Für eine ungerade Primzahl p und eine zu p teilerfremde ganze Zahl a definiert Legendre das (heute sogenannte) *Legendre-Symbol*

$$\left(\frac{a}{p}\right) := \begin{cases} 1, & \text{falls die Kongruenz } x^2 \equiv a \bmod p \text{ lösbar ist} \\ -1, & \text{sonst} \end{cases}$$

Im ersten Fall heißt a auch *quadratischer Rest modulo* p, im zweiten *quadratischer Nichtrest modulo* p.

Es gilt

(5.1) <u>Satz</u>. *Seien* p,q *Primzahlen* $\neq 2$. *Dann gilt*

(1) (*Quadratisches Reziprozitätsgesetz*)

$$\left(\frac{p}{q}\right)\left(\frac{q}{p}\right) = (-1)^{\frac{1}{4}(p-1)(q-1)}$$

$$\left(\frac{-1}{p}\right) = \begin{cases} 1, & \textit{falls } p \equiv 1 \bmod 4 \\ -1, & \textit{falls } p \equiv 3 \bmod 4 \end{cases} \tag{2}$$

$$= (-1)^{\frac{p-1}{2}}$$

$$\left(\frac{2}{p}\right) = \begin{cases} 1, & \textit{falls } p \equiv 1,7 \bmod 8 \\ -1, & \textit{falls } p \equiv 3,5 \bmod 8 \end{cases} \tag{3}$$

$$= (-1)^{\frac{1}{8}(p^2-1)}$$

Die Aussage (2) haben wir schon bewiesen, vgl. (2.13). Aussage (2) nennt man *ersten* und Aussage (3) *zweiten Ergänzungssatz* zum quadratischen Reziprozitätsgesetz. In (1) wird also ein Zusammenhang zwischen $(\frac{p}{q})$ und $(\frac{q}{p})$ hergestellt. Es ist dabei keineswegs von vornherein klar, daß diese Ausdrücke überhaupt etwas miteinander zu tun haben.

Wir verschieben den Beweis auf später und kommentieren zunächst die Aussagen.

Für eine ungerade Primzahl p ist die multiplikative Gruppe $\mathbb{F}_p^*$ des Körpers $\mathbb{F}_p$ mit p Elementen zyklisch von der Ordnung p-1. Der Kern des Homomorphismus $\mathbb{F}_p^* \ni x \longrightarrow x^2 \in \mathbb{F}_p^*$ hat die Ordnung 2. Das Bild $(\mathbb{F}_p^*)^2$ dieses Homomorphismus hat daher die Ordnung (p-1)/2. Es gibt also in $\mathbb{F}_p^*$ genauso viel Quadrate wie Nichtquadrate: $\mathbb{F}_p^* : (\mathbb{F}_p^*)^2 = 2$. Für zwei Elemente $\bar{a}, \bar{b}$ aus $\mathbb{F}_p^*$, die keine Quadrate sind, ist also das Produkt $\bar{a}\,\bar{b}$ ein Quadrat. Daraus ergibt sich:

$$\left(\frac{ab}{p}\right) = \left(\frac{a}{p}\right)\left(\frac{b}{p}\right) .$$

Außerdem gilt trivialerweise

$$\left(\frac{a}{p}\right) = \left(\frac{a+kp}{p}\right) .$$

Für einen zusammengesetzten "Nenner" $b = p_1 \dots p_k$ definiert man

$$\left(\frac{a}{b}\right) = \left(\frac{a}{p_1}\right) \dots \left(\frac{a}{p_k}\right) .$$

Für teilerfremde ungerade a,b gilt dann auch die Formel des Reziprozitätsgesetzes $(\frac{a}{b})(\frac{b}{a}) = (-1)^{\frac{1}{4}(a-1)(b-1)}$. Mit Hilfe des quadratischen Reziprozitätsgesetzes und dieser Rechenregeln kann man nun das Legendre-Symbol leicht berechnen. Z.B.

$$(\frac{383}{417}) = (\frac{417}{383})(-1)^{\frac{1}{4}382\cdot 416} = (\frac{34}{383}) = (\frac{17}{383})(\frac{2}{383}) =$$

$$= (\frac{17}{383})\cdot 1 = (\frac{383}{17})(-1)^{\frac{1}{4}382\cdot 16} = (\frac{383}{17})\cdot 1 = (\frac{9}{17}) = 1 \ .$$

Den Zusammenhang mit dem Darstellungsproblem von Zahlen durch binäre quadratische Formen liefert der folgende Satz.

(5.2) Satz. *Die natürliche Zahl* m *werde eigentlich durch die Form* $ax^2+2bxy+cy^2$ *dargestellt. Dann ist* b^2-ac *ein quadratischer Rest modulo* m.

Beweis. Sind x_o, y_o zwei teilerfremde Zahlen, die die Darstellung von m durch die gegebene Form liefern, so gilt für zwei Zahlen k,l mit $kx_o+ly_o = 1$:

$$(ax_o^2+2bx_oy_o+cy_o^2)(al^2-2bkl+ck^2) =$$

$$= (k(x_ob+y_oc)-l(x_oa+y_ob))^2-(b^2-ac)(kx_o+ly_o)^2$$

oder

$$m(al^2-2bkl+ck^2) = (k(x_ob+y_oc)-l(x_oa+y_ob))^2-(b^2-ac) \ .$$

Daraus ergibt sich schließlich die Behauptung. q.e.d.

Wir wollen jetzt zeigen, daß man von dem Problem der Darstellbarkeit einer Primzahl p durch die Form x^2+ay^2 nahezu zwangsläufig auf die Fragestellung des quadratischen Reziprozitätsgesetzes geführt wird, nämlich den Zusammenhang zwischen $(\frac{p}{q})$ und $(\frac{q}{p})$.

Wenn eine Primzahl p der Form p = 4n+3 von der Form x^2+ay^2 dargestellt wird, ist p nach (4.8) kein Teiler von x^2-ay^2. Also wird p von keiner Form der Determinante -a dargestellt. Daraus ergibt sich $(\frac{a}{p}) = -1$. Ist umgekehrt für die Primzahl p die Bedingung $(\frac{a}{p}) = -1$ erfüllt, dann wird p nach (5.2) nicht von einer Form der Determinante -a dargestellt. Nach (4.8) ist daher p ein Teiler von x^2+ay^2. Man kann nun alle reduzierten Formen der Determinante a betrachten und wieder Kongruenzbetrachtungen anstellen, um herauszufinden, ob p durch x^2+ay^2 darstellbar ist oder nicht. Wie wir gesehen haben, kommt man so oft zum Ziel. Entscheidend für die Darstellbarkeit der Primzahl $p = 4n+3$ durch die Form x^2+ay^2 ist also die Bedingung $(\frac{a}{p}) = -1$.

Wir untersuchen jetzt als Illustration die Darstellbarkeit von Primzahlen $p = 4n+3$ der speziellen Gestalt $p = ka+b$ durch die Form x^2+ay^2. Die Zahl b muß so beschaffen sein, daß $(\frac{a}{ka+b}) = -1$ gilt. Diese Bedingung zu überprüfen, erscheint zunächst schwierig. Insbesondere ist a priori überhaupt nicht klar, daß $(\frac{a}{ka+b})$ nur von dem Rest b abhängt. Es könnte vielmehr so sein, daß für Primzahlen der Form ka+b das Symbol sowohl +1 als auch -1 ist, und wir Darstellbarkeit in dem einen Fall haben und in dem anderen nicht. Für große $p = ka+b$ würde es auch schwierig sein, $(\frac{a}{p})$ direkt zu berechnen. Der Einfachheit halber setzen wir jetzt voraus, daß a eine Primzahl ist. Dann ist es leicht, das "reziproke" Symbol $(\frac{p}{a}) = (\frac{b}{a})$ (das nur von b abhängt!) zu berechnen. Man fragt sich also, ob die Kenntnis von $(\frac{b}{a})$ weiterhilft und wird so zum Reziprozitätsgesetz geführt, mit dem man das Problem erledigen kann.

Nach dem quadratischen Reziprozitätsgesetz ist nämlich

$$(\frac{a}{p}) = (\frac{a}{ka+b}) = (\frac{ka+b}{a})(-1)^{\frac{1}{4}(a-1)(p-1)}$$

$$= (\frac{b}{a})(-1)^{\frac{1}{2}(a-1)\frac{1}{2}(p-1)} = (\frac{b}{a})(-1)^{\frac{1}{2}(a-1)} ,$$

und die Bedingung $(\frac{a}{p}) = -1$ ist genau dann erfüllt, wenn

$(\frac{b}{a})(-1)^{\frac{1}{2}(a-1)} = -1$ ist.

Wir betrachten einige Beispiele:

Für $a = 3$, $b = 1$ ist $(\frac{1}{3})(-1)^{(3-1)/2} = -1$. Für p gilt $p \equiv 1 \bmod 3$, insgesamt also $p \equiv 7 \bmod 12$. Also ist jede Primzahl $p \equiv 7 \bmod 12$ ein Teiler von x^2+3y^2, und da die andere reduzierte Form mit Determinante 3, nämlich $2x^2+2xy+2y^2$, modulo 12 nicht den Rest 7 läßt, wird jede Primzahl der Form $p \equiv 7 \bmod 12$ von x^2+3y^2 dargestellt.

Für $a = 5$ ist $(\frac{b}{a})(-1)^{(a-1)/2} = (\frac{b}{5}) = -1$ genau dann, wenn $b = 2$ oder $= 3$ ist. p ist in diesen Fällen $\equiv 3$ oder $7 \bmod 20$. Jede Primzahl der Form

$p \equiv 3,7 \bmod 20$ ist ein Teiler von x^2+5y^2, wird also von x^2+5y^2 oder $2x^2+2xy+3y^2$ dargestellt. Modulo 4 ist aber x^2+5y^2 gleich x^2+y^2, und daher kann x^2+5y^2 höchstens ungerade Zahlen $\equiv 1 \bmod 4$ darstellen. Primzahlen der Form $p \equiv 3,7 \bmod 20$ werden also von $2x^2+2xy+3y^2$ dargestellt.

Für $a = 7$ ist $(\frac{b}{a})(-1)^{(a-1)/2} = (\frac{b}{7}) = -1$ genau dann, wenn $b = 1,2$ oder 4 ist. p ist dann kongruent zu 11, 15, 23 modulo 28, und man erhält mit ähnlichen Schlüssen wie zuvor, daß p von x^2+7y^2 dargestellt wird.

Adrien Marie Legendre, ein jüngerer Zeitgenosse Lagranges, stammte wie dieser aus einer vermögenden Familie. Er erhielt fundierten Unterricht am Collège Mazarin in Paris und schloß sein Studium 1770 im Alter von 18 Jahren in den Fächern Mathematik und Physik ab. Er wurde von dem Abbé François-Joseph Marie, der auch Lagrange gefördert hatte, in die Mathematik eingeführt. Ein eigenes Vermögen machte Legendre zunächst finanziell unabhängig und gestattete ihm, seine Forschungen zu betreiben. Von 1775 bis 1780 war er dann Lehrer an der École Militaire in Paris. Seit 1783 war er mit der Pariser Akademie verbunden, zunächst als Nachfolger von Laplace als "adjoint mécanicien", dann 1785 als "associé".

1782 gewann Legendre den Preis der Berliner Akademie mit einer Untersuchung über Ballistik und machte so Lagrange, der zu dieser Zeit noch in Berlin wirkte, auf sich aufmerksam. Es folgten Veröffentlichungen in seinen Hauptarbeitsgebieten Zahlentheorie, Himmelsmechanik und der Theorie der elliptischen Funktionen. Während der Revolution verlor Legendre sein Vermögen und war gezwungen, seine bisherige Stellung an der Akademie zu verlassen. Er bekam von der "Kommission für öffentliche Angelegenheiten" den Auftrag, zusammen mit Lagrange ein Buch über Analysis und Geometrie zu verfassen. Legendre erhielt danach noch mehrere Positionen und öffentliche Aufgaben, fiel aber 1824 in Ungnade und verlor seine Pension von 3000 Francs jährlich, als er in einem Fall der offiziellen Personalpolitik seine Zustimmung verweigerte. Bis zu seinem Tode im Jahre 1833 bekleidete er als Nachfolger von Lagrange eine Stellung am Bureau des Longitudes. Ein wenig erfreuliches Kapitel im Leben Legendres ist ein Urheberstreit mit Gauß über die Methode der kleinsten Quadrate und das quadratische Reziprozitätsgesetz. Er hat sich empört und verbittert bei Jacobi beklagt, daß Gauß beide Entdeckungen als seine eigenen ausgab. Dagegen konnte Legendre gegen Ende seines Lebens noch mit großer Genugtuung erleben, wie sein Lieblingsgebiet - die Theorie der elliptischen Funktionen - von zwei jungen brillianten Mathematikern, Abel und Jacobi, entscheidend bereichert und ausgebaut wurde.

Wir haben bis jetzt das Problem der Darstellbarkeit von natürlichen Zahlen durch binäre quadratische Formen behandelt. Allgemeiner kann man natürlich das analoge Problem für Formen in n Variablen für beliebiges $n \in \mathbb{N}$ stellen. Gegeben sind eine symmetrische $n \times n$-Matrix A mit ganzzahligen Koeffizienten $a_{ij} = a_{ji}$, ein n-Tupel $x = (x_1, \ldots, x_n)$ von Unbestimmten und die quadratische Form

$$q(x) = xAx^t = \sum_{i,j=1}^{n} a_{ij} x_i x_j$$

$$= \sum_{i=1}^{n} a_{ii} x_i^2 + \sum_{i<j} 2a_{ij} x_i x_j .$$

Das allgemeinere *Darstellungsproblem* besteht nun darin, zu gegebenem $t \in \mathbb{Z}$ notwendige und hinreichende Bedingungen für die ganzzahlige Lösbarkeit und eventuell auch die Anzahl der Lösungen der Gleichung

$$q(x) = t$$

anzugeben. Dieses naheliegende Problem erweist sich als außerordentlich schwierig, und eine vollständige Lösung steht noch aus.

Eine notwendige Bedingung für die Lösbarkeit von $q(x) = t$ ist natürlich die Lösbarkeit modulo einer beliebigen Primzahlpotenz. (Aus Gründen, die wir nicht erläutern, nennt man diese Bedingung auch "lokale" Lösbarkeit von $q(x) = t$, während man bei einer Lösung von $q(x) = t$ selbst von einer "globalen" Lösung spricht.) Man kann sich überlegen, daß nur die Potenzen von 2 und diejenigen Primzahlpotenzen eine Rolle spielen, die nicht teilerfremd zu den Koeffizienten der Form sind. Das Beispiel $5x^2+11y^2 = 1$ lehrt jedoch, daß diese Bedingung im allgemeinen nicht hinreichend für die globale Lösbarkeit ist.

Legendre entdeckte jedoch einen wichtigen Fall, in dem ein "Lokal-Global-Prinzip" gilt. Er bewies nämlich

(5.3) Satz. *Seien* a, b, c *von* 0 *verschiedene ganze Zahlen, so daß* abc *quadratfrei ist. Dann ist die Gleichung*

$$ax^2+by^2+cz^2 = 0$$

genau dann nichttrivial in ganzen Zahlen lösbar, wenn a, b, c *nicht alle gleiche Vorzeichen haben und* -bc, -ac, -ab *quadratische Reste modulo* a, b *bzw.* c *sind, d.h. wenn folgende Kongruenzen lösbar sind:*

$$x^2 \equiv -bc \bmod a$$

$$y^2 \equiv -ac \bmod b$$

$$z^2 \equiv -ab \bmod c .$$

Um zu sehen, daß hier ein "Lokal-Global-Prinzip" enthalten ist, überlegt man sich zunächst, daß man die Bedingungen über die Vorzeichen von a, b, c durch die Forderung nach Lösbarkeit der Kongruenz

$$ax^2+by^2+cz^2 \equiv 0 \bmod 8$$

in ganzen Zahlen, die nicht alle gerade sind, ersetzen kann. Wir führen die dazu nötigen einfachen, aber langwierigen Fallunterscheidungen hier nicht aus, sondern zeigen, daß die so modifizierten Bedingungen für die Lösbarkeit von $ax^2+by^2+cz^2 = 0$ gleichbedeutend mit der Lösbarkeit von $ax^2+by^2+cz^2 \equiv 0 \bmod N$ für jede Primzahlpotenz N mit ggT(x,y,z,N) = 1 sind Offensichtlich ist die Lösbarkeit der Gleichung modulo jeder Primzahlpotenz notwendig für die globale Lösbarkeit.

Sei nun umgekehrt die Gleichung $ax^2+by^2+cz^2 \equiv 0 \bmod N$ für jede Primzahlpotenz N mit ggT(x,y,z,N) = 1 lösbar. Sei speziell $N = p^2$ mit p/c und x_o,y_o,z_o eine Lösung der entsprechenden Kongruenz. Falls y_o durch p teil bar ist, ist wegen ggT(a,p) = 1 auch x_o durch p teilbar, im Widerspruch zur Voraussetzung $ggT(x_o,y_o,z_o,N) = 1$. Ähnlich sieht man, daß auch x_o nicht durch p teilbar ist. Daher folgt aus der Kongruenz $ax_o^2+by_o^2 \equiv 0$ mod daß -ab quadratischer Rest modulo p und daher auch modulo c ist. Ganz analog folgt, daß -ac quadratischer Rest modulo b und -bc quadratischer Rest modulo a ist. Für N = 8 ergibt sich auch die letzte Bedingung.

Wir verschieben den Beweis des obigen Satzes von Legendre in das Kapitel über Minkowski, in dem wir wirkungsvollere Hilfsmittel zur Verfügung haben werden.

Legendre versuchte, aus (5.3) das quadratische Reziprozitätsgesetz abzuleiten. Das gelang ihm aber nur zum Teil. Wir wollen dennoch ein wenig seinen an sich interessanten Gedankengängen folgen, zumal wir dabei in natürlicher Weise auf einen der inzwischen berühmtesten Sätze der Arithmetik stoßen werden.

Wir erinnern noch einmal an die Hauptaussage (1) des quadratischen Reziprozitätsgesetzes:

$$\left(\frac{p}{q}\right)\left(\frac{q}{p}\right) = (-1)^{\frac{1}{4}(p-1)(q-1)} = \begin{cases} -1, & \text{falls } p,q \equiv 3 \bmod 4 \\ 1, & \text{sonst} \end{cases} \tag{1}$$

A priori ergeben die Bedingungen $p,q \equiv 1,3 \bmod 4$ und $\left(\frac{p}{q}\right), \left(\frac{q}{p}\right) = \pm 1$ insgesamt 16 denkbare Möglichkeiten, und um die Aussage (1) zu beweisen, hat man die Hälfte dieser Möglichkeiten auszuschließen.

Einen ersten Fall schließen wir folgendermaßen aus:
Sind $p,q \equiv 3 \bmod 4$, so kann nicht sowohl $\left(\frac{p}{q}\right) = 1$ als auch $\left(\frac{q}{p}\right) = 1$ sein; denn sonst wären mit $a = 1$, $b = -p$, $c = -q$ alle zur Lösbarkeit der Gleichung $ax^2+by^2+cz^2 = 0$ erforderlichen Bedingungen von (5.3) erfüllt. Aber modulo 4 ist $x^2-py^2-qz^2 \equiv x^2+y^2+z^2$ und daher ist, wie man leicht sieht, die Gleichung nur für gerade x,y,z nichttrivial lösbar. Widerspruch! Ähnlich schließt man den Fall $p \equiv 1 \bmod 4$, $q \equiv 3 \bmod 4$, $\left(\frac{q}{p}\right) = 1$, $\left(\frac{p}{q}\right) = -1$ durch Betrachtung der Gleichung $x^2+py^2-qz^2 = 0$ aus. Um weitere Fälle auszuschließen, formulierte und benutzte Legendre den folgenden Satz, für dessen Beweis er aber nicht den geringsten Ansatz besaß.

(5.4) Satz. *Ist* m *eine natürliche Zahl und* a *eine ganze zu* m *teilerfremde Zahl, so gibt es unendlich viele Primzahlen der Form* km+a.

Dieser berühmte Satz wurde dann ungefähr 1837 von Dirichlet bewiesen. Wir gehen darauf in dem Kapitel über Dirichlet näher ein.

Hat man diesen Satz zur Verfügung, so kann man weitere Fälle ausschließen. Wir wählen zur Illustration den Fall $p \equiv 1 \bmod 4$, $q \equiv 3 \bmod 4$, $\left(\frac{p}{q}\right) = 1$, $\left(\frac{q}{p}\right) = -1$. Es gibt eine Primzahl r der Form $r \equiv 1 \bmod 4$ mit $\left(\frac{r}{p}\right) = -1$, $\left(\frac{r}{q}\right) = -1$. Um einzusehen, daß ein solches r existiert, stellen wir folgende Überlegung an: Die Menge aller Zahlen, welche kleiner als 4pq und teilerfremd hierzu sind, besteht aus $2(p-1)(q-1)$ Elementen und zerfällt in vier Klassen, von denen die eine aus den Nichtresten jeder der beiden Zahlen p,q besteht. Diese Klasse besteht zur Hälfte aus Zahlen der Form $\equiv 1 \bmod 4$ und zur anderen Hälfte aus Zahlen der Form $\equiv 3 \bmod 4$. Man hat daher in dieser Klasse $\frac{1}{4}(p-1)(q-1)$ Nichtreste von sowohl p als auch q von der Form $\equiv 1 \bmod 4$; diese seien $g, g', g'', \ldots$. Die Zahlen $g+k\cdot 4pq$, $g'+k\cdot 4pq$, $g''+k\cdot 4pq, \ldots$, $k \in \mathbb{Z}$, sind dann Nichtreste von p,q von der Form $\equiv 1 \bmod 4$. Nach (5.4) befinden sich unter diesen Zahlen unendlich viele Primzahlen. Für eine solche Primzahl r ist nach dem weiter oben erwähnten zweiten Fall $(\frac{q}{r}) = -1$. Man kann nun weiter schließen, daß $(\frac{p}{r}) = -1$; denn $p \equiv 1 \bmod 4$, $r \equiv 1 \bmod 4$, $(\frac{p}{r}) = 1$, $(\frac{r}{p}) = -1$ ist unmöglich, weil man sonst wieder unter Zuhilfenahme von (5.4) eine Primzahl r' der Form $r' \equiv 3 \bmod 4$ mit $(\frac{p}{r'}) = -1$, also, nach einem zuvor angesprochenen Fall, mit $(\frac{r'}{p}) = -1$ und daher mit $(\frac{rr'}{p}) = 1$ finden könnte. Ferner wäre $(\frac{-p}{r}) = 1$, $(\frac{-p}{r'}) = 1$ und somit auch $(\frac{-p}{rr'}) = 1$. Also wäre $x^2+py^2-rr'z^2 = 0$ nichttrivial lösbar, was man wieder als unmöglich erkennt, indem man modulo 4 rechnet. Aus $(\frac{q}{r}) = -1$ und $(\frac{p}{r}) = -1$ folgt $(\frac{pq}{r}) = 1$. Wenn daher $(\frac{p}{q}) = 1$, $(\frac{q}{p}) = -1$ wäre, wären alle Bedingungen für die nichttriviale Lösbarkeit von $px^2-qy^2+rz^2 = 0$ erfüllt, ein Widerspruch, wie man wieder durch Rechnen modulo 4 erkennt. Den jetzt noch verbleibenden Fall $p,q \equiv 3 \bmod 4$, $(\frac{p}{q}) = -1$, $(\frac{q}{p}) = -1$ schließt man auf ähnliche Weise aus.

Literaturhinweise

Y. Itard: Legendre, Adrien Marie (in Dictionary of Scientific Biography)

A.M. Legendre: Theorie des Nombres, Paris 1830, Neudruck, Blanchard, Paris 1955

A.M. Legendre: Zahlentheorie. Nach der dritten Auflage ins Deutsche übertragen von H. Maser, Band II, Teubner, Leipzig 1886

C.F. Gauß: Disquisitiones arithmeticae, Art. 151 u. 296

Legendres Korrespondenz mit Jacobi in Jacobis Werke, Bd. 1

L. Kronecker: vgl. Literaturhinweise zu Kapitel 3

6. Gauß

Carl Friedrich Gauß lebte von 1777 bis 1855. Bereits zu seinen Lebzeiten galt er als "princeps mathematicorum". Sein zahlentheoretisches Hauptwerk - die disquisitiones arithmeticae - und einige kleinere Arbeiten zur Zahlentheorie enthalten so zahlreiche, tiefliegende und teilweise auch technische Resultate, daß wir uns darauf beschränken müssen, einige besonders wichtige Entwicklungslinien zu verfolgen. Anderes - ebenso Wichtiges - wird ganz beiseite gelassen.

Gauß begann seine mathematische Karriere in einzigartig spektakulärer Weise, wie wir an Hand seines Tagebuchs erkennen können, das über seine wichtigsten Entdeckungen Auskunft gibt. Es beginnt mit dem 30.3.1796: "Principia quibus innititur sectio circuli, ac divisibilitas eiusdem geometrica in septemdecim partes etc." Ausführlicher beschreibt Gauß später die hier erwähnte Entdeckung der Konstruktion des regelmäßigen 17-Ecks in einem Brief vom 6.1.1819 an Gerling: "Durch angestrengtes Nachdenken über den Zusammenhang aller Wurzeln [der Gleichung $1+x+...+x^{p-1} = 0$] untereinander nach arithmetischen Gründen glückte es mir bei einem Ferienaufenthalt in Braunschweig am Morgen des gedachten Tages (ehe ich aus dem Bette aufgestanden war), diesen Zusammenhang auf das klarste anzuschauen, so daß ich die spezielle Anwendung auf das 17-Eck und die numerische Bestätigung auf der Stelle machen konnte." Gauß hatte also ein jahrtausende altes Problem positiv gelöst:

(6.1) <u>Satz</u>. *Das regelmäßige 17-Eck ist mit Zirkel und Lineal konstruierbar.*

Seine Methoden reichen aus - wie er schon in seiner allerersten Ankündigung betont - um das Problem der Konstruktion regelmäßiger n-Ecke vollständig zu lösen.

(6.2) <u>Satz</u>. *Das regelmäßige n-Eck ist mit Zirkel und Lineal genau dann konstruierbar, wenn* $n = 2^k p_1 ... p_r$, *wobei die* p_i *Fermatsche Primzahlen (also von der Form* $2^{2^t}+1$*) sind.*

Wenige Wochen später, am 18.4.1796, hatte Gauß den ersten Beweis des von ihm - unabhängig von Euler und Legendre - einige Monate vorher entdeckten Reziprozitätsgesetzes gefunden. Im Zusammenhang damit baut er die Theorie der binären quadratischen Formen weiter aus und kommt zu einer Theorie, die weit über das von seinen Vorgängern - insbesondere Lagrange und Legendre - Geschaffene hinausgeht. Vor allem über diese Gegenstände schrieb er (in lateinischer Sprache) seine berühmten "Disquisitiones Arithmeticae", die im Jahre 1801 zuerst erschienen und die Zahlentheorie zu einer systematischen, inhaltsreichen und wohlbegründeten Wissenschaft machten.

Der Satz über die Konstruktion der regelmäßigen n-Ecke wird heutzutage im Rahmen der Galois-Theorie behandelt. Er hat jedoch - wie Gauß selbst betont - wesentliche zahlentheoretische Aspekte. Auf einen dieser Bezüge werden wir jetzt kurz eingehen, insbesondere auch deswegen, weil sich ein Zusammenhang mit dem Reziprozitätsgesetz ergibt. Wir beobachten hier wieder einen für die Entwicklung jeder mathematischen Theorie typischen Vorgang: Am Anfang stehen zunächst völlig unzusammenhängend erscheinende Sachverhalte, hier die Konstruktion der n-Ecke und das Problem des quadratischen Reziprozitätsgesetzes. Bei tieferem Eindringen in die Probleme stellt sich dann aber ein enger Zusammenhang heraus - oft auch zur großen Überraschung der Entdecker - und es wird das möglich, was Eudemu "vernünftige Erkenntnis" genannt hat.

Die Aufgabe der Konstruktion eines regelmäßigen n-Ecks stellt sich folgendermaßen dar: Die Ecken des dem Einheitskreis einbeschriebenen n-Ecks sind die komplexen Einheitswurzeln

$$\exp(2k\pi i/n) = \cos(2k\pi/n)+i\sin(2k\pi/n),\ k = 0,\dots,n-1\ .$$

Das sind die Wurzeln der Gleichung

$$x^n-1 = (x-1)(x^{n-1}+x^{n-2}+\dots+1) = 0\ .$$

Aus der elementaren Algebra ist dann bekannt, daß das Konstruktionsproblem mit Zirkel und Lineal lösbar ist, wenn die Gleichung

$$x^{n-1}+x^{n-2}+\dots+1 = 0$$

auf eine Kette quadratischer Gleichungen zurückgeführt werden kann. Für eine Primzahl $n = p$ ist dies genau dann der Fall, wenn $p-1$ eine 2-Potenz ist, wie man mittels der Galoistheorie der Einheitswurzelkörper sieht. Die erste in dieser Kette quadratischer Gleichungen bestimmt Gauß jetzt folgendermaßen. Es sei $\varepsilon := \exp(2\pi i/p)$; die Nullstellen von x^p-1 sind also $1,\varepsilon,\ldots,\varepsilon^{p-1}$ und insbesondere gilt $1+\varepsilon+\ldots+\varepsilon^{p-1} = 0$. Nun betrachtet man die - heute sogenannte - Gaußsche Summe

$$S := \sum_{k=1}^{p-1} \left(\frac{k}{p}\right)\varepsilon^k ,$$

wobei $\left(\frac{k}{p}\right)$ das Legendre-Symbol bezeichnet. Dann gilt

(6.3) <u>Bemerkung</u>. $S^2 = \left(\frac{-1}{p}\right)p$.

(Der erste Körper in der gesuchten Kette quadratischer Erweiterungen $\mathbb{Q} \subset K_1 \subset K_2 \subset \ldots \subset K_n = \mathbb{Q}(\varepsilon)$ ist dann $\mathbb{Q}(\sqrt{\pm p})$. Der Körper $\mathbb{Q}(\varepsilon)$ der p-ten Einheitswurzeln enthält den quadratischen Teilkörper $\mathbb{Q}(\sqrt{\pm p})$, wobei das Vorzeichen gleich $\left(\frac{-1}{p}\right)$ ist.)

<u>Beweis</u>. Es ist

$$S^2 = \sum_{k,l=1}^{p-1} \left(\frac{k}{p}\right)\left(\frac{l}{p}\right)\varepsilon^{k+l}$$

$$= \sum_{k,l} \left(\frac{kl}{p}\right)\varepsilon^{k+l} .$$

Durchläuft k die von 0 verschiedenen Restklassen modulo p, so gilt das auch für kl, l fest. Wir können also k durch kl ersetzen:

$$S^2 = \sum_{k,l} \left(\frac{kl^2}{p}\right)\varepsilon^{kl+l}$$

$$= \sum_{k,l} \left(\frac{k}{p}\right)\varepsilon^{l(k+1)}$$

$$= \sum_{l}\left(\frac{-1}{p}\right)\varepsilon^0 + \sum_{k\neq p-1} \left(\frac{k}{p}\right)\left(\sum_{l}\varepsilon^{l(k+1)}\right)$$

und wegen $\sum_{l}\varepsilon^{l(k+1)} = \varepsilon+\varepsilon^2+\ldots+\varepsilon^{p-1} = -1$ ist dieser Ausdruck

$$= \left(\frac{-1}{p}\right)(p-1) + \sum_{k \neq p-1} \left(\frac{k}{p}\right) \cdot (-1)$$

$$= \left(\frac{-1}{p}\right)(p-1) - \left(\frac{-1}{p}\right)(-1)$$

$$= \left(\frac{-1}{p}\right)p \quad \text{q.e.d.}$$

Mit (6.3) hat man also die Gaußsche Summe S bis auf das Vorzeichen bestimmt. Es ist eine naheliegende und, wie wir noch sehen werden, für viele Probleme sehr wichtige Frage, das Vorzeichen von S zu bestimmen. Es zeigte sich, daß dies schwierig ist, und es hat Gauß größte Mühe und jahrelange Anstrengungen gekostet, die Lösung zu finden. Er schreibt selbst dazu in einem Brief an W. Olbers vom 3.9.1805: "Die Bestimmung des Wurzelzeichens ist es gerade, was mich immer gequält hat. Dieser Mangel hat mir alles übrige, was ich fand, verleidet; und seit vier Jahren wird selten eine Woche vergangen sein, wo ich nicht den einen oder anderen vergeblichen Versuch, diesen Knoten zu lösen, gemacht hätte. Endlich vor ein paar Tagen ist's gelungen - aber nicht meinem eigenen mühsamen Suchen, sondern bloß durch die Gnade Gottes möchte ich sagen. Wie der Blitz einschlägt, hat sich das Rätsel gelöst."

(6.4) Satz. (Gauß, Summatio quarundam serierum singularium, 1808, Werke II) *Es sei* $\varepsilon := \exp(2\pi i/p)$. *Dann gilt*

$$S = \sum_{k=1}^{p-1} \left(\frac{k}{p}\right) \varepsilon^k = \begin{cases} \sqrt{p}, & \text{falls } p \equiv 1 \bmod 4 \\ i\sqrt{p}, & \text{falls } p \equiv 3 \bmod 4 \end{cases}$$

(dabei ist die positive Wurzel gemeint).

Der Beweis dieses Satzes folgt leicht aus folgendem (im wesentlichen aequivalenten) Satz, in dem etwas andere Gaußsche Summen betrachtet werden. Und zwar sei für eine natürliche Zahl m

$$G(m) := \sum_{k=0}^{m-1} \varepsilon^{k^2} \quad \text{mit } \varepsilon := \exp(2\pi i/m).$$

(6.5) Satz. *Es gilt*

$$G(m) = \begin{cases} (1+i)\sqrt{m} & \text{für } m \equiv 0 \bmod 4 \\ \sqrt{m} & \text{für } m \equiv 1 \bmod 4 \\ 0 & \text{für } m \equiv 2 \bmod 4 \\ i\sqrt{m} & \text{für } m \equiv 3 \bmod 4 . \end{cases}$$

Wir werden später einen wunderschönen - auf Dirichlet zurückgehenden - Beweis dieses Satzes geben. Jetzt leiten wir aus (6.5) zunächst (6.4) ab (das ist eine einfache Übungsaufgabe). Dann beweisen wir wie Gauß in der genannten Abhandlung das quadratische Reziprozitätsgesetz.

Ableitung von (6.4) aus (6.5): Durchläuft μ alle quadratischen Reste und ν alle Nichtreste modulo p, dann ist offensichtlich

$$S = \sum_{\mu} \varepsilon^{\mu} - \sum_{\nu} \varepsilon^{\nu} .$$

Wegen

$$1 + \sum_{\mu} \varepsilon^{\mu} + \sum_{\nu} \varepsilon^{\nu} = 0$$

gilt also

$$S = 1 + 2\sum_{\mu} \varepsilon^{\mu} .$$

Wenn k alle Zahlen 0,1,...,p-1 durchläuft, so durchläuft k^2 außer der 0 alle quadratischen Reste genau zweimal (die 0 einmal). Daher gilt

$$S = \sum_{k=0}^{p-1} \varepsilon^{k^2} = G(p) ,$$

und daraus folgt (6.4).

Wir beweisen jetzt für ungerade Primzahlen p,q die Formel

$$\left(\frac{p}{q}\right)\left(\frac{q}{p}\right) = (-1)^{\frac{1}{4}(p-1)(q-1)} .$$

Ist $k \equiv l \bmod m$, so gilt $\frac{k^2-l^2}{m} \in \mathbb{Z}$, also $\exp(2\pi i k^2/m) = \exp(2\pi i l^2/m)$. In der Gaußschen Summe kann also über ein beliebiges Restsystem modulo m summiert werden. Insbesondere ist

$$G(2m) = \sum_{k=-m}^{m-1} \varepsilon^{k^2} = 2\sum_{k=0}^{m-1} \varepsilon^{k^2} - 1 + \varepsilon^{m^2}$$

$$= 2\sum_{k=0}^{m-1} \varepsilon^{k^2} - 1 + (-1)^m .$$

Für gerades $m = 2n$ gilt also nach (6.5)

$$\sum_{k=0}^{2n-1} \exp(2\pi i k^2/4n) = \tfrac{1}{2}G(4n) = (1+i)\sqrt{n} .$$

Es sei

$$H(2n) := \sum_{k=0}^{2n-1} \exp(2\pi i k^2/4n) .$$

Auch hier kann über ein beliebiges Vertretersystem mod $2n$ summiert werden; denn $(k+2nl)^2 = k^2+4nkl+4n^2l^2 \equiv k^2 \bmod 4n$. Es seien jetzt p,q ungerade teilerfremde Zahlen. Wir behaupten zunächst, daß für die Gaußsche Summe $H(4pq)$ folgende Formel gilt:

$$H(4pq) = \Big(\sum_{\mu=1}^{4} \exp(2\pi i\mu^2 pq/8)\Big)\Big(\sum_{\nu=1}^{p} \exp(2\pi i 2q\nu^2/p)\Big)\Big(\sum_{\rho=1}^{q} \exp(2\pi i 2p\rho^2/q)\Big)$$

Um das zu sehen, bemerken wir, daß für $1 \leqq \mu \leqq 4$, $1 \leqq \nu \leqq p$, $1 \leqq \rho \leqq q$ die Zahl $k = \mu pq+\nu 4q+\rho 4p$ genau ein volles Restsystem modulo $4pq$ durchläuft. Es ist dann

$$\exp(2\pi i k^2/8pq) = \exp(2\pi i(\mu^2p^2q^2+\nu^2 16q^2+\rho^2 16p^2)/8pq) ;$$

denn die gemischten Terme von k^2 können wegen der Periodizität von $\exp(2\pi it)$ weggelassen werden. Es ergibt sich also sofort die behauptete Formel. Zur Abkürzung schreiben wir

$$H(4pq) = H_2(4pq)H_p(4pq)H_q(4pq)$$

und berechnen diese drei Faktoren getrennt. Mit $\eta = \exp(2\pi i/8)$ ergibt sich wegen $\eta^8 = 1$

$$H_2 = \eta^{pq}+\eta^{4pq}+\eta^{9pq}+\eta^{16pq} = 2\eta^{pq} .$$

H_p berechnen wir zunächst im Falle $q = 1$. Wir haben

$$(1+i)\sqrt{2p} = H(4p) = H_2 H_p = 2\eta^p H_p ,$$

also

$$H_p(4p) = H_p = \eta^{1-p}\sqrt{p} \qquad (\eta = \frac{1+i}{\sqrt{2}}) .$$

Jetzt brauchen wir einen Hilfssatz.

<u>Hilfssatz</u>. *Für verschiedene ungerade Primzahlen* p,q *gilt*

$$H_p(4pq) = \sum_{\nu=1}^{p} \exp(2\pi i 2q\nu^2/p) = (\tfrac{q}{p})\sqrt{p}\eta^{1-p} .$$

<u>Beweis dieses Hilfssatzes</u>. Ist $(\frac{q}{p}) = 1$, so durchläuft $2q\nu^2$ modulo p dieselben Zahlen wie $2\nu^2$. Es folgt die Behauptung aus der für $q = 1$ bewiesenen Formel. Ist $(\frac{q}{p}) = -1$, so durchläuft $q\nu^2$ die quadratischen Nichtreste modulo p je zweimal und den Rest 0 einmal. Es folgt

$$\sum_{\nu=1}^{p} \exp(2\nu^2/p) + \sum_{\nu=1}^{p} \exp(2q\nu^2/p) = 0 ;$$

denn die gesamte Summe ist das Doppelte der Summe aller p-ten Einheitswurzeln. Daraus folgt die Aussage des Hilfssatzes. q.e.d.

Der Beweis des quadratischen Reziprozitätsgesetzes ist jetzt sofort beendet. Aus dem bisher Bewiesenen folgt

$$2\sqrt{pq}\ \eta = H(4pq) = H_2 H_p H_q$$
$$= 2\eta^{pq}(\tfrac{q}{p})\sqrt{p}\ \eta^{1-p}(\tfrac{p}{q})\sqrt{q}\ \eta^{1-q} ,$$

also

$$(\tfrac{p}{q})(\tfrac{q}{p}) = \eta^{(p-1)(q-1)} = (-1)^{\frac{1}{4}(p-1)(q-1)} . \qquad \text{q.e.d.}$$

Dies ist der vierte Beweis, den Gauß für sein Reziprozitätsgesetz gegeben hatte. Im Jahre 1818 veröffentlichte er einen weiteren Beweis (den sechsten), der sich auch auf Gaußsche Summen stützt, aber nur auf das einfache Ergebnis (6.3):

$$S^2 = \left(\frac{-1}{p}\right) p ,$$

sowie auf die Kongruenz

$$(x+y)^q \equiv x^q + y^q \pmod q$$

für eine Primzahl q. Daraus folgt nämlich

$$\left(\sum_{k=1}^{p-1} \left(\frac{k}{p}\right) \varepsilon^k\right)^q \equiv \sum_{k=1}^{p-1} \left(\frac{k}{p}\right) \varepsilon^{qk} \pmod q ,$$

also mit der früheren Bezeichnung S:

$$S^q \equiv \left(\frac{q}{p}\right) S \pmod q .$$

Wir multiplizieren mit S und benutzen (6.3):

$$\left(\frac{-1}{p}\right)^{\frac{q+1}{2}} p^{\frac{q+1}{2}} \equiv \left(\frac{q}{p}\right)\left(\frac{-1}{p}\right) p \pmod q$$

$$\left(\frac{-1}{p}\right)^{\frac{q-1}{2}} p^{\frac{q-1}{2}} \equiv \left(\frac{q}{p}\right) \pmod q .$$

Nun gilt für jede zu q teilerfremde Zahl a das sogenannte "*Eulersche Kriterium*"

$$a^{\frac{q-1}{2}} \equiv \left(\frac{a}{q}\right) \bmod q$$

(der Beweis folgt aus der Tatsache, daß die Reste eine zyklische Gruppe bilden).

Also ergibt sich

$$\text{für } p \equiv 1 \bmod 4 : \quad \left(\frac{p}{q}\right) = \left(\frac{q}{p}\right)$$

$$\text{für } p \equiv 3 \bmod 4 : \quad \left(\frac{-1}{q}\right)\left(\frac{p}{q}\right) = \left(\frac{q}{p}\right) ,$$

und diese Formeln beinhalten das Reziprozitätsgesetz.

Bei diesem Beweis haben wir etwas gemogelt, und zwar haben wir ganz am Anfang die Kongruenz $(x+y)^q \equiv (x^q+y^q) \bmod q$ für nicht ganze x,y benutzt. Dieser Schritt läßt sich jedoch mit etwas Algebra rechtfertigen. Man rechnet statt in $\mathbb{Z}$ im Ring

$$\mathbb{Z}[\varepsilon] := \mathbb{Z} \oplus \mathbb{Z}\varepsilon \oplus \ldots \oplus \mathbb{Z}\varepsilon^{p-2}, \quad \varepsilon = \exp(2\pi i/p).$$

Praktisch derselbe Beweis wurde später von Jacobi, von Eisenstein und von Cauchy veröffentlicht, die sich dann auch noch einen Prioritätsstreit lieferten.

Wir wollen noch nachtragen, daß mit Hilfe des Eulerschen Kriteriums auch der Beweis des zweiten Ergänzungssatzes gelingt:

Es ist

$$\frac{(1+i)^2}{i} = 2,$$

also nach dem Eulerschen Kriterium

$$\left(\frac{2}{p}\right) \equiv (1+i)^{p-1}/i^{\frac{p-1}{2}} \bmod p$$

$$\equiv (1+i)^p/i^{\frac{p-1}{2}}(i+1) \bmod p$$

$$\equiv (1+i^p)/i^{\frac{p-1}{2}}(1+i) \bmod p$$

$$\equiv \frac{\exp(p\pi i/4)+\exp(-p\pi i/4)}{\exp(\pi i/4)+\exp(-\pi i/4)} \bmod p$$

$$\equiv \frac{\cos\frac{p\pi}{4}}{\cos\frac{\pi}{4}} \bmod p.$$

Daraus folgt

$$\left(\frac{2}{p}\right) = \frac{\cos\frac{p\pi}{4}}{\cos\frac{\pi}{4}} = \begin{cases} 1, & \text{falls } p \equiv \pm 1 \bmod 8 \\ -1, & \text{falls } p \equiv \pm 3 \bmod 8, \end{cases}$$

also

$$\left(\frac{2}{p}\right) = (-1)^{\frac{p^2-1}{8}}.$$

Gauß hat selbst das quadratische Reziprozitätsgesetz - das er immer als theorema fundamentale bezeichnet - für einen seiner bedeutendsten Beiträge zur Zahlentheorie gehalten, was sich auch darin zeigt, daß er sich damit immer wieder beschäftigt und insgesamt sechs verschiedene Beweise gegeben hat. Am elementarsten ist der erste Beweis, der ganz im Bereich der ganzen Zahlen verläuft. Für eine vereinfachte elegante Darstellung verweisen wir auf Dirichlet, Werke II, S. 121. Mit diesem Hinweis wollen wir diesen Komplex der Gaußschen Summen und des Reziprozitätsgesetzes abschließen .

* * *

Wir haben bisher in unseren Rechnungen ohne weiteres Gebrauch von den komplexen Zahlen gemacht. Seit Cardanos Zeiten war den Mathematikern die Existenz dieser Zahlen mehr oder weniger verschwommen klar geworden. Bis zu Gauß' Zeiten war der Gebrauch komplexer Zahlen jedoch keineswegs selbstverständlich, und das naive Rechnen mit ihnen führte zu allerlei Unstimmigkeiten (z.B. bei Euler). In seiner Dissertation hatte sich Gauß mit dem Beweis des Fundamentalsatzes der Algebra beschäftigt. Allerdings muß man sagen, daß d'Alembert schon ziemlich nahe an einem vollständigen Beweis war. Das Interesse an diesem Satz kam übrigens hauptsächlich von der Partialbruchzerlegung rationaler Funktionen, die man zur Integration dieser Funktionen braucht.

(6.6) Satz. *("Fundamentalsatz der Algebra") Über den komplexen Zahlen zerfällt jedes Polynom in lineare Faktoren.*

Für die Zahlentheorie ist jedoch von größerer Bedeutung, daß Gauß auch *ganze* komplexe Zahlen betrachtete und damit eine Entwicklung einleitete, die dann von den bedeutendsten Zahlentheoretikern des 19. Jahrhunderts aufgegriffen und entscheidend fortgeführt wurde. Seine bedeutendste Leistung auf diesem Gebiet ist vielleicht die Entdeckung und der Beweis des kubischen und des biquadratischen Reziprozitätsgesetzes. Es geht dabei um das Verhalten ganzer Zahlen modulo 3. bzw. 4. Potenzen. Wir werden darauf im Folgenden nicht näher eingehen, sondern wir wollen uns darauf beschränken zu zeigen, daß die ganzen komplexen Zahlen einen *begrifflichen Rahmen* darstellen, in dem man viele zahlentheoretische Probleme - so die meisten von Fermat gestellten - einfach und elegant lösen kann. Dabei werden wir uns der Einfachheit und leichteren Verständlichkeit halber durchweg der modernen Terminologie bedienen.

Es sei wie üblich $i = \sqrt{-1}$ und $A := \{a+bi \mid a,b \in \mathbb{Z}\}$. Man sieht sofort, daß A abgeschlossen bezüglich Addition und Multiplikation ist. Wir nennen A den *Ring der ganzen Gaußschen Zahlen*. Die Elemente von A entsprechen in bekannter Weise den Gitterpunkten der komplexen Ebene. Die komplexe Zahl $x = a+bi$ hat die "Norm"

$$\|x\| = a^2+b^2 = (a+bi)(a-bi) .$$

(Hier sieht man schon einen Zusammenhang mit der Darstellung von Zahlen als Summe zweier Quadrate.) Nach (2.1) gilt $\|xy\| = \|x\|\,\|y\|$. Die Grundlage für die Arithmetik in A ist jetzt der folgende einfache Satz.

(6.7) Satz. (Gauß) A *ist ein euklidischer Ring, d.h. zu* $x,y \in A$, $y \neq 0$, *existieren* $q,r \in A$ *mit*

$$x = qy+r, \quad r = 0 \quad \text{oder} \quad \|r\| < \|y\| .$$

Beweis. Wegen $y \neq 0$ können wir die komplexe Zahl

$$\frac{x}{y} = \alpha+\beta i; \quad \alpha,\beta \in \mathbb{Q}$$

bilden. Dann existieren $a,b \in \mathbb{Z}$ mit $|a-\alpha|,|b-\beta| \leq \frac{1}{2}$. Für $q := a+bi$ folgt $\|\frac{x}{y} - q\| \leq \frac{2}{4}$. Also $x = qy+(x-qy)$ mit

$$x-qy = 0 \quad \text{oder} \quad \|x-qy\| \leq \frac{2}{4}\|y\| < \|y\| . \qquad \text{q.e.d.}$$

Bekanntlich folgt aus der Existenz des euklidischen Algorithmus, daß jedes Element von A eindeutig als Produkt von Primelementen geschrieben werden kann. Genauer ist diese Darstellung eindeutig bis auf Multiplikation mit Einheiten (d.h. invertierbaren Elementen) des Ringes A. Ist x Einheit und $xy = 1$, so folgt $\|x\|\,\|y\| = 1$, also $\|x\| = 1$, also $x \in \{1, -1, i, -i\}$. ist π ein Primelement, so sind π, $-\pi$, $i\pi$, $-i\pi$ "assoziierte" Primelemente, d.h. unterscheiden sich von π nur um eine Einheit. Wählt man unter diesen vier eines ein für allemal aus, so kann also jedes Element von A (bis auf Reihenfolge) eindeutig in der Form

$$\varepsilon\pi_1 \ldots \pi_n \;; \quad \varepsilon \text{ Einheit}, \quad \pi_i \text{ Primelement} \qquad (6.8)$$

geschrieben werden.

Es sollte an dieser Stelle erwähnt werden, daß Gauß offensichtlich die Notwendigkeit bewußt war, die eindeutige Primfaktorzerlegung in A zu beweisen. Dies war keineswegs selbstverständlich, denn Euler vor ihm und verschiedene Mathematiker folgender Generationen (Lamé, Cauchy, Kummer, Serge Lang) machten implizit von dieser Tatsache (in anderen Ringen) Gebrauch, auch wenn sie nicht begründet oder sogar falsch war (vgl. hierzu auch die Bemerkungen in Edwards, Fermat's Last Theorem, Seite 76 ff).

Um alle Primelemente von A zu bestimmen, genügt es, die Primfaktorzerlegung der ganzen rationalen Primzahlen zu bestimmen. Das hat viel mit der Darstellung von Zahlen als Summe von zwei Quadraten zu tun.

(6.9) Satz. (Fermat - Euler) *Die Primzahlen schreiben sich in A folgendermaßen als Produkt von Primelementen:*

$$2 = (-i)(1+i)^2 \quad , \quad 1+i \textit{ Primelement}$$

$$p = p \quad , \quad p \textit{ Primelement, falls } p \equiv 3 \bmod 4$$

$$p = q_1q_2 \quad , \quad q_1, q_2 \textit{ nichtassoziierte Primelemente, falls } p \equiv 1 \bmod 4 .$$

Beweis. Ist a+bi Primelement, so ist auch a-bi Primelement (denn könnte man a-bi in zwei Faktoren zerlegen, so ganz analog auch a+bi). Dann hat a^2+b^2 folgende Primfaktorzerlegung

$$a^2+b^2 = (a+bi)(a-bi) .$$

Es ist also $a^2+b^2 = p$ oder $a^2+b^2 = p^2$, wobei p rationale Primzahl ist. Ist $p \equiv 3 \bmod 4$, so ist $a^2+b^2 = p$ unlösbar, also ist p Primelement von A. Ist $p \equiv 1 \bmod 4$, so ist nach (2.3)

$$a^2+b^2 = p$$

lösbar, und wir haben

$$p = q_1q_2, \quad q_1 = (a+bi), \quad q_2 = (a-bi) .$$

Für p = 2 ist die Behauptung trivial. q.e.d.

Bemerkung. Wie wir hier noch einmal sehen können, läßt sich eine Primzahl $p \equiv 1 \bmod 4$ (abgesehen vom Vorzeichen und der Reihenfolge der Summanden) eindeutig als Summe von zwei Quadraten darstellen, andernfalls könnte man p in verschiedener Weise als Produkt von Primelementen in A schreiben, im Widerspruch zu (6.8).

* * *

Nachdem wir jetzt den Ring der ganzen Gaußschen Zahlen eingeführt haben, soll jetzt ansatzweise gezeigt werden, wie die Zahlentheorie in diesem Ring weiter ausgebaut werden kann. Dazu definieren wir für A eine ζ-Funktion.

$$\zeta_A(s) := \sum_{\substack{a\in A \\ a \neq 0}} \frac{1}{\|a\|^{-s}} .$$

Weil sich jedes Element $a \in A$ eindeutig als Produkt von Primelementen (und einer Einheit) schreiben läßt, können wir diese Reihe wieder in ein Eulerprodukt entwickeln:

$$\zeta_A(s) = 4 \prod_q \left(1 + \frac{1}{\|q\|^s} + \frac{1}{\|q\|^{2s}} + \ldots\right) = 4 \prod_q \left(\frac{1}{1-\|q\|^{-s}}\right) ;$$

hier durchläuft q ein Vertretersystem der Primelemente von A. Der Faktor 4 kommt von den vier Einheiten. Die Primelemente haben wir in (6.9) angegeben. Für das letzte Produkt ergibt sich daraus

$$\zeta_A(s) = 4\left(\frac{1}{1-2^{-s}}\right) \prod_{p\equiv 1(4)} \left(\frac{1}{1-p^{-s}}\right)^2 \prod_{p\equiv 3(4)} \left(\frac{1}{1-p^{-2s}}\right) .$$

Der erste Faktor kommt von dem Primelement $1+i$ mit $\|1+i\| = 2$, dann das Produkt von den beiden Faktoren von p mit der Norm p, das letzte Produkt von den Primelementen der Norm p^2. Daraus ergibt sich weiter

$$\zeta_A(s) = 4\left(\frac{1}{1-2^{-s}}\right) \prod_{p\equiv 1(4)} \left(\frac{1}{1-p^{-s}}\right)^2 \prod_{p\equiv 3(4)} \left(\frac{1}{1-p^{-s}}\right)\left(\frac{1}{1+p^{-s}}\right)$$

$$= 4\cdot\zeta(s)\cdot \prod_{p\equiv 1(4)} \left(\frac{1}{1-p^{-s}}\right) \prod_{p\equiv 3(4)} \left(\frac{1}{1+p^{-s}}\right)$$

$$= 4\cdot\zeta(s)\cdot L(s) .$$

Hierbei ist $\zeta(s)$ die bereits in Kapitel 3 betrachtete Zeta-Funktion und $L(s)$ eine sogenannte L-Funktion,

$$L(s) := \prod_{p\equiv 1(4)} \left(\frac{1}{1-p^{-s}}\right) \prod_{p\equiv 3(4)} \left(\frac{1}{1+p^{-s}}\right)$$

$$= \prod_{p\equiv 1(4)} \left(1+\frac{1}{p^s}+\frac{1}{p^{2s}}+\ldots\right) \prod_{p\equiv 3(4)} \left(1-\frac{1}{p^s}+\frac{1}{p^{2s}}-\ldots\right).$$

Durch Ausmultiplizieren ergibt sich hierfür ähnlich wie bei der ζ-Funktion:

$$L(s) = \sum_{n=1}^{\infty} \frac{\chi(n)}{n^s} = 1 - \frac{1}{3^s} + \frac{1}{5^s} - \frac{1}{7^s} + \frac{1}{9^s} - + \ldots$$

mit

$$\chi(n) = \begin{cases} 0 & \text{, falls } n \text{ gerade} \\ 1 & \text{, falls } n \equiv 1 \bmod 4 \\ -1 & \text{, falls } n \equiv -1 \bmod 4 \end{cases}$$

Es ist leicht zu sehen, daß $L(s)$ für $s > 0$ konvergiert. Insbesondere haben wir für $s = 1$ die uns schon bekannte Leibnizsche Reihe

$$L(1) = 1 - \frac{1}{3} + \frac{1}{5} - \frac{1}{7} + \frac{1}{9} - + \ldots .$$

Nun sehen wir uns noch einmal die Gleichung

$$\zeta_A(s) = 4\zeta(s)L(s)$$

an. Bei $s = 1$ liegt ein Pol 1. Ordnung vor (vgl. (3.9)). Wir haben wegen $\lim_{s\downarrow 1} (s-1)\zeta(s) = 1$ die Beziehung

$$\lim_{s\downarrow 1} (s-1)\zeta_A(s) = 4L(1).$$

Hier gilt wegen $\|x+iy\| = x^2+y^2$

$$(s-1)\zeta_A(s) = (s-1) \sum_{(x,y)\neq(0,0)} \frac{1}{(x^2+y^2)^s} .$$

Es ist anschaulich ziemlich klar, daß folgende ungefähre Gleichheit besteht (die linke Seite ist nämlich eine Riemann-Summe für das Integral):

$$\sum_{(x,y)\neq(0,0)} \frac{1}{(x^2+y^2)^s} \approx \iint_{x^2+y^2\geq 1} \frac{dxdy}{(x^2+y^2)^s} .$$

Genauer gilt, wie man sich leicht überlegt

$$\lim_{s\downarrow 1} (s-1)\left(\sum_{(x,y)\neq(0,0)} \frac{1}{(x^2+y^2)^s} - \iint_{x^2+y^2\geq 1} \frac{dxdy}{(x^2+y^2)^s}\right) = 0 .$$

Das Integral auszurechnen ist eine Standardübungsaufgabe der Analysis. Man substituiert Polarkoordinaten $x = r\cos\phi$, $y = r\sin\phi$ und erhält

$$\iint_{x^2+y^2\geq 1} \frac{dxdy}{(x^2+y^2)^s} = \int_0^{2\pi}\int_1^{\infty} \frac{r\,dr\,d\phi}{r^{2s}} = 2\pi\left[\frac{1}{-2(s-1)r^{2(s-1)}}\right]_1^{\infty}$$

$$= \frac{\pi}{s-1} .$$

Damit haben wir

$$\lim_{s\downarrow 1} (s-1)\zeta_A(s) = \lim_{s\downarrow 1} (s-1) \iint_{x^2+y^2\geq 1} \frac{dxdy}{(x^2+y^2)^s} = \pi$$

und schließlich die Leibnizsche Reihe

$$\frac{\pi}{4} = L(1) = 1 - \frac{1}{3} + \frac{1}{5} - \frac{1}{7} + \frac{1}{9} - + \ldots .$$

Diese von Leibniz entdeckte Formel (für arctan 1) wurde von Gauß ungefähr in der hier geschilderten Weise hergeleitet. Dieser Beweis ist natürlich sehr viel komplizierter als der übliche Beweis aus Kapitel 3, und man kann mit Recht fragen, was diese Berechnung bezweckt. Um das zu beantworten, erinnern wir uns daran, worauf der Beweis wesentlich beruht, nämlich auf der eindeutigen Primfaktorzerlegung in A. Es ist ja wohl auf den ersten Blick recht verblüffend, daß diese Tatsache und die Leibnizsche Reihe für $\frac{\pi}{4}$ etwas miteinander zu tun haben. Tatsächlich sind wir hier auf einen Zusammenhang gestoßen, der von größter Bedeutung für die Zahlentheorie ist und von Dirichlet in voller Allgemeinheit erkannt wurde. Gauß selbst hatte diese Überlegungen nicht veröffentlicht; sie finden sich nur teilweise ausgeführt in einer Abhandlung aus seinem Nachlaß, die er etwa 33 Jahre nach den Disquisitiones Arithmeticae geschrieben hatte. Es wäre interessant zu wissen, ob er Dirichlet irgendwelche

Hinweise in dieser Richtung gegeben hat. Leider haben wir darüber keinerlei Aufschlüsse; in Dirichlets Arbeiten findet sich zu diesem Punkt kein Hinweis auf Gauß, und Gauß hat sich umgekehrt auch nie zu den Dirichlet'schen Arbeiten, die seine Gedanken ausführen, geäußert. Gauß hatte überhaupt die Eigenschaft, von Entdeckungen anderer Mathematiker kaum Notiz zu nehmen. Dies ist besonders im Falle Dirichlets bedauerlich da dieser einer der wenigen war, von dem Gauß hätte Dinge lernen können, die er selbst nicht wußte.

Da wir uns ohnehin schon etwas von Gauß' hauptsächlichen Arbeiten zur Zahlentheorie entfernt haben, benutzen wir die Gelegenheit, um noch etwas weiter abzuschweifen: Wir sehen uns noch einmal die Zetafunktion $\zeta_A(s)$ an. Aus ihrer Definition und $\|a\| = x^2+y^2$ folgt unmittelbar

$$\zeta_A(s) = \sum_{n=1}^{\infty} \frac{N_2(n)}{n^s},$$

wobei $N_2(n)$ die Anzahl der Darstellungen von n als Summe zweier Quadrate x^2+y^2, $x,y \in \mathbb{Z}$, bezeichnet. Aus der Gleichung

$$\begin{aligned} \zeta_A(s) &= 4\zeta(s)L(s) \\ &= 4\left(\sum_{k=1}^{\infty} \frac{1}{k^s}\right)\left(\sum_{m=1}^{\infty} \frac{\chi(m)}{m^s}\right) \\ &= 4 \sum_{n=1}^{\infty} \left(\sum_{m/n} \chi(m)\right) n^{-s} \end{aligned}$$

folgt dann durch Koeffizientenvergleich (der auf Grund eines Identitätssatzes, analog wie bei Potenzreihen, erlaubt ist, vgl. das Kapitel über Dirichlet):

(6.10) Satz. $N_2(n) = 4 \cdot \sum_{m/n} \chi(m)$.

Dieser Satz löst ein Problem, das schon von Fermat gestellt worden war. (Der dargestellte Beweis geht wohl auf Jacobi zurück.)

Wie schon gesagt, hat Gauß die Untersuchung der Zeta-Funktion ζ_A nur skizziert. Man kann seinen Aufzeichnungen jedoch entnehmen, daß er im Besitz noch weit allgemeinerer Resultate war, die im Kapitel über Dirichlet weiter verfolgt werden.

* * *

Mehr als vier Fünftel der Disquisitiones Arithmeticae sind den quadratischen Kongruenzen und den binären quadratischen Formen gewidmet. Heute wissen wir, daß diese Theorie im Wesentlichen aequivalent ist zu der Idealtheorie der quadratischen Zahlkörper, also der Erweiterungen des rationalen Zahlkörpers $\mathbb{Q}$ vom Grade 2. Diese Einsicht hatten Gauß und seine unmittelbaren Nachfolger wie Dirichlet und Kummer noch nicht; sie setzt sich erst noch einmal eine Generation später vor allem mit Dedekind durch. Da die idealtheoretische Sprache jedoch viel einfacher, durchsichtiger und verallgemeinerungsfähiger ist, soll sie im Folgenden entwickelt werden. Was wir also darstellen werden, geht in seiner mathematischen Substanz vor allem auf Gauß, in den Begriffen und der Darstellung aber auf spätere Mathematiker zurück. Wer Interesse an der ursprünglichen Version hat, sei auf die Disquisitiones oder Dirichlet's Zahlentheorie verwiesen.

Es sei d eine quadratfreie ganze Zahl $\neq 1$. Dann betrachten wir den *quadratischen Zahlkörper*

$$\mathbb{Q}(\sqrt{d}) = \{x+y\sqrt{d} \mid x,y \in \mathbb{Q}\} .$$

Im Fall $d > 0$ gilt $\mathbb{Q}(\sqrt{d}) \subset \mathbb{R}$, und der Körper heißt *reell-quadratisch*, im Fall $d < 0$ gilt $\mathbb{C} \supset \mathbb{Q}(\sqrt{d}) \not\subset \mathbb{R}$, und der Körper heißt *imaginär-quadratisch*. In dem Körper $\mathbb{Q}(\sqrt{d})$ werden nun "*ganze*" Zahlen, wie folgt definiert (wobei die Definition im Fall $d \equiv 1 (\mathrm{mod}\ 4)$ zunächst überraschen mag; auf diesen Trick waren Gauß, Dirichlet und Kummer nicht gekommen!):

$$x+y\sqrt{d} \ \text{ ganz} \iff \begin{cases} x,y \in \mathbb{Z} & \text{falls } d \equiv 2,3 \bmod 4 \\ 2x,2y,x+y \in \mathbb{Z} & \text{falls } d \equiv 1 \bmod 4 \end{cases}$$

Die Menge der ganzen Zahlen in $\mathbb{Q}(\sqrt{d})$ werde mit A_d bezeichnet. Mit $\omega = \sqrt{d}$ für $d \equiv 2,3$ und $\omega = \frac{1}{2}(1+\sqrt{d})$ für $d \equiv 1$ ist also

$$A_d = \{x+y\omega \mid x,y \in \mathbb{Z}\} .$$

Dann ist ganz leicht zu sehen:

<u>Bemerkung</u>. A_d *ist ein Ring.*

Wir nennen A_d den *Ring der ganzen Zahlen im quadratischen Zahlkörper* $\mathbb{Q}(\sqrt{d})$. Der Ring A_d läßt sich wie folgt charakterisieren.

(6.11) <u>Bemerkung</u>. $A_d = \{a \in \mathbb{Q}(\sqrt{d}) \mid a+a',\ aa' \in \mathbb{Z}\}$.
(*Hierbei ist* $a' = x-y\sqrt{d}$ *die zu* $a = x+y\sqrt{d}$ *konjugierte Zahl.*)

<u>Beweis</u>. Sei $x+y\omega \in A_d$. Dann ist $(x+y\omega)+(x+y\omega)' = 2x \in \mathbb{Z}$ bzw. $= 2x+y \in \mathbb{Z}$; im Falle $d \equiv 2,3 \bmod 4$ ist $(x+y\sqrt{d})(x-y\sqrt{d}) = x^2-dy^2 \in \mathbb{Z}$; im Falle $d \equiv 1 \bmod 4$, $d = 1+4n$, ist $(x+y\,\frac{1+\sqrt{d}}{2})(x+y\,\frac{1-\sqrt{d}}{2}) = x^2+xy+\frac{y^2}{4}-\frac{y^2d}{4} =$
$= x^2+xy+\frac{y^2}{4}-\frac{y^2}{4}-\frac{4ny^2}{4} = x^2+xy-ny^2 \in \mathbb{Z}$.

Sei umgekehrt $a = x+y\sqrt{d} \in \mathbb{Q}(\sqrt{d})$ und $a+a',\ aa' \in \mathbb{Z}$, d.h. $2x = m \in \mathbb{Z}$, $x^2-dy^2 = \frac{m^2}{4} - dy^2 \in \mathbb{Z}$. Die letzte Bedingung hat zur Folge, daß im Nenner von y (nach Kürzen) nur 2 aufgehen kann. Setze $y := \frac{n}{2}$. Dann ist $\frac{m^2}{4} - dy^2 = \frac{m^2}{4} - d\frac{n^2}{4} \in \mathbb{Z}$ genau dann, wenn $m^2-dn^2 \equiv 0 \bmod 4$. Der Fall $d \equiv 0 \bmod 4$ ist nicht möglich. Wir haben daher die Fälle $d \equiv 1,2,3 \bmod 4$ zu untersuchen. Im Falle $d \equiv 1 \bmod 4$ nimmt die Kongruenz die Form $m^2 \equiv n^2 \bmod 4$ an, was aequivalent ist mit $m \equiv n \bmod 2$, d.h. $m = n+2l$, und wir erhalten $a = \frac{m}{2} + \frac{n}{2}\sqrt{d} = l+n\,\frac{1+\sqrt{d}}{2}$ mit $l,n \in \mathbb{Z}$. Hätte im Falle $d \equiv 2,3 \bmod 4$ die Kongruenz $m^2-dn^2 \equiv 0 \bmod 4$ eine Lösung mit ungeradem n, so würde aus $d \equiv m^2 \bmod 4$ für gerades m die Kongruenz $d \equiv 0 \bmod 4$ und für m ungerade die Kongruenz $d \equiv 1 \bmod 4$ folgen. Beides widerspricht aber der Wahl von d. Wenn n gerade ist, erhält man aus der Kongruenz $m^2 \equiv 0 \bmod 4$, daß auch m gerade ist. Daher sind $x = \frac{m}{2}$ und $y = \frac{n}{2}$ ganz.
q.e.d.

Man kann sich die Elemente $a = x+y\sqrt{d}$ von $\mathbb{Q}(\sqrt{d})$ als Punkte in einer Ebene mit den kartesischen Koordinaten

$$R(a) = \frac{a+a'}{2} = x$$

und

$$I(a) = \begin{cases} \frac{a-a'}{2} = y\sqrt{d} & \text{für } d > 0 \\ \\ \frac{a-a'}{2i} = \frac{y\sqrt{d}}{i} & \text{für } d < 0 \end{cases}$$

geometrisch veranschaulichen. Die zu a konjugierte Zahl $a' = x-y\sqrt{d}$ ist geometrisch die Spiegelung von a an der rationalen Achse R. Die Elemente von A_d lassen sich als Gitterpunkte in der Ebene veranschaulichen:

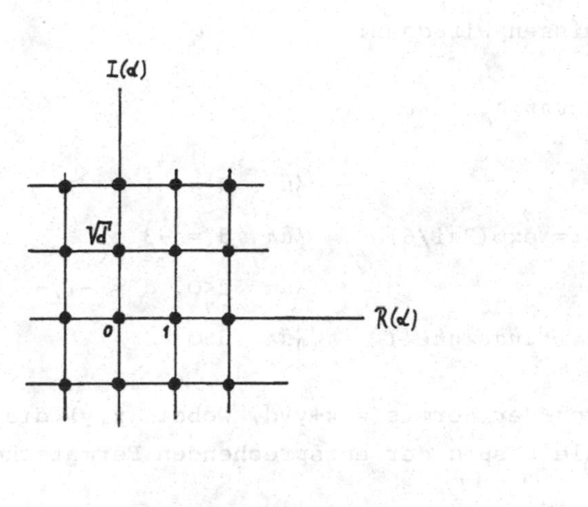

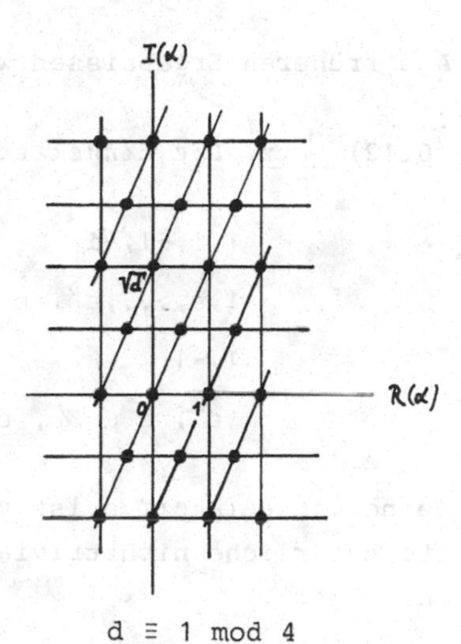

$d \equiv 2,3 \bmod 4$ $\qquad$ $d \equiv 1 \bmod 4$

Wie gesagt ist die Theorie des Ringes A_d aequivalent zur Theorie der binären quadratischen Formen der Determinante -d bzw. $-\frac{d}{4}$. Einen ersten Zusammenhang erkennen wir jetzt bei der Bestimmung der Einheitengruppe des Ringes.

Ist $x+y\sqrt{d}$ Einheit, so existiert ein $u+v\sqrt{d}$ mit

$$(x+y\sqrt{d})(u+v\sqrt{d}) = 1 .$$

Es folgt

$$(x-y\sqrt{d})(u-v\sqrt{d}) = 1 .$$

Also ist auch $x-y\sqrt{d}$ Einheit, also auch

$$(x+y\sqrt{d})(x-y\sqrt{d}) = x^2-dy^2 .$$

Da $\mathbb{Z}$ nur die Einheiten ± 1 hat, folgt

$$x^2-dy^2 = \pm 1 .$$

Ist umgekehrt diese Gleichung erfüllt, so ist auch $x+y\sqrt{d}$ Einheit. Die Einheiten entsprechen also bijektiv den Lösungen der Fermatschen Gleichung $x^2-dy^2 = \pm 1$, wobei $x,y \in \mathbb{Z}$ für $d \equiv 2,3 \bmod 4$ und $2x,2y,\ x+y \in \mathbb{Z}$ für $d \equiv 1 \bmod 4$.

Aus früheren Ergebnissen wissen wir dann:

(6.12) <u>Satz</u>. *Die Einheiten von* A_d *sind*

$1, i, -1, -i$	*für* $d = -1$
$1, \varepsilon, \ldots, \varepsilon^5,\ \varepsilon := \exp(2\pi i/6)$	*für* $d = -3$
$1, -1$	*für* $d<0,\ d \neq -1,-3$
$\pm\varepsilon^k,\ k \in \mathbb{Z},\ \varepsilon$ *Grundeinheit*	*für* $d>0$

(eine *Grundeinheit* ε ist von der Form $\varepsilon = x+y\sqrt{d}$, wobei (x,y) die kleinste natürliche nichttriviale Lösung der entsprechenden Fermatschen Gleichung ist).

Einheiten veranschaulicht man sich als Gitterpunkte auf dem Kreis $\{\alpha = x+y\sqrt{d},\ x,y \in \mathbb{R} \mid R(\alpha)^2+I(\alpha)^2 = 1\}$ für $d<0$ bzw. auf den Hyperbeln $\{\alpha = x+y\sqrt{d},\ x,y \in \mathbb{R} \mid R(\alpha)^2-I(\alpha)^2 = \pm 1\}$ für $d>0$.

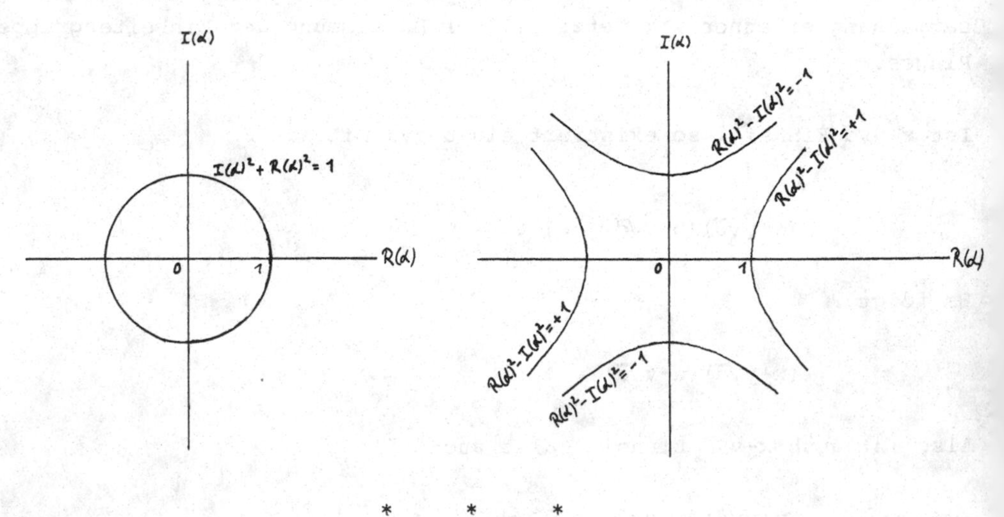

* * *

Nachdem jetzt der Ring der ganzen Zahlen A_d definiert ist, stellt sich als erste Frage, für welche d der Satz von der eindeutigen Primfaktorzerlegung gilt. Die entsprechende Frage stellt sich auch ganz natürlich in der Sprache der binären Formen; dort geht es dann darum, für welche d es bis auf (eigentliche) Aequivalenz nur eine Form der Determinante d bzw. $\frac{d}{4}$ gibt. Wie wir gesehen haben, ist diese Frage für die Behandlung des Darstellungsproblemes von Zahlen durch quadratische Formen wichtig. (Der genaue Zusammenhang wird später noch erläutert werden.)

Daß der Satz von der eindeutigen Primfaktorzerlegung nicht immer gilt, wurde zuerst wohl von Dirichlet klar erkannt. Z.B. hat man in A_{-5} die wesentlich verschiedenen Zerlegungen

$$6 = 2\cdot 3 = (1 + \sqrt{-5})(1 - \sqrt{-5}) .$$

Gauß hat alle negativen d gefunden, für die der Ring A_d die genannte Eigenschaft hat (aequivalent ist, daß A_d ein Hauptideal-Ring ist). Der letzte Beweisschritt wurde allerdings erst vor gut 10 Jahren endgültig durchgeführt. Vgl. A. Baker: Transcendental Number Theory, Cambridge University Press, 1975 und H.M. Stark: A complete determination of the complex quadratic fields with class-number one, Michigan Math. Journal 14 (1967), 1-27. Für positive d ist man dagegen von einer Lösung noch weit entfernt. Man vermutet, daß für unendlich viele d der Ring A_d Hauptidealring ist; ein erfolgversprechender Beweisansatz ist aber nicht in Sicht.

Ein naheliegender Ansatz besteht darin, zu untersuchen für welche d die Normfunktion Norm(a) = N(a) = aa' einen euklidischen Algorithmus definiert; denn dann hat man ja auch eindeutige Primfaktorzerlegung. Für negative d werden wir diese Aufgabe gleich lösen; für positive ist sie wiederum ziemlich schwierig und erst ca. 1950 gelöst worden. Einige Fälle sind in Hasse: Vorlesungen über Zahlentheorie, behandelt worden.

(6.13) <u>Satz</u>. *Für* $d<0$ *ist* A_d *genau für die folgenden Werte von d euklidisch bezüglich der Norm :* $d = -1, -2, -3, -7, -11$. *Für diese Werte von d gilt also der Satz von der eindeutigen Primfaktorzerlegung. Dieser Satz gilt außerdem noch genau für* $d = -19, -43, -67, -163$. *Für positive d ist* A_d *genau für die folgenden Werte von d euklidisch bezüglich der Norm :* $d = 2, 3, 5, 6, 7, 11, 13, 17, 19, 21, 29, 33, 37, 41, 57, 73$. *Für diese Werte von d gilt also der Satz von der eindeutigen Primfaktorzerlegung. Dieser Satz gilt außerdem noch für "viele andere" d.*

Um die erste Aussage des Satzes zu beweisen, haben wir also zu zwei beliebigen Zahlen γ und $\gamma_1 \in A_d$ mit $\gamma_1 \neq 0$ ein $\beta \in A_d$ zu finden, so daß

$$\gamma = \beta\gamma_1 + \gamma_2 \quad \text{mit} \quad |N(\gamma_2)| < |N(\gamma_1)| .$$

Diese Behauptung läßt sich auch ersetzen durch die folgende: Zu jeder Zahl $\alpha \in \mathbb{Q}(\sqrt{d})$ existiert ein $\beta \in A_d$, so daß

$$|N(\alpha-\beta)| < 1 .$$

Sei also $d<0$ und zunächst $d \equiv 2,3 \bmod 4$. Dann ist $A_d = \mathbb{Z} \oplus \mathbb{Z}\sqrt{d}$. Jedes Element aus A_d veranschaulichen wir wie auf Seite 99 als Gitterpunkt. Einen solchen Gitterpunkt β fassen wir als Mittelpunkt eines zur Grundmasche kongruenten Rechteckes R_β auf.

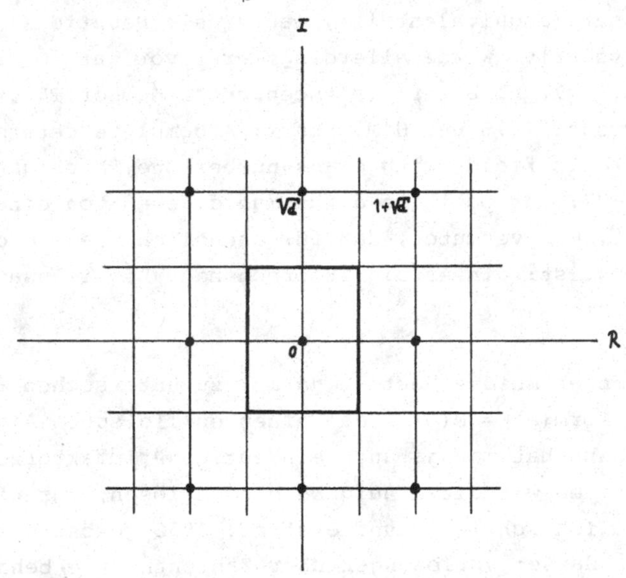

Für die Punkte α innerhalb von R_β ist offensichtlich β der Gitterpunkt mit minimalem $|N(\alpha-\beta)|$. Liegt α auf dem Rand oder einer Ecke von R_β, so gibt es außer β noch einen bzw. zwei Gitterpunkte mit der gleichen Eigenschaft. Die gestellte Forderung ist offenbar genau dann erfüllt, wenn das maximale Abstandsquadrat eines Punktes α aus R_0 vom Nullpunkt < 1 ist. Das maximale Abstandsquadrat vom Nullpunkt wird z.B. durch den Eckpunkt $\alpha = \frac{1+\sqrt{d}}{2}$ geliefert. Die notwendige und hinreichende Bedingung lautet demnach

$$|N(\frac{1+\sqrt{d}}{2})| = \frac{1+|d|}{4} < 1 ,$$

also $|d| < 3$, d.h. $d = -1, -2$.

Im Falle $d \equiv 1 \bmod 4$ werden die Zahlen aus A_d außer durch die eben betrachteten Gitterpunkte noch durch die Maschenmittelpunkte dargestellt. Durch die Mittelsenkrechten auf den Maschenseiten und die vertikalen Diagonalen wird dann um jeden Gitterpunkt β als Mittelpunkt ein Sechseck S_β abgegrenzt:

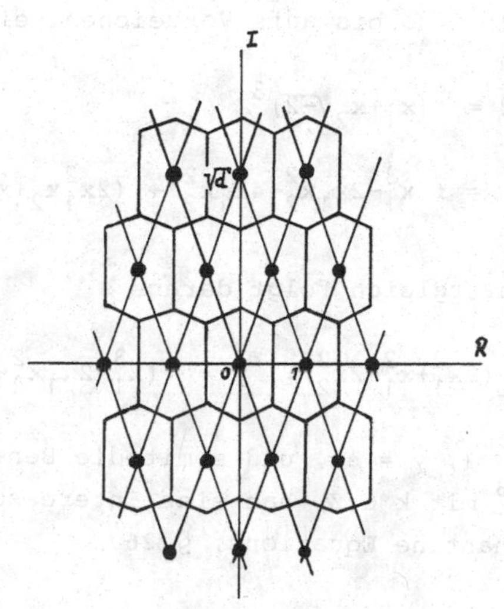

Für die Punkte α innerhalb S_β ist offenbar wieder β der Gitterpunkt mit minimalem $|N(\alpha-\beta)|$. Liegt α auf dem Rand von S_β oder auf einer Ecke, so gibt es außer β noch einen bzw. zwei Gitterpunkte mit der gleichen Eigenschaft wie β. Die gestellte Forderung ist offenbar wieder genau dann erfüllt, wenn das maximale Abstandsquadrat eines Punktes α aus S_o vom Nullpunkt < 1 ist. Das maximale Abstandsquadrat liegt z.B. für den Eckpunkt $\alpha = \frac{1}{4}(\sqrt{d} - \frac{1}{\sqrt{d}})$ auf der positiv-imaginären Achse vor. Die notwendige und hinreichende Bedingung lautet demnach

$$|N(\tfrac{1}{4}(\sqrt{d} - \tfrac{1}{\sqrt{d}}))| = \frac{1}{16}(|d|+2+\frac{1}{|d|}) < 1$$

oder $|d| < 14$, d.h. $d = -3, -7, -11$. q.e.d.

Wir geben jetzt zwei typische Anwendungen von (6.13) auf zwei schon früher angesprochene Fragen von Fermat und Euler.

Zuerst betrachten wir die Gleichung $y^2+2 = x^3$, von der wir bereits in (2.7) behauptet haben, daß sie als natürliche Lösung nur $x = 3$, $y = 5$

besitzt. Um das zu zeigen, benutzen wir eine Idee von Euler: Für eine Lösung x,y gilt in $\mathbb{Z}[\sqrt{-2}]$

$$x^3 = y^2+2 = (y+\sqrt{-2})(y-\sqrt{-2}) .$$

Wegen der eindeutigen Primfaktorzerlegung in $\mathbb{Z}[\sqrt{-2}]$ und wegen der Teilerfremdheit von $(y+\sqrt{-2})$ und $(y-\sqrt{-2})$ (!) ist $y+\sqrt{-2}$ bis auf eine Einheit, nach (6.12) also bis aufs Vorzeichen, eine dritte Potenz:

$$\begin{aligned} y+\sqrt{-2} &= \pm(x_1+x_2\sqrt{-2})^3 \\ &= \pm(x_1^3-2x_1x_2^2-4x_1x_2^2)+(2x_1^2x_2+x_1^2x_2-2x_2^3)\sqrt{-2}) . \end{aligned}$$

Durch Koeffizientenvergleich folgt daraus

$$1 = x_2(2x_1^2+x_1^2-2x_2^2), \quad y = (x_1^3-2x_1x_2^2-4x_1x_2^2) ,$$

also $x_2 = \pm 1$, $x_1 = +1$, $y = \pm 5$, und somit die Behauptung. Die allgemeinen Gleichung $y^2+k = x^3$ mit $k \in \mathbb{Z}$ hat eine interessante Theorie, vgl. L.Y. Mordell, Diophantine Equations, § 26.

Als weitere Anwendung von (6.13) skizzieren wir einen Beweis der in Kapitel 3 erwähnten Eulerschen Entdeckung, daß x^2+x+41 für $x = 0, 1, 2, 3, \ldots, 39$ eine Primzahl ist. In A_{-163} ist x^2+x+41 die Norm von $\frac{1}{2}(2x+1+\sqrt{-163})$ und daher kein Primelement in A_{-163}. Ohne Einschränkung sei ein Primfaktor $u+v\sqrt{-163}$ ($u,v \in \frac{1}{2}\mathbb{Z}$, $u+v \in \mathbb{Z}$) von x^2+x+41 im Hauptidealring A_{-163} ein Faktor von $\frac{1}{2}(2x+1+\sqrt{-163})$:

$$\frac{1}{2}(2x+1+\sqrt{-163}) = (u+v\sqrt{-163})(r+s\sqrt{-163}) ,$$

$r,s \in \frac{1}{2}\mathbb{Z}$, $r+s \in \mathbb{Z}$. Aus dieser Gleichung ergibt sich durch Trennung von Real- und Imaginärteil:

$$\frac{1}{2}(2x+1) = ru - 163vs, \quad 2 = 4(us+rv) .$$

Bis auf Ausnahmefälle kann die zweite Gleichung nur gelten, wenn us und vr entgegengesetztes Vorzeichen, also ru, $-vs$ gleiches Vorzeichen haben Im letzten Fall ist $x \geq 40\frac{1}{2}$. Für $0 \leq x \leq 39$ liegt ein Ausnahmefall vor. Dann ist $r = \pm 1$, $s = 0$, also ist $\frac{1}{2}(2x+1+\sqrt{-163})$ Primelement in A_{-163}, d.h. für $0 \leq x \leq 39$ ist x^2+x+41 rationale Primzahl.

Wir unterbrechen jetzt unsere Diskussion der A_d, um für den Leser ein interessantes Übungsprogramm zu formulieren: In Analogie zu den oben durchgeführten Überlegungen für A_{-1} soll für die negativen d, für die die eindeutige Primfaktorzerlegung gilt, z.B. d = -2, -3, zunächst eine ζ-Funktion definiert werden, die dann in ein Euler-Produkt zu entwickeln ist. Als nächstes sind die Primelemente explizit zu bestimmen, und die ζ-Funktion ζ_d für A_d in der Form

$$\zeta_d(s) = \varepsilon\ \zeta(s) L_d(s)$$

zu schreiben, wobei ε die Zahl der Einheiten und $L_d(s)$ eine geeignete L-Reihe ist. Dann ist das Residuum bei s = 1, also $\lim\limits_{s\downarrow 1} (s-1)\zeta_d(s)$ in Form einer Reihe zu schreiben. Anschließend soll $\zeta_d(s)$ als Riemann-Summe für ein geeignetes Doppelintegral interpretiert werden. Dieses kann berechnet werden, und es ergibt sich der Wert für $\lim(s-1)\zeta_d(s)$. Durch Vergleich beider Resultate müßten dann für -d = 2,3,7 folgende Formeln herauskommen:

(6.14) Satz.

$$1 + \frac{1}{3} - \frac{1}{5} - \frac{1}{7} + \frac{1}{9} + \frac{1}{11} - - + + \ldots = \frac{\pi}{2\sqrt{2}} \qquad \text{(Euler)}$$

$$1 - \frac{1}{2} + \frac{1}{4} - \frac{1}{5} + \frac{1}{7} - \frac{1}{8} + - \ldots = \frac{\pi}{3\sqrt{3}} \qquad \text{(Euler)}$$

$$1 - \frac{1}{2} + \frac{1}{3} - \frac{1}{5} - \frac{1}{6} + \frac{1}{8} - \frac{1}{9} + \frac{1}{10} + \frac{1}{11} - \frac{1}{12} - \frac{1}{13} + - ++ -- =$$

$$= \frac{\pi}{\sqrt{7}} \qquad \text{(Newton)}$$

(Insbesondere der Fall d = -163 wird dem geduldigen Rechner empfohlen; Hilfe findet man notfalls im Kapitel über Dirichlet.)

* * *

Wir entwickeln jetzt systematisch den Zusammenhang zwischen der Idealtheorie der Ringe A_d und den binären Formen. Die Situation verdeutlichen wir uns noch einmal durch das Diagramm (der Leser mit Kenntnissen in der algebraischen Zahlentheorie weiß, worauf es hier ankommt: $\mathbb{Q}$ ist Quotientenkörper des Dedekind-Ringes $\mathbb{Z}$, $\mathbb{Q}(\sqrt{d})/\mathbb{Q}$ ist endliche separable Erweiterung und A_d ist der ganze Abschluß von $\mathbb{Z}$. Es ist insbesondere

$A_d \cap \mathbb{Q} = \mathbb{Z}$, und in unserem Fall ist A_d ein freier $\mathbb{Z}$-Modul vom Rang 2.)

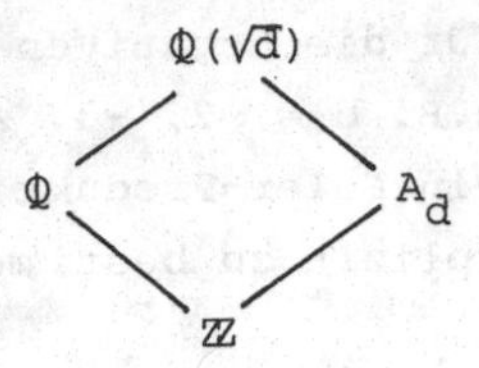

(6.15) Definition. Eine Teilmenge $M \subset \mathbb{Q}(\sqrt{d})$ heißt *Modul*, falls die folgenden Bedingungen erfüllt sind.

(1) Es gibt endlich viele sogenannte erzeugende Elemente $b_1,\ldots,b_m$ in $\mathbb{Q}(\sqrt{d})$, so daß sich jedes Element von M in der Form

$$\alpha_1 b_1 + \ldots + \alpha_m b_m \quad \text{mit } \alpha_i \in \mathbb{Z}$$

schreiben läßt.

(2) Für $a \in A_d$ und $x \in M$ gilt $ax \in M$.

Beispiele. (1) A_d ist ein Modul.

(2) Ist $M \subset A_d$, so ist M ein Modul genau dann, wenn M ein Ideal von A_d ist. (Man kann nämlich zeigen, daß jedes Ideal automatisch endlich erzeugt ist.)

(3) $\mathbb{Q}(\sqrt{d})$ ist kein Modul, denn $\mathbb{Q}(\sqrt{d})$ erfüllt nicht Bedingung (1) der Definition.

(In der Literatur findet man statt "Modul" auch oft die Bezeichnung "gebrochenes Ideal".)

(6.16) Bemerkung. *Jeder nichttriviale Modul M (ist nicht nur endlich erzeugt, sondern) hat eine Basis aus zwei Elementen.*

Beweis. Wir machen Gebrauch von der Theorie der endlich erzeugten abelschen Gruppen.
Jeder (nichttriviale) Modul M ist eine endlich erzeugte abelsche Gruppe. Wegen $M \subset \mathbb{Q}(\sqrt{d})$ enthält M keine Torsionselemente und ist daher frei, d.h. es existiert eine Basis. Die Anzahl m der Basiselemente $c_1,\ldots,c_m$ in einer Basis kann nicht ≥ 3 sein; denn sonst wären $c_1,\ldots,c_m$ als Ele-

mente eines 2-dimensionalen $\mathbb{Q}$-Vektorraumes linear abhängig über $\mathbb{Q}$, etwa $0 = \alpha_1 c_1 + \ldots + \alpha_m c_m$ mit $\alpha_i \in \mathbb{Q}$ nicht alle $= 0$, und nach Multiplikation dieser Gleichung mit dem Hauptnenner der α_i auch linear abhängig über $\mathbb{Z}$, im Widerspruch zur Basiseigenschaft der c_i. Auch $m = 1$ ist nicht möglich; denn dann ließe sich jedes Element von M eindeutig in der Form αc mit $\alpha \in \mathbb{Z}$ und $c \in M - \{0\}$ darstellen, insbesondere gelte dann für das Element ωc aus M : $\omega c = \alpha c$, was $\sqrt{d} \in \mathbb{Z}$ zur Folge hätte. q.e.d.

Moduln kann man sich natürlich wieder durch Gitterpunkte in einer geeigneten Ebene veranschaulichen.

Der Zusammenhang zwischen Moduln in quadratischen Zahlkörpern und quadratischen Formen wird durch die Normabbildung geliefert. Ist nämlich $M = \langle a,b \rangle := a\mathbb{Z} \oplus b\mathbb{Z}$ ein Modul und $ax+by$, $x,y \in \mathbb{Z}$, ein Element aus M, so ist die Norm dieses Elements

$$(ax+by)(a'x+b'y) = aa'x^2 + (ab'+a'b)xy + bb'y^2 .$$

Die Werte dieser binären quadratischen Form in x und y liegen natürlich im allgemeinen nicht in $\mathbb{Z}$ sondern in $\mathbb{Q}$. Wir sind jedoch an ganzzahligen quadratischen Formen interessiert. Genauer hätten wir gern, daß jede ganzzahlige binäre quadratische Form in noch zu präzisierender Weise von einem Modul in einem quadratischen Zahlkörper herkommt und umgekehrt. Wir sehen also schon, daß diese Korrespondenz nicht in der einfachen Weise herzustellen ist, daß man jedem Modul die Normfunktion eingeschränkt auf diesen Modul zuordnet. Eine genauere Analyse ist notwendig.

Wir vergleichen die Moduln $A_d = 1\,\mathbb{Z} \oplus \omega\,\mathbb{Z}$ und $M = a\,\mathbb{Z} \oplus b\,\mathbb{Z}$. Es sei dazu $\sigma : \mathbb{Q}(\sqrt{d}) \to \mathbb{Q}(\sqrt{d})$ die $\mathbb{Q}$-lineare Abbildung mit $\sigma(1) = a$ und $\sigma(\omega) = b$, also mit $\sigma(A_d) = M$. Die Determinante $\det(\sigma)$ ist durch die Bedingung $\sigma(A_d) = M$ bis aufs Vorzeichen bestimmt. Ist nämlich τ ebenfalls so, daß $\tau(A_d) = M$, dann ist $\tau^{-1} \circ \sigma$ ein Automorphismus von A_d, kann also durch ein Element aus $GL(2,\mathbb{Z})$ beschrieben werden und hat daher ± 1 als Determinante. Wir setzen deswegen

$$\mathrm{Norm}(M) := N(M) := |\det(\sigma)| .$$

Als *Beispiel* betrachten wir für ein Element $h = \alpha + \beta\sqrt{d} \in \mathbb{Q}(\sqrt{d})$, $h \neq 0$, den Modul $hA_d = h\,\mathbb{Z} \oplus h\omega\,\mathbb{Z}$. In diesem Fall läßt sich σ durch die Matrix

$$\begin{pmatrix} \alpha & \beta \\ \beta d & \alpha \end{pmatrix} \quad \text{bzw.} \quad \begin{pmatrix} \alpha-\beta & 2\beta \\ \frac{\beta d-\beta}{2} & \alpha+\beta \end{pmatrix}$$

beschreiben, je nachdem, ob $d \equiv 2,3 \bmod 4$ bzw. $d \equiv 1 \bmod 4$. Es ist

$$N(hA_d) = |\det(\sigma)| = |\alpha^2-\beta^2 d| = |N(h)| ,$$

d.h. die Norm des Moduls hA_d ist durch die Norm des Elementes h gegeben. Allgemeiner gilt:

(6.17) Bemerkung. *Für einen Modul* M *und ein Element* $h \in \mathbb{Q}(\sqrt{d})$, $h \neq 0$, *ist*

$$N(hM) = |N(h)|\ N(M) .$$

Man zeigt nämlich leicht, daß $\det(A_d \to hM) = \det(A_d \to hA_d)\det(A_d \to M)$, d.h. daß $\det(hA_d \to hM) = \det(A_d \to M)$.

Was kann man nun allgemein über die Norm eines Moduls aussagen? Um diese Frage zu beantworten, können wir annehmen, daß ein Modul M von der Form $M = \langle 1,c\rangle = \mathbb{Z} \oplus \mathbb{Z}c$ ist; denn in späterem Zusammenhang brauchen wir Moduln M_1, M_2, die durch einen konstanten Faktor $h \neq 0$ aus $\mathbb{Q}(\sqrt{d})$ in der Weise $M_1 = hM_2$ verbunden sind, nicht zu unterscheiden, d.h. wir können ohne Einschränkung $\langle a,b\rangle$ durch $\frac{1}{a}\langle a,b\rangle = \langle 1,\frac{b}{a}\rangle =: \langle 1,c\rangle$ ersetzen. Wir zeigen nun, daß c Nullstelle eines Polynoms

$$rt^2+kt+1$$

mit $r,k,l \in \mathbb{Z}$, $r > 0$, $\text{ggT}(r,k,l) = 1$ ist. In der Tat brauchen wir nur das Minimalpolynom $(t-c)(t-c') = t^2-(c+c')t+cc'$ zu betrachten, den Hauptnenner r (bzw. das Negative davon) von $c+c'$ und cc' bilden und dann schreiben

$$t^2-(c+c')t+cc' = t^2 + \frac{k}{r}t + \frac{l}{r}$$

mit $\text{ggT}(r,k,l) = 1$. c ist dann Nullstelle des durch diese Bedingungen eindeutig bestimmten Polynoms

$$\phi_c(t) := rt^2+kt+l .$$

(Offensichtlich ist $\phi_c = \phi_{c'}$, und $\phi_{c_o} = \phi_c$ genau dann, wenn $c_o = c$ oder $= c'$.) Nun gilt:

(6.18) Bemerkung. $N(M) = \frac{1}{r}$.

Zum Beweis genügt es zu zeigen, daß $A_d = \langle 1, rc\rangle$ ist; denn dann ist die Matrix, die den Übergang von der Basis $1, rc$ zur Basis $1, c$ bewirkt, durch $\begin{pmatrix} 1 & 0 \\ 0 & \frac{1}{r} \end{pmatrix}$ gegeben. Diese Matrix hat die Determinante $\frac{1}{r}$, und das ist die Norm von M. Wir zeigen zunächst $A_d \subset \langle 1, rc\rangle$. Sei dazu $a \in A_d$. Dann gilt $a\langle 1,c\rangle \subset \langle 1,c\rangle$, also $a\cdot 1 = x+yc$ und $a\cdot c = x_1+y_1c$ mit $x,y,x_1,y_1 \in \mathbb{Z}$. Daraus folgt $xc+yc^2 = x_1+y_1c$. Wegen $c^2 = -\frac{k}{r}c - \frac{l}{r}$ daher $xc+y(-\frac{k}{r}c-\frac{l}{r}) = -\frac{yl}{r} + (x-\frac{ky}{r})c = x_1+y_1c$. Somit $x_1 = -\frac{yl}{r} \in \mathbb{Z}$ und $y_1 = x-\frac{ky}{r} \in \mathbb{Z}$. Wegen $ggT(r,k,l) = 1$ folgt daraus, daß y von r geteilt wird, etwa $y = y_o r$ mit $y_o \in \mathbb{Z}$, und das heißt $a = x+yc = x+y_o rc \in \langle 1, rc\rangle$. Nun zeigen wir, daß umgekehrt $\langle 1,rc\rangle \subset A_d$. Dazu genügt es zu zeigen, daß $rc \in A_d$. rc ist Nullstelle des Polynoms $t^2+kt+lr$; dabei ist $k = rc+rc'$, $lr = (rc)(rc')$. Nach der Charakterisierung von A_d auf Seite 98 folgt daher $rc \in A_d$. q.e.d.

Durch die gleichen Rechnungen wie im vorstehenden Beweis zeigt man, daß für jede Nullstelle c eines Polynoms rt^2+kt+l mit $r,k,l \in \mathbb{Z}$ und $ggT(r,k,l) = 1$ durch $\langle 1,c\rangle = \mathbb{Z}1 \oplus \mathbb{Z}c$ ein Modul in einem quadratischen Zahlkörper gegeben ist.

(6.19) Definition. Zwei Moduln M_1 und M_2 im quadratischen Zahlkörper $\mathbb{Q}(\sqrt{d})$ heißen *aequivalent*, falls ein Element $h \in \mathbb{Q}(\sqrt{d})$, $h \neq 0$, existiert, so daß $M_1 = hM_2$.

Hierdurch wird in der Tat eine Aequivalenzrelation definiert. Wie bereits bemerkt, ist jeder Modul aequivalent zu einem Modul $\langle 1,c\rangle$.

Jeder Basis a,b eines Moduls M in $\mathbb{Q}(\sqrt{d})$ entspricht eindeutig die binäre quadratische Form

$$q_{a,b}(x,y) := \frac{N(ax+by)}{N(M)} .$$

Diese Form hat ganzzahlige Koeffizienten, wie wir noch zeigen werden, und kommt daher schon eher als ein Kandidat für unsere angestrebte Korrespondenz zwischen Moduln und Formen in Frage. Für verschiedene Basen sind die entsprechenden Formen aequivalent. Ersetzt man $M = \langle a,b \rangle$ durch einen aequivalenten Modul hM, so gilt unter Anwendung von (6.17)

$$q_{ha,hb}(x,y) = \frac{N(hax+hby)}{N(hM)}$$

$$= \frac{N(h)}{|N(h)|}\frac{N(ax+by)}{N(M)}$$

$$= \pm q_{a,b}(x,y) .$$

Dieses führt zur folgenden Definition

(6.20) Definition. Zwei Moduln M_1, M_2 in $\mathbb{Q}(\sqrt{d})$ heißen *eigentlich aequivalent*, falls ein Element $h \in \mathbb{Q}(\sqrt{d})$ mit $N(h) > 0$ existiert, so daß $M_1 = hM_2$.

Ersetzt man den Modul $\langle a,b \rangle$ durch einen eigentlich aequivalenten $\langle ha,hb \rangle$, so ist also $q_{a,b} = q_{ha,hb}$.

Ist $d < 0$, so ist für jedes $h = \alpha+\beta\sqrt{d} \in \mathbb{Q}(\sqrt{d}) - \{0\}$ die Norm $N(h) = \alpha^2-d\beta^2 > 0$. Die Begriffe "aequivalent" und "eigentlich aequivalent" stimmen also für einen imaginär-quadratischen Körper $\mathbb{Q}(\sqrt{d})$ überein. Im reell-quadratischen Fall $d > 0$ fallen beide Begriffe zusammen, falls eine Einheit ε mit der Norm -1 existiert; denn da für einen beliebigen Modul M_2 in $\mathbb{Q}(\sqrt{d})$ die Relation $\varepsilon M_2 = M_2$ gilt, kann man zwei aequivalente Moduln M_1, M_2, etwa $M_1 = hM_2$, mit $N(h) < 0$, eigentlich aequivalent machen, indem man h durch εh ersetzt. Übrigens gilt auch die Umkehrung, d.h. ist die Aequivalenz zweier Moduln in $\mathbb{Q}(\sqrt{d})$ gleichbedeutend mit der eigentlichen Aequivalenz, so existiert eine Einheit mit der Norm -1. Der eigentliche Aequivalenzbegriff unterscheidet sich also im reell-quadratischen Fall von dem gewöhnlichen Aequivalenzbegriff nur, falls alle Einheiten von A_d die Norm 1 haben. Es ist klar, daß in diesem Fall jede Aequivalenzklasse von Moduln genau zwei eigentliche Aequivalenzklassen enthält.

(6.21) Bemerkung. $q_{a,b}$ *ist eine primitive ganzzahlige quadratische Form der Determinante* -d, *falls* $d \equiv 2,3 \bmod 4$, *und der Determinante* -d/4, *falls* $d \equiv 1 \bmod 4$. *Ist* $d < 0$, *so ist* $q_{a,b}$ *positiv.*

Dabei heißt eine quadratische Form $ax^2+bxy+cy^2$ *primitiv*, falls der größt gemeinsame Teiler der Koeffizienten a,b,c gleich 1 ist. Offensichtlich ist dieser Begriff verträglich mit der Aequivalenz von Formen. Die Determinante von $ax^2+bxy+cy^2$ ist definiert durch die Determinante von $\begin{pmatrix} a & b/2 \\ b/2 & c \end{pmatrix}$, also durch $ac-b^2/4$. (Den Ausdruck b^2-4ac nennt man die *Diskriminante* der Form.)

Zum Beweis der Bemerkung nehmen wir ohne Einschränkung der Allgemeinheit an, daß der Modul M die Form $M = \langle 1,c \rangle$ hat ($\langle a,b \rangle$ ist ja aequivalent zu $\langle 1,c \rangle$ mit $c := \frac{b}{a}$, und es ist $q_{a,b} = \pm q_{1,c} = q_{1,c}$ für $d < 0$). Mit den Bezeichnungen von Seite 108 und mit (6.18) gilt:

$$q_{1,c}(x,y) = \frac{N(x+cy)}{N(M)} = \frac{x^2+(c+c')xy+cc'y^2}{N(M)}$$

$$= r(x^2 - \frac{k}{r}xy + \frac{l}{r}y^2)$$

$$= rx^2 - kxy + ly^2 .$$

Alle Werte von $q_{1,c}$ liegen offenbar in $\mathbb{Z}$, und es ist $ggT(r,k,l) = 1$, d.h. $q_{1,c}$ ist primitiv. Für $d < 0$ ist $q_{1,c}$ positiv, weil $N(\alpha) \geq 0$ für alle $\alpha \in \mathbb{Q}(\sqrt{d})$. Außerdem ist $\det(q_{1,c}) = \det(rN(x+yc)) = r^2 \det(N(x+yc)) = \frac{r^2}{r^2} \det(N(x+yrc)) =$ (vgl. Seite 109) $\det(q_{1,\omega}) = -d$, falls $d \equiv 2,3 \bmod 4$, $= -\frac{d}{4}$, falls $d \equiv 1 \bmod 4$. q.e.d.

(6.22) Satz. *Die Menge der Aequivalenzklassen (bzw. eigentlichen Aequivalenzklassen) von Moduln in* $\mathbb{Q}(\sqrt{d})$ *bildet bzgl. des Produktes*

$$M_1M_2 := \langle\{\alpha\beta \mid \alpha \in M_1, \beta \in M_2\}\rangle$$

eine abelsche Gruppe.

Beweis. Ist $M_1 = \langle a,b \rangle$, $M_2 = \langle c,d \rangle$, so ist M_1M_2 die Menge aller $\mathbb{Z}$-Linearkombinationen von ac, ad, bc, bd und daher endlich erzeugt. Mit $\alpha \in A_d$ ist auch $\alpha M_1M_2 \subset M_1M_2$. Daher ist M_1M_2 ein Modul. Assoziativ- und Kommutativgesetz sind offensichtlich erfüllt. Das neutrale Element ist gegeben durch den Modul A_d. Das inverse Element zu $\langle a,b \rangle$ ist gegeben durch $\langle a',b' \rangle$ (a',b' sind wie üblich die zu a,b konjugierten Elemente), denn: $\langle a,b \rangle\langle a',b' \rangle$ ist aequivalent zu $\langle 1,c \rangle\langle 1,c' \rangle$ mit $c = \frac{b}{a}$, und dieser Modul wird erzeugt von 1,c,c',cc', also auch von 1, c+c', cc', c. c ist Nullstelle von $\phi_c(t) = rt^2+kt+l$, wobei $r > 0$ und $ggT(r,k,l) = 1$ ist (vgl.

Seite 109). Daher wird $\langle 1,c\rangle\langle 1,c'\rangle$ auch von $1, \frac{k}{r}, \frac{l}{r}$, c erzeugt. $\langle 1,c\rangle\langle 1,c'\rangle$ ist aequivalent zu $N(\langle 1,c\rangle)^{-1}\langle 1,c\rangle\langle 1,c'\rangle$, wegen $N(\langle 1,c\rangle) = \frac{1}{r}$ (vgl. (6.18)) also aequivalent zu dem von r, k, l, rc oder 1, rc erzeugten Modul. Nach dem Beweis von (6.18) ist aber $\langle 1,rc\rangle = A_d$.
q.e.d.

Für Moduln $\underset{\bullet}{M}$ in $\mathbb{Q}(\sqrt{d})$ betrachten wir in Zukunft nur solche Basen a,b, für welche

$$\begin{aligned} &\det\begin{pmatrix} a & b \\ a' & b' \end{pmatrix} > 0 \qquad \text{für } d > 0 \\ &i\det\begin{pmatrix} a & b \\ a' & b' \end{pmatrix} > 0 \qquad \text{für } d < 0 \end{aligned} \tag{*}$$

erfüllt ist. Eine solche Basis läßt sich immer finden, indem man notfalls die Reihenfolge der Basiselemente in einer beliebigen Basis vertauscht. Geometrisch bedeutet diese Bedingung eine Orientierung. Diese Orientierung kommt zum Tragen, wenn wir eine Abbildung von der Menge der eigentlichen Aequivalenzklassen von Moduln in die Menge der eigentlichen Aequivalenzklassen primitiver binärer quadratischer Formen - jeweils zu festem d - definieren wollen. Ordnet man nämlich jeder wie oben orientierten Basis $\langle a,b\rangle$ eines Moduls M in $\mathbb{Q}(\sqrt{d})$ die Form

$$q_{a,b}(x,y) = \frac{N(ax+by)}{N(M)}$$

zu, so ist die dadurch gegebene Abbildung ψ von der Menge der eigentlichen Aequivalenzklassen von Moduln in $\mathbb{Q}(\sqrt{d})$ in die Menge der eigentlichen Aequivalenzklassen von primitiven binären quadratischen Formen mit "richtiger" Determinante wohldefiniert; denn sind M_1, M_2 eigentlich aequivalent, etwa $M_1 = hM_2$ mit $N(h) > 0$, und sind a_1, a_2 bzw. b_1, b_2 wie in (*) orientierte Basen von M_1 bzw. M_2, dann gibt es eine Matrix $\begin{pmatrix} \alpha & \beta \\ \gamma & \delta \end{pmatrix} \in GL(2, \mathbb{Z})$, so daß gilt

$$hb_1 = \alpha a_1 + \beta a_2, \quad hb_2 = \gamma a_1 + \delta a_2 . \tag{1}$$

Es ist dann

$$\begin{aligned} (\alpha\delta-\beta\gamma)(a_1a_2'-a_1'a_2) &= hh'(b_1b_2'-b_1'b_2) \\ &= N(h)(b_1b_2'-b_1'b_2) . \end{aligned} \tag{2}$$

Wegen $N(h) > 0$ und (*) folgt daraus $\alpha\delta-\beta\gamma = +1$. Zusammen mit (1) ergibt sich nun leicht unter Beachtung von (6.17), daß q_{a_1,a_2} und q_{b_1,b_2} eigentlich aequivalent sind. Es gilt nun

(6.23) Satz. *Die Abbildung ψ ist eine Bijektion zwischen der Menge der eigentlichen Aequivalenzklassen von Moduln in $\mathbb{Q}(\sqrt{d})$ und für $d < 0$ der Menge der eigentlichen Aequivalenzklassen primitiver positiver Formen der Determinante $-d$ bzw. $-\frac{d}{4}$ und für $d > 0$ der Menge der eigentlichen Aequivalenzklassen primitiver Formen der Determinante $-d$ bzw. $-\frac{d}{4}$. (Dabei tritt natürlich jeweils die Determinante $-d$ auf, falls $d \equiv 2,3 \bmod 4$ und $-\frac{d}{4}$, falls $d \equiv 1 \bmod 4$.)*

Die Gruppe der Aequivalenzklassen (bzw. eigentlichen Aequivalenzklassen) von Moduln in $\mathbb{Q}(\sqrt{d})$ heißt *Klassengruppe* (bzw. *engere Klassengruppe*) von $\mathbb{Q}(\sqrt{d})$. Wir haben:

(6.24) Folgerung. *Die (engere) Klassengruppe von $\mathbb{Q}(\sqrt{d})$ ist endlich;*

denn die Menge der eigentlichen Aequivalenzklassen binärer quadratischer Formen zu einer festen Determinante ist endlich, vgl. Kapitel 4.

Die Ordnung h (bzw. $\overline{h}$) der Klassengruppe (bzw. engeren Klassengruppe) von $\mathbb{Q}(\sqrt{d})$ heißt *Klassenzahl* (bzw. *engere Klassenzahl*) von $\mathbb{Q}(\sqrt{d})$.

Wie bereits gesagt, gilt

$\overline{h} = h$ für $d < 0$

$\overline{h} = h$ für $d > 0$, falls eine Einheit ε mit $N(\varepsilon) = -1$ existiert

$\overline{h} = 2h$ für $d > 0$, falls für alle Einheiten ε gilt $N(\varepsilon) = +1$.

Aus (6.23) erhalten wir ohne weiteres

(6.25) Folgerung. *A_d ist genau dann Hauptidealring, wenn die Klassenzahl h von $\mathbb{Q}(\sqrt{d})$ gleich 1 ist. A_d ist genau dann Hauptidealring mit der Eigenschaft, daß jedes Ideal ein erzeugendes Element mit positiver Norm besitzt, wenn nur eine Klasse von eigentlich aequivalenten primitiven (für $d < 0$ positiven) quadratischen Formen der Determinante $-d$ bzw. $-\frac{d}{4}$ existiert.*

<u>Beweis von (6.23)</u>. Die Abbildung ψ ist surjektiv: Sei dazu $rx^2+kxy+ly^2$ eine primitive Form mit "richtiger" Determinante. Sei $M := \langle 1,c\rangle$, wobei c eine Nullstelle von rx^2+kx+l ist, und zwar sei c so, daß in der Darstellung $c = \alpha+\beta\sqrt{d}$ die Zahl $\beta < 0$ ist (hat c diese Eigenschaft nicht, so aber c'). Dann ist 1,c eine gemäß (*) orientierte Basis, und in der Tat ist $q_{1,c}(x,y) = rN(x+cy) = rx^2+kxy+ly^2$.

Die Abbildung ψ ist injektiv: Seien dazu M_1, M_2 zwei Moduln - ohne Einschränkung von der Form $M_1 = \langle 1,a\rangle$, $M_2 = \langle 1,b\rangle$ mit gemäß (*) orientierten Basen -, und seien $q_{1,a}$, $q_{1,b}$ eigentlich aequivalent vermöge $\begin{pmatrix}\alpha & \beta\\ \gamma & \delta\end{pmatrix} \in SL(2,\mathbb{Z})$. Dann ist

$$q_{1,a}(\alpha x+\beta y,\ \gamma x+\delta y) = q_{1,b}(x,y)\ ,$$

ausgeschrieben

$$\frac{1}{N(M_1)}\ ((\alpha+\gamma a)x+(\beta+\delta a)y)\cdot((\alpha+\gamma a')x+(\beta+\delta a')y) \qquad (3)$$

$$= \frac{1}{N(M_2)}\ (x+by)(x+b'y)\ .$$

Die Zahlen -b und -b' sind die Nullstellen von $q_{1,b}(x,1) = q_{1,a}(\alpha x+\beta,\gamma x+\delta$
Die Nullstellen des letzten Terms sind $-\frac{\beta+\delta a}{\alpha+\gamma a}$ bzw. das Konjugierte. Daher gilt

$$\frac{\alpha+\gamma a}{\beta+\delta a} = \frac{1}{b} \quad \text{oder} \quad = \frac{1}{b'}\ .$$

Also gibt es ein $h \in \mathbb{Q}(\sqrt{d})$, so daß

$$\begin{aligned} \alpha+\gamma a &= h & &= h \\ & & \text{oder} & \\ \beta+\delta a &= hb & &= hb'\ . \end{aligned}$$

Aus (3) folgt $0 < N(M_1)N(M_2)^{-1} = hh' = N(h)$. Wäre nun $\beta+\delta a = hb'$, so wäre, ähnlich wie in (2):

$$(\alpha\delta-\beta\gamma)(a'-a) = -hh'(b'-b)\ ,$$

was wegen der Orientiertheit der Basen gemäß (*) ausgeschlossen ist. Somit ist h, hb eine Basis von M_1, also $M_1 = \langle h,hb\rangle = h\langle 1,b\rangle = hM_2$ und M_1 ist eigentlich aequivalent zu M_2.

Insgesamt haben wir nun, unter Beachtung von (6.21), den Satz bewiesen. q.e.d.

Gauß hat die hier dargestellten Sachverhalte in der Sprache der binären quadratischen Formen formuliert, was teilweise ziemlich kompliziert wird. Die der Multiplikation der Moduln entsprechende Verknüpfung ist die sogenannte "Komposition" der Formen. Die dadurch entstehende Gruppe scheint übrigens ein erstes Beispiel zu sein, wo eine Gruppenstruktur sich in nicht offensichtlicher Weise, d.h. nicht aus Permutationseigenschaften, ergab.

Im Falle $d < 0$ hat man zur Bestimmung der Klassenzahl h von $\mathbb{Q}(\sqrt{d})$ die Anzahl der primitiven reduzierten Formen der Determinante $-d$ bzw. $-\frac{d}{4}$ zu bestimmen, also die Anzahl aller Zahlentripel (a,b,c) mit $|b| \leq a \leq c$; $-a < b \leq a$; $0 \leq b \leq a$, falls $a = c$; $ac - \frac{b^2}{4} = -d$ bzw. $= -\frac{d}{4}$ und $ggT(a,b,c) = 1$; vgl. (4.2).

Beispiele. (1) $d = -23$. Wegen $-23 \equiv 1 \bmod 4$ ist hier $ac - \frac{b^2}{4} = \frac{23}{4}$. Die angegebenen Bedingungen erlauben genau die folgenden Möglichkeiten:

$$\begin{pmatrix} 1 & \frac{1}{2} \\ \frac{1}{2} & 6 \end{pmatrix}, \quad \begin{pmatrix} 2 & \pm\frac{1}{2} \\ \pm\frac{1}{2} & 3 \end{pmatrix},$$

also ist $h = 3$.

(2) $d = -47$. Wegen $-47 \equiv 1 \bmod 4$ ist $ac - \frac{b^2}{4} = \frac{47}{4}$, und die angegebenen Bedingungen erlauben genau die folgenden Möglichkeiten:

$$\begin{pmatrix} 1 & \frac{1}{2} \\ \frac{1}{2} & 12 \end{pmatrix}, \quad \begin{pmatrix} 2 & \pm\frac{1}{2} \\ \pm\frac{1}{2} & 6 \end{pmatrix}, \quad \begin{pmatrix} 3 & \pm\frac{1}{2} \\ \pm\frac{1}{2} & 4 \end{pmatrix},$$

also ist $h = 5$.

Wir wenden nun (6.25) an, um für einige $d > 0$ nachzuweisen, daß A_d ein Hauptidealring ist.

Im Fall $d = 2$ sind alle reduzierten binären quadratischen Formen durch $\begin{pmatrix} -1 & 0 \\ 0 & 2 \end{pmatrix}$ und $\begin{pmatrix} 1 & 0 \\ 0 & -2 \end{pmatrix}$ gegeben (vgl. Seite 50), und diese sind vermöge $\begin{pmatrix} 1 & 1 \\ -2 & -1 \end{pmatrix} \in SL(2,\mathbb{Z})$ eigentlich aequivalent. Also ist jeder Modul in $\mathbb{Q}(\sqrt{2})$

eigentlich aequivalent zu A_2, insbesondere ist A_2 Hauptidealring.

Im Fall d = 3 gibt es nur die reduzierten Formen $\begin{pmatrix}-1 & 0\\ 0 & 3\end{pmatrix}$, $\begin{pmatrix}1 & 0\\ 0 & -3\end{pmatrix}$ (und diese sind nicht aequivalent, weil -1 durch $-x^2+3y^2$ aber nicht durch x^2-3y^2 dargestellt wird). Nach (6.23) ist jeder Modul zu den zu diesen Formen gehörigen Moduln, also zu $\langle 1,\sqrt{3}\rangle = A_3$ bzw. zu $\langle 1,\sqrt{1/3}\rangle$, eigentlich aequivalent. Nun ist $3\langle 1,\sqrt{1/3}\rangle = \langle 3,\sqrt{3}\rangle$, und der letzte Modul ist aequivalent zu $\langle 1,\sqrt{3}\rangle = A_3$ vermöge $\sqrt{3}$. A_3 ist also ein Hauptidealring.
Im Fall d = 5 gibt es nur die folgenden primitiven reduzierten Formen mit Determinante $-\frac{5}{4}$:

$$\begin{pmatrix}1 & \frac{1}{2}\\ \frac{1}{2} & -1\end{pmatrix}, \quad \begin{pmatrix}-1 & \frac{1}{2}\\ \frac{1}{2} & 1\end{pmatrix}.$$

Diese Formen sind aequivalent vermöge $\begin{pmatrix}0 & 1\\ 1 & 0\end{pmatrix}$. Da die Gleichung $x^2-5y^2 = -1$ eine nicht-triviale Lösung hat, sind diese Formen auch eigentlich aequivalent (vgl. Seite 110). Also ist A_5 ein Hauptidealring. Auf ähnliche Weise kann man für viele andere positive d nachweisen, daß A_d ein Hauptidealring ist, z.B. noch für d = 6, 7, 11, 13, 14, 17, 19, 21, 22, 23, 29, 31.

Die Klassenzahl eines quadratischen Zahlkörpers wird uns noch im nächsten Kapitel beschäftigen. Dort leiten wir - wenigstens teilweise - eine allgemeine Formel mit analytischen Mitteln her.

Aus dem folgenden Satz, der mit rein algebraischen Mitteln beweisbar ist, kann man eine erste Strukturaussage über die engere Klassengruppe eines quadratischen Zahlkörpers herleiten:

(6.26) Satz. *Ist r die Anzahl der verschiedenen Primteiler der Diskriminante von $\mathbb{Q}(\sqrt{d})$, so gibt es in der engeren Klassengruppe von $\mathbb{Q}(\sqrt{d})$ genau 2^{r-1} Elemente der Ordnung 2.*

Folgerung. *Bei einer Zerlegung der engeren Klassengruppe in ein Produkt zyklischer Gruppen treten genau r-1 Faktoren gerader Ordnung auf.*

Dieser Satz hängt eng mit der sogenannten Geschlechtertheorie zusammen, einem der schwierigsten Kapitel in den Disquisitiones. Einen Beweis, der sich auf das quadratische Reziprozitätsgesetz und auf den Dirichletschen Satz über Primzahlen in arithmetischen Progressionen stützt, findet man z.B. in H. Hasse, Zahlentheorie , III, § 26,8.

Wir betrachten hier kurz den Fall $d < 0$ und machen plausibel, daß es mindestens 2^{r-1} Elemente der Ordnung 2 gibt. Ohne Einschränkung sei d quadratfrei. Ist z.B. $d \equiv 2 \bmod 4$ und ist $d = ab$ eine Zerlegung in zwei - notwendigerweise teilerfremde - Faktoren, dann entspricht der Form ax^2-by^2 ein Element der Ordnung 2 in der (engeren) Klassengruppe; denn für den zu dieser Form gehörigen Modul $M = \langle 1,\sqrt{b/a}\rangle$ gilt wegen $ggT(a,b) = 1$:

$$M^2 = \mathbb{Z} + \mathbb{Z}\frac{b}{a} + \mathbb{Z}\sqrt{\frac{b}{a}} = \frac{1}{a}(\mathbb{Z}a + \mathbb{Z}b + \mathbb{Z}\sqrt{d}) = \frac{1}{a}(\mathbb{Z} \oplus \mathbb{Z}\sqrt{d}) = \frac{1}{a}A_d .$$

Die Zerlegung von d in r verschiedene Primzahlen, $d = -p_1 \ldots p_r$, liefert also mindestens 2^{r-1} verschiedene reduzierte primitive Formen ax^2+cy^2, $ac = -d$, $a < c$, und damit 2^{r-1} Elemente der Ordnung 2 in der Klassengruppe.

Durch Übertragung der Ergebnisse der Reduktionstheorie positiver binärer quadratischer Formen (vgl. (4.2)) ergibt sich

(6.27) Satz. *Die zu dem Modul* $\langle 1,c\rangle$ *im imaginär quadratischen Zahlkörper* $\mathbb{Q}(\sqrt{d})$ *gehörige Form ist reduziert genau dann, wenn die folgenden Bedingungen für c erfüllt sind:* $\operatorname{Im} c > 0$, $-\frac{1}{2} < \operatorname{Re} c \leq \frac{1}{2}$, $|c| > 1$ *für* $-\frac{1}{2} < \operatorname{Re} c < 0$, $|c| \geq 1$ *für* $0 \leq \operatorname{Re} c \leq \frac{1}{2}$.

Geometrisch bedeuten diese Bedingungen, daß die Darstellung von c in der komplexen Ebene zu dem in der folgenden Zeichnung angegebenen Gebiet G gehört (der hervorgehobene Teil der Berandung einschließlich i ist zu G zu rechnen, der andere nicht).

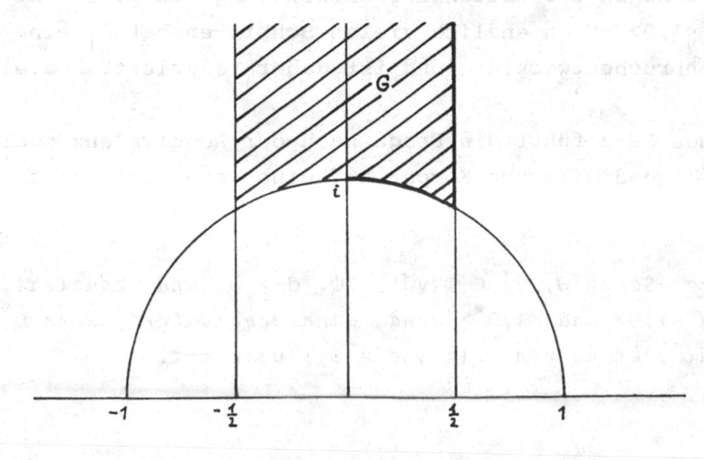

Diese sogenannte "Modulfigur" findet sich bereits (um 90° gedreht) in einer nachgelassenen Schrift von Gauß, allerdings mit anderem Hintergrund.

Im reell-quadratischen Fall $d > 0$ ist jeder Modul M in $\mathbb{Q}(\sqrt{d})$ aequivalent zu einem Modul der Form $\langle 1,\theta\rangle$, wobei $\theta \in \mathbb{Q}(\sqrt{d}) - \mathbb{Q}$ eine periodische Kettenbruchentwicklung hat, vgl. (4.17). Wir erinnern daran (vgl. (4.19), daß θ genau dann eine rein periodische Kettenbruchentwicklung besitzt, wenn θ *reduziert* ist, d.h. wenn $1 < \theta$, $-1 < \theta' < 0$ gilt.

(6.28) <u>Bemerkung</u>. *Ein Modul* $\langle 1,\theta\rangle$ *in* $\mathbb{Q}(\sqrt{d})$, $d > 0$ *ist aequivalent zu einem Modul* $\langle 1,\theta^*\rangle$, *wobei* θ^* *reduziert ist.*

Diese Bemerkung könnte man mit der Reduktionstheorie quadratischer Forme beweisen. Wir bevorzugen einen anderen Weg und erinnern dazu noch einmal daran, daß $\langle 1,a\rangle$ genau dann zu $\langle 1,b\rangle$ aequivalent ist, wenn eine Matrix $\begin{pmatrix}\alpha & \beta\\ \gamma & \delta\end{pmatrix} \in GL(2,\mathbb{Z})$ existiert, so daß

$$a = \frac{\alpha b+\beta}{\gamma b+\delta} \ ;$$

diese Aussage kommt schon im Beweis von (6.23) vor und läßt sich leicht nachrechnen.

<u>Beweis</u> der Bemerkung: Mit den Bezeichnungen aus Kapitel 4, Seite 55, is

$$\Theta = \Theta_o = a_o + \frac{1}{\Theta_1}\ , \quad \Theta_1 = \frac{1}{\Theta - a_o}\ .$$

Nun ist $\langle 1,\Theta_1\rangle$ vermöge $\begin{pmatrix}0 & 1\\ 1 & -a_o\end{pmatrix}$ aequivalent zu $\langle 1,\Theta\rangle$. Ist daher Θ_i eine beliebige Zahl in der Kettenbruchentwicklung von Θ, so ist $\langle 1,\Theta_i\rangle$ aequivalent zu $\langle 1,\Theta\rangle$. Nach endlich vielen Schritten hat Θ_i eine rein periodische Kettenbruchentwicklung und ist daher reduziert. q.e.d.

Der folgende Satz führt die Frage nach der Aequivalenz zweier Moduln in einem reell quadratischen Körper auf eine rein rechnerische Aufgabe zurück.

(6.29) <u>Satz</u>. *Seien* $\Theta, \Theta^* \in \mathbb{Q}(\sqrt{d}) - \mathbb{Q}$, $d > 0$, *und reduziert. Dann sind die Moduln* $\langle 1,\Theta\rangle$ *und* $\langle 1,\Theta^*\rangle$ *genau dann aequivalent, wenn* Θ^* *in der Kettenbruchentwicklung von* Θ *(als ein* Θ_i*) vorkommt.*

<u>Beweis</u>. Kommt Θ^* in der Kettenbruchentwicklung von Θ als ein Θ_i vor, also

$$\Theta = \frac{\Theta_i p_{i-1} + p_{i-2}}{\Theta_i q_{i-1} + q_{i-2}},$$

dann sind die Moduln $\langle 1,\Theta\rangle$ und $\langle 1,\Theta^*\rangle$ aequivalent; denn die Matrix

$$\begin{pmatrix} p_{i-1} & p_{i-2} \\ q_{i-1} & q_{i-2} \end{pmatrix}$$

liegt wegen $p_{i-1}q_{i-2} - p_{i-2}q_{i-1} = (-1)^i$ (vgl. (4.16)') in $GL(2,\mathbb{Z})$.

Um das Umgekehrte zu zeigen, entnehmen wir zunächst der Reduktionstheorie (vgl. Seite 45), daß $GL(2,\mathbb{Z})$ von $\begin{pmatrix} 1 & a \\ 0 & 1 \end{pmatrix}$, $\begin{pmatrix} 0 & 1 \\ 1 & 0 \end{pmatrix}$, $a \in \mathbb{Z}$ (ja sogar nur von $\begin{pmatrix} 1 & 1 \\ 0 & 1 \end{pmatrix}$, $\begin{pmatrix} 0 & 1 \\ 1 & 0 \end{pmatrix}$) erzeugt wird. Da nach Voraussetzung

$$\Theta^* = \frac{\alpha\Theta+\beta}{\gamma\Theta+\delta} \quad \text{mit } \begin{pmatrix} \alpha & \beta \\ \gamma & \delta \end{pmatrix} \in GL(2,\mathbb{Z}),$$

genügt es zu zeigen, daß

$$\Theta, \ \Theta+1 = \frac{1\Theta+a}{0\Theta+1}, \ \frac{1}{\Theta} = \frac{0\Theta+1}{1\Theta+0}$$

bis auf zyklische Permutation dieselbe Periode haben. $\Theta+a$ erfüllt diese Bedingung trivialerweise. Daher kann man statt $\frac{1}{\Theta}$ auch $\frac{1}{\Theta-a_0} = \Theta_1$ betrachten, und die Behauptung ist offensichtlich. q.e.d.

* * *

Wir wollen dieses Kapitel mit einigen Worten über Gauß' Leben und Persönlichkeit beenden. Was eine wissenschaftliche Biographie leisten soll, hat Nicolaus Fuss - ein entfernter Verwandter und Mitarbeiter Eulers - zu Beginn seiner "Lobrede auf Herrn Leonhard Euler" in der Versammlung der Kayserlichen Akademie der Wissenschaften zu St. Petersburg den 23. October 1783 gesagt:

"Wer das Leben eines großen Mannes beschreibt, der sein Jahrhundert durch einen beträchtlichen Grad von Aufklärung ausgezeichnet hat, macht immer eine Lobrede auf den menschlichen Geist. Es sollte sich aber niemand der Darstellung eines so interessanten Gemähldes unterziehen, der nicht mit der vollkommensten Kenntniß der Wissenschaften, derer Fortschritte darinn bemerkt werden müssen, alle Annehmlichkeiten der Schreibart verbindet, welche zum Lobredner erforderlich sind, und von denen man behauptet, daß sie sich selten mit dem Studium abstrakter Wissenschaften vertragen. Wenn schon der Biograph einerseits der Nothwendigkeit überhoben ist, seinen an sich schon großen Gegenstand durch zufälligen Schmuck zu verschönern, so macht ihn doch, wenn er sich auch nur an Thatsachen hält, nichts von der Verbindlichkeit los, diese mit Geschmack zu ordnen, mit Deutlichkeit darzustellen und mit Würde zu erzählen. Er soll die Mittel anzeigen, derer die Natur sich bedient, große Männer hervorzubringen; er soll den Umständen nachspühren, die ihr bey Entwicklung vorzüglicher Talente behülflich gewesen sind; und, indem er durch umständliche Anführung der gelehrten Arbeiten des Mannes, den er lobt, zeigt, was er für die Wissenschaften gethan hat: muß er nicht vergessen, den Zustand anzuzeigen, in welchem diese sich vor seiner Erscheinung befanden, und auf diese Art den Punkt bestimmen, von wo er ausgegangen ist."

Diese Ziele können wir natürlich auf wenigen Seiten nur sehr unvollkommen erreichen. Es gibt aber über Gauß eine verhältnismäßig umfangreiche Literatur, in der Sie mehr erfahren können. Eine neue ausgezeichnete Biographie von W. Kaufmann-Bühler: The Life of Carl Friedrich Gauß (1777-1855) wird demnächst erscheinen. Für kürzere Darstellungen verweisen wir vor allem auf: K.O. May, im Dictionary of Scientific Biography, und auf H. Maier-Leibniz: Kreativität, in den Abhandlungen der Braunschweigischen Wissenschaftlichen Gesellschaft, Gauß-Festschrift, 1977.

Carl Friedrich Gauß wurde am 30. April 1777 in Braunschweig geboren. Sein Vater, Gerhard Dietrich Gauß, hat viele Berufe ausgeübt: Maurer und Hausschlachter, Gärtner, Wasserkunstmeister. Seine Mutter hatte vor ihrer Heirat als Magd gedient. Der Vater bemühte sich ständig, die ärmlichen Verhältnisse, in denen die Familie lebte, zu bessern. Innerhalb der Familie war er ziemlich hart und streng. Carl Friedrich Gauß schreibt selbst über seinen Vater in einem Brief vom 15. April 1810 an Minna Waldeck: "Mein Vater war ein vollkommen rechtschaffener, in mancher Rücksicht achtungswerther und wirklich geachteter Mann; aber in seinem Hause war er sehr herrisch, rauh und unfein, und Ihnen darf ich sagen, er hat mein volles kindliches Vertrauen nie besessen, obwohl daraus nie ein eigentliches Mißverhältnis entstanden ist, da ich früh von ihm ganz unabhängig wurde."

Carl Friedrich Gauß

Sr. Hochwohlgeboren
Herrn Professor Dirichlet
zu
Berlin

d.G.

Leipz. Pr. No: 3

Brief von Carl Friedrich Gauß an Gustav Peter Lejeune Dirichlet
Veröffentlicht mit freundlicher Genehmigung
der Niedersächsischen Staats- und Universitätsbibliothek Göttingen

Ich habe Ihnen, mein hochgeschätztester Freund, noch meinen verbindlichsten Dank abzustatten, sowohl für die gefällige Mittheilung Ihrer schönen Abhandlungen, als für die freundlichen Zeilen, womit Sie solche begleitet haben. Beklagen muss ich aber, dass die mir gemachte Hoffnung Sie hier zu sehen für diesesmal vereitelt ist, desto mehr, je mehr ein Zusammensein mit Ihnen in dieser trüben Zeit auch zu meiner eigenen Aufheiterung beigetragen haben würde.

Sie erwähnen dabei der früher dem Herrn Kronecker von mir gemachten Mittheilung und der ihr auferlegten Discretion. Ich wünsche dass Sie das letztere nicht missdeuten mögen und bemerke deshalb, dass ich, indem ich von vorne her ihm die Erwartung ausgesprochen, dass davon nichts öffentlich bekannt gemacht werde, weder unmittelbar, noch mittelbar in Folge weiterer Mittheilung an andere, nur damit die Möglichkeit habe conserviren wollen, meine Untersuchungen selbst zu publiciren, welche Möglichkeit wegfällt, sobald die Ausarbeitung für mich allen Reiz verloren hat. Mit Vergnügen würde ich Ihnen denselben Gegenstand entwickeln, wozu sich aber jedenfalls zwei Umstände verbinden müssten, von Ihrer Seite ein etwas längerer Aufenthalt, und von der meinigen hinlängliche Musse (und Heiterkeit) um den Gegenstand in die zur Mittheilung erforderliche Ordnung zu bringen, was um so schwieriger ist, da wenig, und gar nichts Geordnetes von mir darüber niedergeschrieben vorliegt. Ich kann Ihnen indessen versichern, dass ich selbst schmerzlich wünsche, dass die

Umstände mir die Ausarbeitung bald verstatten mögen.

Zuallernächst werde ich freilich die wenige Zeit, die mir von andern Geschäften, die ich auch wissenschaftlich nennen muß, übrig bleibt, für die Vollendung einer andern Untersuchung verwenden müssen, die ich hoffe auch für Sie vielleicht nicht ohne alles Interesse sein wird.

Indem Sie in Ihrem Briefe mehrerer Gegenstände der höhern Arithmetik erwähnen, thut mir das Herz weh. Denn so sehr ich diesen Theil der Mathematik über alle andern schätze und von jeher geschätzt habe, um so schmerzhafter ist es mir, daß — unmittelbar oder mittelbar durch die äußern Verhältnisse — ich so sehr von meiner Lieblingsbeschäftigung abgezogen bin. Meine Theorie der Anzahl der Classen der Quadratischen Formen, welche ich bereits 1801 besaß, und auf deren Ausarbeitung ich mich als ein besonders reizendes Geschäft im Voraus freute, habe ich von einer Zeit zur andern hinausschieben müssen. Vor etwa 2 oder 3 Jahren glaubte ich aber die rechte Zeit gefunden zu haben, und habe damals wirklich schon ein Stück ausgearbeitet, bei welcher Gelegenheit sich mir mehreres Interessante ganz Neue noch darbot (nicht in Beziehung auf den Bestand der Theorie selbst, welche seit 1801 vollständig ist, sondern in Beziehung auf die Wege hinzuführender oder einleitender Wahrheiten). Allein leider mußte ich das Geschäft wieder abbrechen und habe es bisher auch nicht wieder aufnehmen können, so schmerzlich mir dieß auch gewesen ist. Gewiß wissen Sie übrigens auch selbst aus vielfacher eigener Erfahrung, was dergleichen Wiederaufnehmen sagen will, es ist damit nicht wie mit Tagelöhzu arbeiten, an denen man jeden Augenblick abbrechen und jeden Augenblick wieder anfangen kann. Es gehört dann immer erst viel Anstrengung und viel freie Zeit dazu, um alles wieder in die vorige Frische zu bringen.

Was Sie von Streitigkeiten zwischen [illegible] u. Biot über die Astronomie der ältest. Aegypter schreiben, ist mir unbekannt geblieben. Ich habe allerdings beim Durchblättern der Comptes Rendus bemerkt, daß von einem solchen Streite die Rede war, aber diese Blätter überschlagen, da mir dergleichen Gezänk zuwider ist. In der That, so wie mir Nichts erfreulicher ist, als wenn ich bemerke, daß jemand die Wissenschaft nur um ihrer selbst willen cultiviert, so ist mir Nichts widerlicher, als wenn Personen, die sich sonst wegen ihrer Talente hochstellen, ihre Kleinlichkeit und den Charakter zur Schau tragen.

Indem ich Ihnen von unserem geliebten Weber herzlichste Grüße bestelle, empfehle ich mich Ihrem freundlichen Andenken

ganz ergebenst

Göttingen den 2 November 1838

C. F. Gauss

In den bescheidenen häuslichen Verhältnissen wurde Gauß zunächst wenig gefördert, obwohl seine ungewöhnliche Begabung schon im frühesten Alter offenbar wurde. Er brachte sich selbst Rechnen und Lesen bei. In der Volksschule wurden sein Lehrer und besonders dessen Gehilfe Martin Bartels während des Rechenunterrichts auf Gauß aufmerksam. Bartels nahm sich des damals Neunjährigen an, gab ihm Unterricht, beschaffte Lehrbücher und wies einflußreiche Persönlichkeiten auf den außergewöhnlichen Schüler hin. Im Jahre 1788 kam Gauß - gegen den Willen seines Vaters - auf das Gymnasium. Hier machte er so schnelle Fortschritte, daß er schon nach zwei Jahren in die Prima versetzt wurde. Neben seiner mathematischen Begabung wurde hier auch sein außerordentliches Talent für Sprachen offenbar. Im Alter von vierzehn Jahren, 1791, wurde Gauß bei Hofe vorgestellt. Herzog Karl Wilhelm Ferdinand von Braunschweig setzte ihm ein Stipendium aus, das ihn von den finanziellen Einschränkungen seines Elternhauses befreite und die weitere Ausbildung erleichterte. Dieses Stipendium wurde bis zu Gauß' dreißigstem Lebensjahr regelmäßig verlängert, und Gauß hat wiederholt die tiefe Dankbarkeit, die er gegenüber seinem Landesherrn empfand, ausgedrückt. 1792 trat Gauß in das Collegium Carolinum in Braunschweig ein. Er las in dieser Zeit die großen mathematischen Klassiker, z.B. Newtons Principia , J. Bernoullis Ars conjectandi und Werke von Euler und Lagrange und begann auch in größerem Umfang mit eigenen Forschungen. Als Gauß nach drei Jahren das Collegium verließ und in Göttingen zu studieren begann, hatte er sich jedoch noch nicht entschieden, ob er hauptsächlich Mathematik oder Philologie betreiben wollte. Erst die Entdeckung, daß das regelmäßige 17-Eck mit Zirkel und Lineal konstruiert werden kann, veranlaßte ihn 1796, endgültig die Mathematik als seine Berufung anzunehmen. Es begann ein Abschnitt in seinem Leben, in dem er neue Erkenntnisse in solcher Fülle erarbeitete, daß er kaum Zeit fand, sie alle zu notieren. Sein wissenschaftliches Tagebuch gibt Zeugnis vom Umfang seiner Forschungen. Diese Periode, bis ungefähr 1800, war eine der fruchtbarsten seines Lebens. Vieles aus dieser Zeit, was mit zu seinen bedeutendsten Werken hätte gehören können, hat er nie aufgeschrieben, insbesondere seine Untersuchungen über elliptische Funktionen. In dieser Zeit entstanden auch die Disquisitiones Arithmeticae , ein Buch, das 1801 erschien und - obwohl es zunächst kaum verstanden wurde - ihn sogleich in die erste Reihe aller Mathematiker stellte. 1798 beendete Gauß sein Studium, kehrte nach Braunschweig zurück und arbeitete dort, nach wie vor von einem Stipendium des Herzogs unterstützt, weiter. 1799 wurde ihm "in absentia" die Doktorwürde der Landesuniversität Helmstedt verliehen. Im Jahre 1801 verschaffte Gauß die Wiederentdeckung des Kleinplaneten Ceres eine breite öffentliche Anerkennung. Der italienische Astronom Piazzi hatte diesen Planeten im Frühjahr 1801 gesichtet, ihn aber bald darauf wieder aus den Augen verloren. Gauß gelang das scheinbar Unmögliche: aufgrund der wenigen Beobachtungen und umfangreicher theoretischer und numerischer Untersuchungen gelang ihm die Bahnberechnung, und einige Zeit später wurde der Planet tatsächlich wiedergefunden. (Dieser Tage (1978) konnte man in der Zeitung lesen, daß zum ersten Mal ein von Ceres reflektiertes Radiosignal wieder aufgefangen werden konnte.) Dieses Ereignis wird wohl mitentscheidend für Gauß' folgende Hinwendung zur Astronomie gewesen sein. Er wandte sich jedenfalls zielstrebig dieser Wissenschaft zu und wurde 1807 Direktor der Göttinger Sternwarte. Diese Stellung behielt er bis zu seinem Tode 1855. Einerseits erlaubte ihm diese Position, weitgehend frei von Lehrverpflichtungen, die ihm lästig waren, seine Forschungen zu betreiben, andererseits brachte sie aber auch eine Menge an praktischen Arbeiten mit sich, so daß die Mathematik über lange Perioden seines Lebens in den Hintergrund trat. Viel Zeit erforderten auch umfangreiche Landvermessungen, die er im ganzen norddeutschen Raum und Ostfriesland durchzuführen hatte. Jedoch sollte nicht übersehen werden, daß die Beschäftigung mit praktischer Wissenschaft sicher auch für seine mathematischen Forschungen von Nutzen war. Beispielsweise in der Differentialgeometrie, wo sich Gauß mit der Frage der Abbildung einer gekrümmten Fläche auf eine Ebene beschäftigte. Aus Anlaß seiner geodätischen Rechnungen entwickelte er viele numerische Verfahren, mit deren Hilfe es erst möglich wurde, das ungeheure Zahlenmaterial auszuwerten. Er hat selbst gesagt, daß er im Laufe seines Lebens mehr als eine Million Zahlen ausgewertet hat. Trotzdem darf man wohl annehmen, daß es für die mathematische Wissenschaft günstiger gewesen wäre, wenn Gauß ihr seine volle Arbeitskraft hätte widmen können.

Wie wir gesehen haben, verlief Gauß' Leben ohne bedeutende äußere Ereignisse; über fünfzig Jahre verbrachte er in Göttingen, in seinen letzten Jahrzehnten verließ er diese Stadt praktisch überhaupt nicht mehr. Er lebte außerordentlich einfach und bescheiden und sammelte dabei ein nicht unbedeutendes Vermögen an - vielleicht eine Reaktion auf die ärmlichen Verhältnisse seiner Kindheit.

Trotz der äußeren Einfachheit seines Lebens waren seine persönlichen und familiären, aber auch seine wissenschaftlichen Verhältnisse und Beziehungen oft widerspruchsvoll und in vielen Fällen nicht gerade glücklich. Hier interessiert uns vor allem die mathematische Seite. Wie schon gesagt, ist es kaum eine Übertreibung, zu sagen, daß er von den Resultaten anderer Mathematiker kaum Notiz nahm. Jacobi hat sich darüber beklagt, daß er in zwanzig Jahren nicht ein einziges Mal eine Arbeit von ihm oder Dirichlet zitiert hat. Von Abel hat er zu dessen Lebzeiten keine Notiz genommen, und erst nach dessen frühem Tod bittet er seinen Freund Olbers, ein Bild von Abel zu beschaffen. Die französischen Mathematiker waren ihm - wohl auch aus politischen Gründen - günstigenfalls gleichgültig, wenn er ihnen nicht sogar ausgesprochen feindlich gegenüberstand. Einer der wenigen, dem er überhaupt öffentlich eine gewisse Sympathie zeigte, war der unglückliche - von Krankheit und Depressionen heimgesuchte - Eisenstein, der in vieler Beziehung das genaue Gegenteil von Gauß war und denkbar schlecht in das Weltbild des Gaußschen Wahlspruchs "pauca sed matura" paßt.

Widersprüchlich mutet auch an, daß er einerseits viele seiner bedeutendsten Entdeckungen unveröffentlicht in der Schublade ließ, andererseits aber immer wieder gegenüber anderen Mathematikern seine Priorität betont, was ihm viel - nicht ganz unbegründete - Kritik und Mißbilligung einbrachte.

Mit zunehmendem Alter galt er als immer unzugänglicher und immer unnahbarer; er hatte kaum Schüler und mied Kontakte wo er nur konnte. Er schien "eiskalt wie ein Gletscher", wie A. v. Humboldt sagt. Dazu mögen auch seine unglücklichen Familienverhältnisse beigetragen haben. Soweit wir sehen, war seine Jugend und die erste Zeit in Göttingen noch frei von großen Belastungen und alles in allem recht glücklich. Die nur vierjährige Zeit seiner ersten Ehe mit Johanna Osthoff von 1805 bis 1809 war dann eine Zeit voller heiterer Gemeinsamkeit und gegenseitiger Ergänzung. Den Tod seiner ersten Frau nach der Geburt seines zweiten Sohnes hat Gauß nie verwunden. Er heiratete bald wieder; diese zweite Ehe mit Minna Waldeck - die oft krank war und der hysterische Züge nachgesagt werden - wurde nicht recht glücklich. Später waren auch die Beziehungen zu seinen Söhnen aus zweiter Ehe sehr gespannt; sie trennten sich schließlich im Streit von ihrem Vater und wanderten nach Amerika aus. An seinen Jugendfreund Bolyai schreibt er: "Es ist wahr, mein Leben ist mit vielem geschmückt gewesen, was die Welt für beneidenswerth hält. - Aber glaube mir: Die herben Seiten des Lebens, wenigstens des meinigen, die sich wie der rote Faden dadurch ziehen, und denen man in höherem Alter immer wehrloser gegenüber steht, werden nicht zum hundertsten Teile aufgewogen von dem Erfreulichen."

Literaturhinweise

C.F. Gauß: Werke, insbesondere Bd. I, II, deutsche Übersetzung vgl. Gesamtliteraturverzeichnis

C.F. Gauß: Briefwechsel mit Bessel, Gerling, Olbers, Schumacher Nachdruck der Originalausgaben, Georg Olms Verlag, Hildesheim - New York, 1976

C.F. Gauß: Mathematisches Tagebuch 1796-1814, Oswalds Klassiker der exakten Wissenschaften 256, Akad. Verlagsges., Leipzig 1976

P. Bachmann: Über Gauß' zahlentheoretische Arbeiten in Materialien für eine wissenschaftliche Biographie von Gauß. Gesammelt von F. Klein und M. Brendel, Teubner, Leipzig 1911

G.J. Rieger: Die Zahlentheorie bei C.F. Gauß, in C.F. Gauß Leben und Werk, herausg. von H. Reichardt, Haude u. Spener, Berlin, 1960

T. Hall: Carl Friedrich Gauß, MIT Press, Cambridge und Londen, 1970

H. Wussing: Carl Friedrich Gauß, Teubner, Leipzig 1974

K. Reich: Carl Friedrich Gauß 1777/1977, Heinz Moos Verlag, München, 1977

K.O. May: Gauß, in Dictionary of Scientific Biography

W. Kaufmann-Bühler: The Life of Carl Friedrich Gauß (1777-1855) Springer-Verlag, Berlin - Heidelberg - New York, 1980

7. Fourier

Jean Baptiste Joseph Fourier (1768-1830) war kein Zahlentheoretiker. Er selbst hätte sich vermutlich nicht einmal als Mathematiker bezeichnet, sondern als Physiker. Sein Hauptarbeitsgebiet war die mathematische Theorie der Wärme. Über dieses Gebiet hat er mehrere Arbeiten und ein grundlegendes Buch "Théorie analytique de la chaleur" geschrieben (zuerst erschienen Paris 1822, deutsche Übersetzung von Weinstein, Springer Verlag, Berlin 1884). Von Beruf war Fourier Politiker, z.B. war er zeitweise enger Mitarbeiter Napoleons und wurde von diesem als Präfekt des Départements Isère (mit Zentrum Grenoble) eingesetzt. Er hat auch an dem Ägypten-Feldzug Napoleons teilgenommen und sich als Kenner dieses Landes einen Namen gemacht.

In dem Vorwort seines eben genannten Buches hat Fourier sich außerordentlich klar und ausgewogen über die Aufgaben der Mathematik und der Naturwissenschaften geäußert. Weil seine Überzeugungen wohl mit denen vieler Mathematiker und Physiker übereinstimmen, möchte ich ausführlich aus diesem Vorwort zitieren. Es beginnt wie folgt:

"Von den letzten Ursachen der Erscheinungen ist uns nichts bekannt, wir wissen aber, daß alle Naturprocesse einfachen und unveränderlichen Gesetzen unterworfen sind, die man durch Beobachtung klarzulegen vermag. Das Studium derselben ist die Aufgabe der physikalischen Wissenschaft."

Etwas später fährt er fort: " So ist es uns klar geworden, daß die verschiedensten Phänomene alle nur wenigen Gesetzen unterworfen sind, die man in allen Naturerscheinungen antrifft; so hat man erkannt, daß dieselben Principien die Bewegungen der Gestirne, die Ungleichheiten ihrer Bahnen, ihre körperlichen Formen regeln, und das Gleichgewicht und die Oscillationen der Meere, die harmonischen Vibrationen der Luft und der tönenden Körper, die Transmission des Lichtes, die Capillarität, die Schwingungen der Flüssigkeiten, kurz die complicirtesten Effekte aller Naturkräfte bestimmen. Dadurch sind Newtons Worte: Quod tam paucis tam multa praestet geometria gloriatur zur Wahrheit geworden."

Danach kommt er ausführlich auf sein eigentliches Gebiet - die Theorie der Wärme - zu sprechen und wird dann wieder grundsätzlicher:

"Das sind die Hauptprobleme, deren Lösung mir gelungen ist und die man bisher dem Calcul nicht hat unterwerfen können. ...
Die Principien dieser Theorie habe ich nach dem Muster der rationellen Mechanik aus einer sehr geringen Anzahl fundamentaler Tatsachen abgeleitet, bei denen die Mathematiker nicht nach dem Grund fragen, weil sie sie als Resultate der gewöhnlichsten Beobachtungen betrachten, die bei jedem diesbezüglichen Experimente sich immer in derselben Weise geltend machen.
Die Differentialgleichungen für die Verbreitung der Wärme drücken die allgemeinsten Bedingungen aus und führen die speciellen physikalischen Fragen auf rein analytische Probleme zurück, wie es eben eine wirkliche Theorie stets tun muss. ...
Die Coefficienten der Differentialgleichungen sind gewissen von den Zuständen der betreffenden Körper bedingten Veränderungen unterworfen."

Und schließlich entwickelt er seinen Grundgedanken von den einfachen unveränderlichen und allgemeinen Grundgesetzen, die durch Betrachtung zu erkennen und mathematisch zu formulieren sind, noch einmal ganz ausführlich in bewundernswerter und bewegender Eindringlichkeit und Klarheit:

"Die Gleichungen für die Bewegung der Wärme gehören ebenso wie die für die Vibration tönender Körper und für wenig ausgiebige Oscillationen der Flüssigkeiten einem erst jüngst erschlossenen Gebiete der Analyse, das wol wert ist, auf das sorgfältigste durchforscht zu werden. Nach Aufstellung dieser Differentialgleichungen mussten ihre Integrale abgeleitet werden, das bedeutet aber einen Uebergang von allgemein geltenden Beziehungen zu besondern allen jeweiligen Bedingungen unterworfenen Auflösungen. Gerade dieser schwierige Calcul verlangte eine ganz specielle auf neuen Theoremen begründete Analyse, von der ich an dieser Stelle nichts weiter zu sagen vermag. Die aus dieser Analyse fliessende Methode lässt in den Lösungen nichts vages und unbestimmtes zurück, sie führt sie bis zu den letzten numerischen Ausrechnungen, und das muss man von jeder Untersuchung verlangen, wenn man nicht lediglich zu unnützen Transformationen gelangen will.
Dieselben Theoreme, die uns die Integrale der Differentialgleichungen

für die Wärmebewegung kennen lehren, lassen sich auch unmittelbar auf Fragen der Analysis überhaupt und auf Probleme der Dynamik anwenden, deren Lösung man lange vergeblich gesucht hat. Das tief eingehende Studium der Natur bildet eine ergiebige Quelle für mathematische Entdeckungen. Nicht nur, dass ein solches Studium dadurch, dass es den Untersuchungen ein festes Ziel vorsetzt, leere Fragen und erfolglose Rechnungen ausschliesst, es wird zugleich ein Mittel zur Vervollkommnung der Analysis selbst und zur Aufdeckung der Grundlehren derselben, die für unser Erkennen am notwendigsten sind und für sie von dauerndem Werte bleiben; das sind aber zugleich die Grundlehren, die sich bei der Verfolgung aller Naturerscheinungen wiederholen.
So dient beispielsweise derselbe Ausdruck, mit dessen Eigenschaften die Mathematiker sich in rein abstracter Weise beschäftigt haben und der nach ihnen der allgemeinen Analysis angehört, zur Darstellung der Bewegung des Lichtes durch die Luft, zur Bestimmung der Gesetze, nach welchen die Wärme durch feste Körper diffundirt, und zur Behandlung aller Hauptfragen aus der Wahrscheinlichkeitsrechnung.
Die den Alten unbekannten von Des Cartes in das Studium der Curven und Flächen eingeführten analytischen Gleichungen sind nicht allein auf die Geometrie und die rationelle Mechanik beschränkt, ihre Anwendung erstreckt sich auf alle allgemeinen Erscheinungen. Man kann sich keine allgemeinere und einfachere Sprache, keine von Dunkelheiten und Irrtümern freiere, keine zur Darstellung der unveränderlichen Beziehungen, in denen die einzelnen Naturerscheinungen zu einander stehen, würdigere Ausdrucksweise denken.
So betrachtet, reicht die mathematische Analyse so weit wie die Natur selbst: sie definirt alle wahrnehmbaren Beziehungen, misst Zeit und Raum, Kräfte und Temperaturen. Eine solche Wissenschaft vermag sich nur langsam zu bilden, was sie aber einmal an fundamentalen Principien erworben hat, behält sie auch für immer; sie wächst und nimmt ohne Aufhören mitten unter so vielen Veränderungen und Irrtümern des menschlichen Geistes zu. Ihre Haupteigenschaft ist die Klarheit; sie besitzt kein Zeichen zur Darstellung confuser Ideen. Sie bringt die allerverschiedensten Phänomene zusammen und entdeckt die verborgenen Analogieen, die sie verbinden. Wenn Materie, wie die Luft und der Träger des Lichtes, in Folge ihrer zu geringen Dichte unsern Sinnen entgeht, wenn Körper sich im unendlichen Raume in weiter Entfernung von uns befinden, wenn der Mensch den Anblick des Himmels für späte, durch Jahrhunderte von uns getrennte Epochen kennen lernen will, wenn die Wirkungen von Schwere und Wärme sich in stets unerreichbaren Tiefen der Erde abspielen, so vermag die Analyse trotzdem die Gesetze dieser Erscheinungen aufzudecken. Sie bringt

uns diese Erscheinungen nahe, macht sie uns messbar und scheint eine besondere Begabung des menschlichen Geistes zu sein, um das, was ihm durch den Mangel seiner Sinne und die Kürze seines Lebens verloren geht, zu ersetzen. Noch mehr, die Analyse schlägt immer denselben Weg ein, welches Phänomen sie auch untersuchen mag; sie beschreibt alle Erscheinungen in derselben Sprache, als ob sie von der Einheit und Einfachheit des Universums Zeugnis ablegen und die heilige Ordnung, die in der ganzen Natur herrscht, noch mehr zu Tage legen wollte.
Die Probleme der Wärmetheorie bieten viele Beispiele für diese einfachen und unveränderlichen Dispositionen, aus denen die allgemeinen Naturgesetze fliessen; könnte man die Ordnung, welche die Wärmeerscheinungen beherrscht, den Sinnen wahrnehmbar machen, so würde man einen Eindruck empfangen, der ganz den harmonischen Resonanzen entspricht.
Die Formen der Körper sind ausserordentlich verschieden; die Vertheilung der Wärme kann beim Eindringen in dieselben ganz wüst und willkürlich ausfallen: aber alle Ungleichheiten ebenen rapide ab und verschwinden im Laufe der Zeit. So wird die Erscheinung regelmässiger und einfacher und schliesslich kommt sie unter ein bestimmtes Gesetz, welche für alle Fälle passt und nichts mehr von der Art ihres ersten Auftretens enthält."

Man sollte hier vielleicht daran denken, daß Fourier in einer Zeit umwälzender politischer und gesellschaftlicher Veränderungen lebte, daß er mutig und entschlossen Verfolgte in der Zeit des nachrevolutionären Terrors verteidigte, daß er selbst verhaftet und verfolgt wurde (als angeblicher Anhänger Robespierres) und so wohl wußte, was er meinte, wenn er von den Irrtümern und Veränderungen des menschlichen Geistes sprach.

Die mathematische Theorie, mit der sich Fourier in seinem Buch beschäftigt, ist die Theorie der Wärmeleitungsgleichung

$$\Delta v = \frac{\partial^2 v}{\partial x^2} + \frac{\partial^2 v}{\partial y^2} + \frac{\partial^2 v}{\partial z^2} = k \frac{\partial v}{\partial t} ,$$

wobei v die Wärmeverteilung in einem dreidimensionalen homogenen Körper beschreibt. Zur Behandlung und Lösung dieser partiellen Differentialgleichung verwendet Fourier systematisch die Theorie der trigonometrischen Reihen (oder "Fourier-Reihen"). Zwar kommen solche Reihen schon früher bei Euler und D. Bernoulli vor (Problem der schwingenden Saite), aber Fourier hat als erster eine systematische Theorie entwickelt und insbesondere auch als erster erkannt, daß beliebige periodische Funktionen in eine Fourier-Reihe entwickelt werden können. Seine Methoden wurden von Lagrange entschieden abgelehnt und fanden deshalb zunächst keine allgemeine Anerkennung.

Das grundlegende (von Dirichlet exakt bewiesene) Resultat ist

(7.1) Satz. *Es sei* $f : \mathbb{R} \to \mathbb{R}$ *eine stetige stückweise differenzierbare periodische Funktion mit der Periode* 2π. *Dann gilt*

$$f(x) = \frac{1}{2}a_o + \sum_{n=1}^{\infty} a_n \cos nx + \sum_{n=1}^{\infty} b_n \sin nx$$

(im Sinne gleichmäßiger Konvergenz) mit

$$a_n = \frac{1}{\pi} \int_o^{2\pi} f(x) \cos(nx)dx$$

$$b_n = \frac{1}{\pi} \int_o^{2\pi} f(x) \sin(nx)dx .$$

Beweisidee. Man betrachtet auf dem Raum der stetigen periodischen Funktionen das innere Produkt

$$\langle f,g\rangle := \int_o^{2\pi} f(x)g(x)dx .$$

Bezüglich dieses Produktes sind die Funktionen $\frac{1}{\sqrt{\pi}} \cos nx$, $\frac{1}{\sqrt{\pi}} \sin nx$, $n = 1,2,...$ orthonormal. Sie bilden zusammen mit der konstanten Funktion $\frac{1}{\sqrt{2\pi}}$ eine Orthonormalbasis, und die Reihenentwicklung von $f(x)$ ist einfach die Darstellung von $f(x)$ bezüglich dieser Orthonormalbasis.

Der obige Satz läßt sich leicht ausdehnen auf den Fall, daß $f(x)$ endlich viele reguläre Unstetigkeitsstellen in $[0,2\pi]$ hat; das sind solche Stellen, in denen die einseitigen Limites

$$f(x_o+) := \lim_{x \to x_o+} f(x) , \quad f(x_o-) := \lim_{x \to x_o-} f(x)$$

existieren.

(7.2) Ergänzung. Für solche Stellen konvergiert die Fourier-Reihe gegen den Mittelwert

$$\frac{1}{2}(f(x_o+) + f(x_o-))$$

(während sie an den Stetigkeitsstellen gegen $f(x_o)$ konvergiert).

Zur damaligen Zeit hatten die Mathematiker mit derartigen Funktionen noch große Schwierigkeiten. Man glaubte allgemein, daß eine anständige Funktion sich in eine Potenzreihe entwickeln lassen müsse; und kein Geringerer als Lagrange stand den neuen Methoden Fouriers ablehnend gegenüber. Fourier gibt selbst schon einige interessante Anwendungen dieser Resultate auf klassische Sätze der Analysis, die wir schon kennen. Wir rechnen einige seiner Beispiele durch:

Betrachtet man die Funktion f mit $f(x) = x$ in $(-\pi,\pi]$ (periodisch auf $\mathbb{R}$ fortgesetzt), also

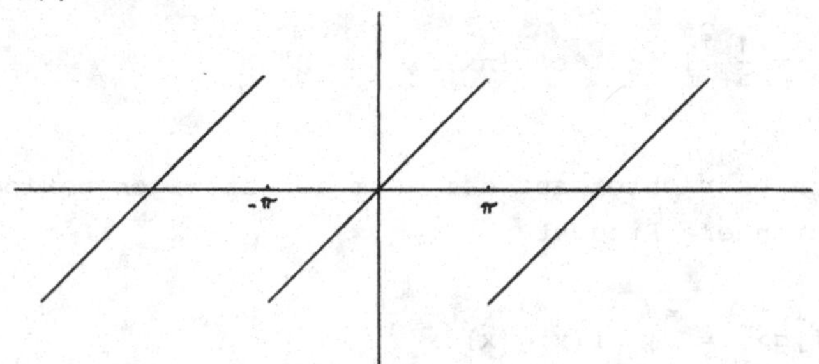

so sind alle $a_n = 0$, denn f ist eine ungerade Funktion. Für b_n ergibt sich

$$b_n = \frac{1}{\pi}\int_{-\pi}^{\pi} x \sin(nx)dx = \frac{1}{\pi}\left[\frac{-x\cos(nx)}{n} + \frac{\sin(nx)}{n^2}\right]_{-\pi}^{\pi} =$$

$$= \frac{2}{n}(-1)^{n-1} ,$$

also gilt in $(-\pi,\pi]$

$$x = 2(\sin x - \frac{1}{2}\sin 2x + \frac{1}{3}\sin 3x -+ \ldots) .$$

An der Stelle $x = \frac{\pi}{2}$ ergibt sich

$$\frac{\pi}{4} = 1 - \frac{1}{3} + \frac{1}{5} - \frac{1}{7} +- \ldots ,$$

und damit haben wir wieder einmal die Leibnizsche Reihe abgeleitet.

Als zweites Beispiel betrachten wir die stetige Funktion f mit $f(x) = |x|$ in $[-\pi,\pi]$, also

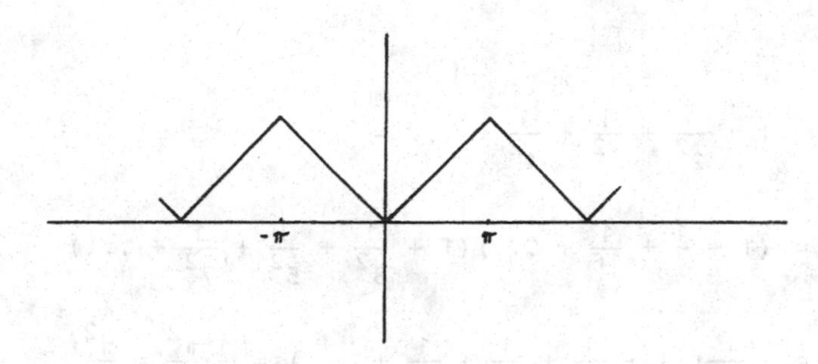

Weil f eine gerade Funktion ist, sind alle $b_n = 0$. Es ist

$$a_o = \frac{1}{\pi} \int_{-\pi}^{\pi} |x|dx = \frac{2}{\pi} \int_{o}^{\pi} xdx = \pi.$$

Aus Symmetriegründen ist für $n > 0$

$$a_n = \frac{2}{\pi} \int_{o}^{\pi} x \cos nx \, dx = \frac{2}{\pi} \left[x \frac{\sin nx}{n} + \frac{\cos nx}{n^2}\right]_o^{\pi}$$

$$= \frac{2}{\pi} \left[\frac{\cos n\pi}{n^2} - \frac{1}{n^2}\right]$$

$$= \begin{cases} 0 & \text{für n gerade} \\ -\frac{4}{n^2\pi} & \text{für n ungerade .} \end{cases}$$

Im Intervall $[-\pi,\pi]$ gilt also

$$|x| = \frac{\pi}{2} - \frac{4}{\pi} \left(\cos x + \frac{\cos 3x}{3^2} + \frac{\cos 5x}{5^2} + \ldots\right) ,$$

und für $x = 0$ ergibt sich

$$\frac{\pi^2}{8} = 1 + \frac{1}{3^2} + \frac{1}{5^2} + \ldots .$$

Daraus erhalten wir leicht das Eulersche Resultat

$$\zeta(2) = \sum_{n=1}^{\infty} \frac{1}{n^2} = \frac{\pi^2}{6} ;$$

denn es ist

$$1 + \frac{1}{2^2} + \frac{1}{3^2} + \frac{1}{4^2} + \ldots =$$

$$= (1 + \frac{1}{4} + \frac{1}{16} + \ldots)(1 + \frac{1}{3^2} + \frac{1}{5^2} + \frac{1}{7^2} + \ldots)$$

$$= (\frac{1}{1-\frac{1}{4}})(1 + \frac{1}{3^2} + \frac{1}{5^2} + \frac{1}{7^2} + \ldots) = \frac{4}{3}\cdot\frac{\pi^2}{8} = \frac{\pi^2}{6} .$$

Als letztes Anwendungsbeispiel betrachten wir die Funktion f mit $f(x) := \cos \alpha x$ in $[-\pi,\pi]$; hierbei ist α eine reelle nicht ganze Zahl. Es ist $b_n = 0$ und

$$a_n = \frac{2}{\pi} \int_0^{\pi} \cos \alpha x \cos nx \, dx$$

$$= (-1)^n \frac{2\alpha \sin \alpha\pi}{\pi(\alpha^2-n^2)} .$$

Also ist in $[-\pi,\pi]$

$$\cos \alpha x = \frac{\sin \alpha\pi}{\pi} [\frac{1}{\alpha} - \frac{2\alpha}{\alpha^2-1^2} \cos x + \frac{2\alpha}{\alpha^2-2^2} \cos 2x -+ \ldots] .$$

Setzt man hierin $x = \pi$ und schreibt dann x statt α, so erhält man die für jedes $x \neq 0, \pm 1, \pm 2, \ldots$ gültige Darstellung

$$\pi \operatorname{ctg} \pi x = \frac{1}{x} + \frac{2x}{x^2-1^2} + \frac{2x}{x^2-2^2} + \ldots ,$$

also die *Partialbruchdarstellung der Cotangensfunktion*, vgl. Seite 23.

Dirichlet hat während seines Studiums in Paris Fouriers Bekanntschaft gemacht und wohl als erster seine Theorie der trigonometrischen Reihen verstanden. Wie gesagt gab Dirichlet einen exakten Beweis von (7.1)

Jean Baptiste Joseph Fourier

und konnte dann Fouriers Resultate mit großem Erfolg auf die Zahlentheorie anwenden. Wir kommen darauf im nächsten Kapitel zu sprechen.

Weil wir jetzt ohnehin bei der mathematischen Physik angelangt sind, möchte ich noch etwas weiter abschweifen und kurz auf einen Zusammenhang mit der Theorie der quadratischen Formen aufmerksam machen, auf den Fourier oder seine Zeitgenossen leicht hätten stoßen können.

Wir betrachten den Laplace-Operator Δ (vgl. Seite 128) auf dem Funktionenraum der auf einem offenen Würfel $W \subset \mathbb{R}^3$ der Kantenlänge 1 definierten, beliebig oft differenzierbaren Funktionen f, die auf dem Rand ∂W von W verschwinden, und das entsprechende Eigenwertproblem. Ein System linear unabhängiger Eigenfunktionen wird offenbar durch

$$f_{k,l,m}(x,y,z) = \sin(k\pi x)\sin(l\pi y)\sin(m\pi z)$$

mit $k,l,m \in \mathbb{Z}$ und $x,y,z \in W \cup \partial W$ gegeben, wobei der zu einer Eigenfunktion gehörige Eigenwert von der Form

$$\lambda_{k,l,m} = -\pi^2(k^2+l^2+m^2) =: -\pi^2 n$$

ist. Man kann zeigen, daß es nicht mehr linear unabhängige Eigenfunktionen als die angegebenen gibt. Die Vielfachheit des Eigenwertes $-\pi^2 n$ ist also gleich der Differenz der Anzahlen der Darstellungen von n als Summe von drei bzw. von zwei Quadraten. (k,l oder m ist gleich O genau dann, wenn f = O ist!). Die Anzahl der Darstellungen einer natürlichen Zahl als Summe von drei Quadraten kann nur ziemlich indirekt beschrieben werden. So liefert diese Beobachtung keinen Beitrag zur mathematischen Physik. Immerhin zeigt sie aber, in welch einfacher und direkter Weise vermeintlich sehr verschiedenartige Fragestellungen zusammenhängen können.

Literaturhinweise

J. Fourier: Théorie analytique de la chaleur, deutsche Übersetzung, Springer-Verlag, 1884

J. Ravetz, I. Grattan-Guinness: Fourier, Jean Baptiste Joseph in Dictionary of Scientific Biography

I. Grattan-Guinness: Joseph Fourier, 1768-1830, Cambridge-London, 1970

J. Herivel: Joseph Fourier, the man and the physicist, Clarendon Press, Oxford, 1975

8. Dirichlet

"... Dirichlet hat eine neue Disziplin der Mathematik geschaffen, die Anwendung derjenigen unendlichen Reihen, welche Fourier in die Wärmetheorie eingeführt hat, auf die Erforschung der Eigenschaften der Primzahlen. Dann hat er eine Menge Theoreme gefunden, welche ... die Grundpfeiler neuer Theorien bilden ...", so schreibt C.G.J. Jacobi in einem Brief an A. v. Humboldt vom 21.12.1846, und heutzutage sind Dirichlets Methoden in der Zahlentheorie lebendiger denn je.

Wir wollen in diesem Kapitel im wesentlichen die folgenden drei Dinge besprechen: (1) Die (noch ausstehende) Berechnung der auf Seite 84 definierten Gaußschen Summe G(m), (2) den Satz über Primzahlen in arithmetischen Progressionen und (3) die analytische Formel für die Klassenzahl eines quadratischen Zahlkörpers. Es wird sich herausstellen, daß alle diese Sachverhalte miteinander zusammenhängen.

Wir beginnen also mit der Berechnung der Gaußschen Summe G(m) (vgl. Dirichlet-Dedekind, Vorlesungen über Zahlentheorie, Supplement I). Diese Berechnung benutzt das - von Dirichlet exakt bewiesene - Resultat von Fourier über die Entwicklung periodischer Funktionen in trigonometrische Reihen, vgl. (7.1).

Sei also $m \in \mathbb{N}$, $\varepsilon := \exp(2\pi i/m)$,

$$G(m) := \sum_{k=0}^{m-1} \varepsilon^{k^2} .$$

Mit der in der Zahlentheorie üblichen Funktion $e(t) := \exp(2\pi it)$, die periodisch mit der Periode 1 ist, wird G(m) zu

$$G(m) = \sum_{k=0}^{m-1} e(k^2/m) .$$

Dirichlets Idee besteht nun darin, für $t \in [0,1]$ die stetig-differenzierbare Funktion

$$f(t) := \sum_{k=o}^{m-1} e\left(\frac{(k+t)^2}{m}\right)$$

zu betrachten, sie periodisch auf ganz $\mathbb{R}$ fortzusetzen (beachte $f(o) = f(1) = G(m)$) und dann in eine Fourierreihe zu entwickeln. Um diese Entwicklung zu bewerkstelligen, ist es günstig, (7.1) in der folgenden Form zur Verfügung zu haben:

Jede stetige, stückweise stetig-differenzierbare periodische Funktion $f : \mathbb{R} \to \mathbb{C}$ mit der Periode 1 läßt sich in eine Reihe der Form

$$f(t) = \sum_{n=-\infty}^{+\infty} a_n e(-nt)$$

mit

$$a_n = \int_o^1 f(t) e(nt) dt$$

entwickeln.

Durch die Substitution $x \to 2\pi t$ und durch Aufspalten der Funktion in Real- und Imaginärteil läßt sich diese Aussage leicht aus (7.1) ableiten.

Wendet man dieses nun auf das obige $f(t) = \sum_{k=o}^{m-1} e((k+t)^2/m)$ an, so erhält man

$$f(t) = \sum_{n=-\infty}^{+\infty} a_n e(-nt)$$

mit

$$a_n = \int_o^1 \sum_{k=o}^{m-1} e\left(\frac{(k+t)^2}{m}\right) e(nt) dt$$

und speziell

$$G(m) = f(O) = \sum_{n=-\infty}^{+\infty} a_n .$$

Damit ist die endliche Summe $\sum_{k=1}^{m} e(\frac{k^2}{m})$ in eine unendliche Reihe verwandelt, die sich, wie wir jetzt sehen werden, ziemlich einfach berechnen läßt. Es ist

$$a_n = \int_o^1 \sum_{k=o}^{m-1} e(\frac{(k+t)^2}{m}) e(nt)dt$$

$$= \sum_{k=o}^{m-1} \int_o^1 e(\frac{(k+t)^2+mnt}{m})dt$$

$$= \sum_{k=o}^{m-1} \int_o^1 e(\frac{(k+t+\frac{1}{2}mn)^2}{m} - \frac{kmn+\frac{1}{4}m^2n^2}{m})dt ,$$

und dieser Ausdruck ist, wegen $kmn/m \in \mathbb{Z}$ und wegen der Periodizität der Exponentialfunktion, gleich

$$= \sum_{k=o}^{m-1} \int_o^1 e(\frac{(k+t+\frac{1}{2}mn)^2}{m}) e(-\frac{1}{4}mn^2)dt$$

$$= e(-\frac{1}{4}mn^2) \sum_{k=o}^{m-1} \int_o^1 e((k+t+\frac{1}{2}mn)^2/m)dt .$$

Mit der Substitution $\tau := k+t+\frac{1}{2}mn$ erhalten wir

$$e(-\frac{1}{4}mn^2) \sum_{k=o}^{m-1} \int_{k+\frac{1}{2}mn}^{k+1+\frac{1}{2}mn} e(\tau^2/m)d\tau$$

$$= e(-\frac{1}{4}mn^2) \int_{\frac{1}{2}mn}^{m+\frac{1}{2}mn} e(\tau^2/m)d\tau .$$

Dann ist also

$$G(m) = \sum_{n=-\infty}^{+\infty} a_n = \sum_{n=-\infty}^{+\infty} e(-\frac{1}{4}mn^2) \int_{\frac{1}{2}mn}^{m+\frac{1}{2}mn} e(\tau^2/m)d\tau .$$

Wenn n gerade ist, ist $\frac{1}{4}mn^2$ ganz, also $e(-\frac{1}{4}mn^2) = 1$.
Ist n ungerade, so ist $n^2 \equiv 1 \bmod 4$ und damit $e(-\frac{1}{4}mn^2) = \eta$ mit

$$\eta = \begin{cases} 1 & \text{für } m \equiv 0 \bmod 4 \\ -i & \text{für } m \equiv 1 \bmod 4 \\ -1 & \text{für } m \equiv 2 \bmod 4 \\ i & \text{für } m \equiv 3 \bmod 4 \end{cases},$$

also

$$G(m) = \sum_{n \text{ gerade}} \int_{\frac{1}{2}mn}^{m+\frac{1}{2}mn} e(\tau^2/m)d\tau + \sum_{n \text{ ungerade}} \eta \int_{\frac{1}{2}mn}^{m+\frac{1}{2}mn} e(\tau^2/m)d\tau$$

$$= (1+\eta) \int_{-\infty}^{\infty} e(\tau^2/m)d\tau$$

$$= (1+\eta)\sqrt{m} \int_{-\infty}^{\infty} e(t^2)dt$$

$$= (1+\eta)\sqrt{m} \left[\int_{-\infty}^{\infty} \cos(2\pi t^2)dt + i \int_{-\infty}^{\infty} \sin(2\pi t^2)dt \right].$$

Die Integrale berechnen wir mit folgendem Trick. Es ist

$$G(1) = 1 = (1-i) \int_{-\infty}^{\infty} e(t^2)dt ,$$

also

$$\int_{-\infty}^{\infty} e(t^2)dt = \frac{1}{1-i} = \frac{1+i}{2} ,$$

und damit erhält man das Eulersche Resultat (vgl. Seite 35)

$$\int_{-\infty}^{\infty} \cos(2\pi t^2)dt = \int_{-\infty}^{\infty} \sin(2\pi t^2)dt = \frac{1}{2} .$$

Schließlich erhalten wir für G(m) leicht

$$G(m) = \begin{cases} (1+i)\sqrt{m} & \text{für } m \equiv 0 \bmod 4 \\ \sqrt{m} & \text{für } m \equiv 1 \bmod 4 \\ 0 & \text{für } m \equiv 2 \bmod 4 \\ i\sqrt{m} & \text{für } m \equiv 3 \bmod 4 \end{cases}$$

also (6.5).

Wir kommen nun zum Dirichletschen Satz über Primzahlen in arithmetischen Progressionen. Dieser Satz gehört zu den berühmtesten und wichtigsten Sätzen der Zahlentheorie.

Er geht aus von der folgenden naheliegenden Fragestellung: Gibt es unter den Gliedern der "arithmetischen Folge" ("arithmetischen Progression")

$$a,\ a+m,\ a+2m,\ \ldots\ ,a+km,\ \ldots$$

mit $a, m \in \mathbb{N}$, $a < m$, $ggT(a,m) = 1$ Primzahlen? Wenn ja, gibt es davon unendlich viele und wie sind die Primzahlen auf die Mengen

$$P_a := \{p \text{ Primzahl} \mid p \equiv a \bmod m\}$$

verteilt, vielleicht sogar "gleichverteilt"? Alle diese Fragen lassen sich zufriedenstellend wie folgt beantworten:

(8.1) In P_a existieren Primzahlen.
(8.2) In P_a existieren unendlich viele Primzahlen.
(8.3) Die $\phi(m)$ disjunkten Mengen P_a enthalten alle "asymptotisch gleichviele" Primzahlen (ϕ bezeichnet die Eulersche Funktion).

Diese Aussagen sehen verführerisch einfach aus; die bekannten Beweise sind aber nicht sehr einfach. Legendre war ja dieser Versuchung erlegen, als er seinen "Beweis" des quadratischen Reziprozitätsgesetzes auf die unbewiesene Aussage (8.1) stützte, vgl. Seite 79 ff. Übrigens geht jeder bekannte Beweis von (8.1) über (8.2), und (8.2) ist nur unwesentlich leichter zu beweisen als (8.3).

Sei P die Menge der Primzahlen. Nach (3.11) ist dann die Reihe $\sum_{p \in P} \frac{1}{p}$ divergent. Man kann genauer zeigen, daß für reelles s

$$\lim_{s \downarrow 1} \left(\sum_{p \in P} p^{-s} / \log\left(\frac{1}{s-1}\right)\right) = 1 .$$

Insbesondere impliziert das die Existenz unendlich vieler Primzahlen. Man beweist (8.3) analog, indem man nämlich zeigt, daß die Reihe $\sum_{p \in P_a} \frac{1}{p}$ divergiert und genauer, daß

$$\lim_{s \downarrow 1} \left(\sum_{p \in P_a} p^{-s} / \log \frac{1}{s-1}\right) = \frac{1}{\phi(m)} .$$

(Diese letzte Aussage ist zugleich als Präzisierung von (8.3) zu verstehen.)

Eine Schwierigkeit beim Beweis liegt darin, die Primzahlen aus einer Restklasse modulo m zu "isolieren". Diese Schwierigkeit hat Dirichlet mit einer Idee überwunden, die für die damalige Zeit neu war. Er betrachtete nämlich (natürlich in anderer Sprache) die sogenannten Charaktere der multiplikativen Gruppe $G(m) := (\mathbb{Z}/m\mathbb{Z})^*$ der zu m teilerfremden Reste. Unter Ausnutzung elementarer Eigenschaften dieser Charaktere gelang ihm dann die gewünschte "Isolierung".

Allgemein versteht man unter einem Charakter einer endlichen abelschen Gruppe G einen Homomorphismus χ von G in $\mathbb{C}^*$. Die Charaktere bilden bei punktweise erklärter Multiplikation selbst wieder eine abelsche Gruppe $\mathrm{Hom}(G,\mathbb{C}^*) =: \hat{G}$, und man kann zeigen, daß für eine Untergruppe $H \leq G$ die exakte Sequenz $1 \to H \overset{i}{\to} G \overset{\pi}{\to} G/H \to 1$ (mit den offensichtlichen Abbildungen i und π) eine exakte Sequenz

$$1 \longrightarrow \widehat{G/H} \xrightarrow{\circ\pi} \hat{G} \xrightarrow{\circ i} \hat{H} \longrightarrow 1 \tag{I}$$

induziert. G hat dieselbe Ordnung wie $\hat{G}$, ja man kann sogar zeigen, daß G zu $\hat{G}$ isomorph ist (allerdings nicht kanonisch). Aber G ist vermöge $G \ni x \longrightarrow \underline{x} \in \hat{\hat{G}}$, $\underline{x}(\chi) := \chi(x)$, kanonisch zu $\hat{\hat{G}}$ isomorph. Daraus erhält man mit

$$\sum_{x \in G} \chi(x) = \begin{cases} |G| & \text{, falls } \chi = 1_G = \text{Eins-Charakter von } G \\ 0 & \text{, falls } \chi \neq 1_G \end{cases} \tag{II}$$

die Relation

$$\sum_{\chi \in \hat{G}} \chi(x) = \begin{cases} |G| & \text{, falls } x = 1 \\ 0 & \text{, falls } x \neq 1 . \end{cases} \qquad \text{(III)}$$

(II) und (III) heißen auch "Orthogonalitätsrelationen". Zum Beweis dieser rein algebraischen Sachverhalte verweisen wir auf J.P. Serre, A Course in Arithmetic, Seite 61 ff. Im Spezialfall $G = G(m)$ gelingt mit III die Isolierung der Primzahlen aus einer Restklasse modulo m. Bevor wir die entsprechende Rechnung durchführen, vereinbaren wir noch, einen Charakter χ' von $G(m)$ vermöge

$$\chi(a) := \begin{cases} \chi'(a+m\mathbb{Z}) & \text{falls ggT}(a,m) = 1 \\ 0 & \text{sonst} \end{cases}$$

als Funktion χ auf $\mathbb{Z}$ aufzufassen. Wir sprechen dann auch von einem Charakter χ modulo m. Z.B. ist der einzige nichttriviale Charakter modulo 4 gegeben durch

$$\chi(a) = \begin{cases} 1 & \text{falls } a \equiv 1 \bmod 4 \\ -1 & \text{falls } a \equiv 3 \bmod 4 \\ 0 & \text{falls } a \equiv 0 \bmod 2 , \end{cases}$$

und ein nichttrivialer Charakter mod p der Ordnung 2 (p Primzahl $\neq 2$) ist gegeben durch

$$\chi_p(a) := \begin{cases} (\frac{a}{p}) & \text{p teilt nicht a} \\ 0 & \text{sonst .} \end{cases}$$

Um nun (8.3) zu beweisen, haben wir zu zeigen, daß

$$\lim_{s \downarrow 1} \frac{\sum_{p \in P_a} \frac{1}{p^s}}{\log \frac{1}{s-1}} = \frac{1}{\phi(m)}$$

gilt. Wir formulieren diese Behauptung zunächst ein wenig um, damit man den harten Kern der Aussage erkennt. Dabei kümmern wir uns vorerst nicht allzusehr um Konvergenzfragen. Es soll aber schon gesagt werden, daß die betrachteten Reihen sicherlich für reelles $s > 1$ konvergieren und dort die nachfolgenden Rechnungen unproblematisch sind.

Wegen $|G(m)| = \phi(m)$ ist nach (III)

$$\sum_{p \in P_a} \frac{1}{p^s} = \frac{1}{\phi(m)} \sum_{\chi} \chi(a^{-1}) \Big(\sum_{p \in P} \frac{\chi(p)}{p^s} \Big)$$

$$= \frac{1}{\phi(m)} \Big(\sum_{p \nmid m} \frac{1}{p^s} + \sum_{\chi \neq 1} \chi(a^{-1}) \Big(\sum_{p \in P} \frac{\chi(p)}{p^s} \Big) \Big)$$

$$= \frac{1}{\phi(m)} \Big(f_1(s) + \sum_{\chi \neq 1} \chi(a^{-1}) f_\chi(s) \Big) ;$$

hier ist 1 der Einscharakter modulo m und

$$f_\chi(s) := \sum_{p \in P} \frac{\chi(p)}{p^s} .$$

Wegen $\lim_{s \downarrow 1} \frac{f_1(s)}{\log \frac{1}{s-1}} = 1$ haben wir zu zeigen, daß $\lim_{s \downarrow 1} \frac{f_\chi(s)}{\log \frac{1}{s-1}} = 0$ für $\chi \neq$

Am besten zeigt man hierfür, daß $f_\chi(s)$, $\chi \neq 1$, für $s \downarrow 1$ beschränkt bleib Dirichlet betrachtet dazu sogenannte L-Reihen

$$L(s,\chi) := \sum_{n=1}^{\infty} \frac{\chi(n)}{n^s}$$

zu einem Charakter χ modulo m. Spezielle Beispiele solcher Reihen sind uns schon in Kapitel 6 begegnet. Da $\left| \sum_{n=1}^{\infty} \frac{\chi(n)}{n^s} \right|$ für $s > 1$ durch $\zeta(s)$ majorisiert wird - denn es ist $|\chi(n)| \leq 1$ - konvergiert diese Reihe jedenfalls absolut für $s > 1$. Die für $s > 1$ dadurch dargestellte Funktion bezeichnen wir mit $L(s,\chi)$. Wegen der multiplikativen Eigenschaft der Charaktere gestattet auch die L-Reihe für $s > 1$ eine Produktdarstellung

$$L(s,\chi) = \prod_{p \in P} \frac{1}{1 - \frac{\chi(p)}{p^s}} .$$

Der Beweis verläuft genau wie bei der ζ-Funktion, indem man

$(1 - \frac{\chi(p)}{p^s})^{-1}$ durch die geometrische Reihe $\sum_{k=o}^{\infty} (\chi(p)p^{-s})^k$ ersetzt, das Produkt dieser Reihen ausmultipliziert, dabei die Multiplikativität von χ benutzt und wegen der absoluten Konvergenz geeignet umordnet. In dieser Produktdarstellung versuchen wir nun, die Primzahlen, die zu einer gewissen primen Restklasse modulo m gehören, zu isolieren. Dazu logarithmieren wir die Produktdarstellung und erhalten

$$\log (L(s,\chi)) = \sum_{p\in P} \log(\frac{1}{1 - \frac{\chi(p)}{p^s}}) ;$$

den wegen des im allgemeinen komplexen χ vieldeutigen Logarithmus legen wir durch die Reihe

$$\log \frac{1}{1-x} = x + \frac{1}{2}x^2 + \frac{1}{3}x^3 + \ldots \quad \text{für } |x| < 1$$

mit $x = \chi(p)p^{-s}$ eindeutig fest. (Das gliedweise Logarithmieren können wir rechtfertigen, indem wir zunächst nur ein endliches Teilprodukt $\prod_{p\leq t} \frac{1}{1 - \frac{\chi(p)}{p^s}}$ logarithmieren und dann den Grenzübergang $t \to \infty$ durchführen.) Es ist also

$$\begin{aligned}\log(L(s,\chi)) &= \sum_{p\in P} \sum_{k=1}^{\infty} \frac{\chi(p)^k}{kp^{ks}} \\ &= \sum_{p\in P} \frac{\chi(p)}{p^s} + \sum_{p\in P} \sum_{k=2}^{\infty} \frac{\chi(p)^k}{kp^{ks}} \\ &= f_\chi(s) + F_\chi(s) .\end{aligned}$$

Nach der Rechnung auf Seite 29 und wegen $|\chi(p)| \leq 1$ ist $F_\chi(s)$ eine beschränkte Funktion. Um zu zeigen, daß $f_\chi(s)$, $\chi \neq 1$, für $s \downarrow 1$ beschränkt bleibt, reicht es zu zeigen, daß $\log(L(s,\chi))$, $\chi \neq 1$, für $s \downarrow 1$ beschränkt bleibt. Das ist der Fall, wenn gilt:

(8.4) <u>Satz</u>. *Für* $\chi \neq 1$ *konvergiert* $L(s,\chi)$ *mit* $s \downarrow 1$ *gegen einen festen endlichen Grenzwert* $L(1,\chi) = a \neq 0$.

Dabei ist der Konvergenzbeweis der leichtere Teil von (8.4); der Kern des Satzes (8.3) von Dirichlet ist das *Nichtverschwinden der L Reihe im Punkt 1* für einen Charakter $\chi \neq 1$.

Um das zu beweisen, gibt es mehrere Möglichkeiten. Die direkteste Methode ist, $L(1,\chi)$ für $\chi \neq 1$ einfach auszurechnen. Das hat Dirichlet mit virtuoser Rechenkunst getan. Etwas später erkannte er dann für $m = p$ Primzahl $\equiv 1 \bmod 4$, daß $L(1,\chi)$ bis auf konstante Faktoren mit dem Logarithmus der Grundeinheit von $\mathbb{Q}(\sqrt{p})$ übereinstimmt. Dieses Resultat dürfte ihn zunächst nicht wenig verblüfft haben, bis er dann allgemein einen Zusammenhang zwischen $L(1,\chi)$ und quadratischen Zahlkörpern feststellen konnte. Genauer bewies er, daß es zu jeder Zahl m und zu jedem reellen Charakter $\chi = \overline{\chi} \neq 1$ (auf solche Charaktere läßt sich der Beweis für das Nichtverschwinden der L-Reihen im Punkt 1 leicht reduzieren) eine ganze Zahl D mit D/m gibt, so daß $L(1,\chi)$ ein Faktor der Klassenzahl des quadratischen Zahlkörpers mit der Diskriminante D ist. Das ist natürlich ein außerordentlich wertvolles Resultat, denn neben dem Beweis für das Nichtverschwinden von $L(1,\chi)$ wird hiermit ein Zusammenhang zwischen analytischen und rein algebraischen Gegebenheiten aufgedeckt. Wir kommen auf diese Sachverhalte zurück und führen jetzt aber zunächst einen von E. Landau stammenden funktionentheoretischen Beweis für das Nichtverschwinden von $L(1,\chi)$ vor, der insgesamt kürzer und leichter ist.

Dazu betrachten wir "Dirichletreihen" der Form

$$\sum_{n=1}^{\infty} \frac{a_n}{n^s}, \quad a_n \in \mathbb{C},$$

und lassen für s nun auch komplexe Werte zu. Dabei ist natürlich $n^s = e^{s \log n}$.

Als Beispiel betrachten wir die Riemannsche Zetafunktion

$$\zeta(s) := \sum_{n=1}^{\infty} \frac{1}{n^s};$$

da $\left|\frac{1}{n^s}\right|$ nur von $\mathrm{Re}(s)$ abhängt, konvergiert die Reihe absolut in der Halbebene $\mathrm{Re}(s) > 1$. Man kann $\zeta(s)$ zu einer in der Halbebene $\mathrm{Re}(s) > 0$ meromorphen Funktion (mit einer Polstelle in $s = 1$ mit dem Residuum 1) fortsetzen:

(8.5) <u>Hilfssatz</u>. *Es gibt eine für* $\mathrm{Re}(s) > 0$ *definierte holomorphe Funktion* $\psi(s)$ *mit*

$$\zeta(s) = \frac{1}{s-1} + \psi(s) \quad \textit{für} \quad \mathrm{Re}(s) > 1 .$$

Beweis. Die harmlose Funktion $\frac{1}{s-1}$ drücken wir etwas komplizierter aus:

$$\frac{1}{s-1} = \int_1^\infty t^{-s}dt = \sum_{n=1}^\infty \int_n^{n+1} t^{-s}dt .$$

Damit gilt

$$\zeta(s) = \frac{1}{s-1} + \sum_{n=1}^\infty \left(\frac{1}{n^s} - \int_n^{n+1} t^{-s}dt\right)$$

$$= \frac{1}{s-1} + \sum_{n=1}^\infty \int_n^{n+1} (n^{-s}-t^{-s})dt .$$

Wir setzen nun

$$\psi_n(s) := \int_n^{n+1} (n^{-s}-t^{-s})dt, \quad \psi(s) := \sum_{n=1}^\infty \psi_n(s)$$

und haben zu zeigen, daß $\psi(s)$ in der Halbebene $Re(s) > 0$ definiert und dort holomorph ist. Offensichtlich hat jedes $\psi_n(s)$ diese Eigenschaften. Daher genügt es bekanntlich zu zeigen, daß die Reihe $\Sigma\psi_n(s)$ kompakt (d.h. gleichmäßig auf einer beliebigen kompakten Teilmenge der Halbebene $\{s \mid Re(s) > 0\}$) konvergiert. Es reicht, die normale Konvergenz festzustellen. Wir haben

$$|\psi_n(s)| \leq \sup_{n \leq t \leq n+1} |n^{-s}-t^{-s}|$$

$$\leq \sup \text{(Ableitung)}$$

$$\leq \sup \left|\frac{s}{t^{s+1}}\right|$$

$$= \frac{|s|}{n^{Re(s)+1}} .$$

Für ein Kompaktum $K \subset \{s \mid Re(s) > 0\}$ existieren $\varepsilon > 0$, $C > 0$, so daß für $s \in K$ gilt $Re(s) > \varepsilon$, $|s| < C$, also $|\psi_n(s)| \leq \frac{C}{n^{\varepsilon+1}}$. Die Reihe $\sum_{n=1}^\infty \frac{C}{n^{\varepsilon+1}}$ konvergiert bekanntlich, und damit ist die Behauptung bewiesen. q.e.d.

Obwohl wir im Folgenden keinen Gebrauch davon machen werden, erwähnen wir, daß $\zeta(s)$ zu einer meromorphen Funktion auf ganz $\mathbb{C}$ mit einem einfachen Pol in $s = 1$ fortgesetzt werden kann. Das entnimmt man der sogenannten Funktionalgleichung $\xi(s) = \xi(1-s)$ mit $\xi(s) := \pi^{-s/2}\Gamma(s/2)\zeta(s)$ (Γ = Gammafunktion). In der Halbebene $Re(s) < 0$ hat $\zeta(s)$ genau die Nullstellen $s = -2, -4, -6, \ldots$. Diese sind einfach und heißen die trivialen Nullstellen. Alle weiteren Nullstellen liegen innerhalb des Streifens $0 \leq Re(s) \leq 1$, und die inzwischen berühmte Vermutung von Riemann besagt, daß die Nullstellen auf der Geraden $Re(s) = \frac{1}{2}$ liegen.

Im folgenden Satz fassen wir nun das Konvergenzverhalten allgemeiner Dirichletreihen $\sum_{n=1}^{\infty} a_n n^{-s}$, $a_n \in \mathbb{C}$, $s \in \mathbb{C}$, zusammen. Zum Beweis dieses rein funktionentheoretischen Satzes verweisen wir auf J.P. Serre, A Course in Arithmetic, Chap. VI, § 2.

(8.6) <u>Satz</u>. (1) *Konvergiert die Reihe* $\Sigma a_n n^{-s}$ *für* s_o, *so konvergiert sie auch für jedes* s *mit* $Re(s) > Re(s_o)$. *Es gibt also ein minimales* $\rho \in \mathbb{R}$ *(dabei ist* $\pm\infty$ *zugelassen), so daß die Reihe für* $Re(s) > \rho$ *konvergiert.* (ρ heißt *Konvergenzabszisse* der Reihe.)

Diese Situation veranschaulichen wir in der folgenden Zeichnung; die schraffierte Halbebene, ausschließlich der Geraden $Re(s) = Re(s_o)$, ist das Konvergenzgebiet.

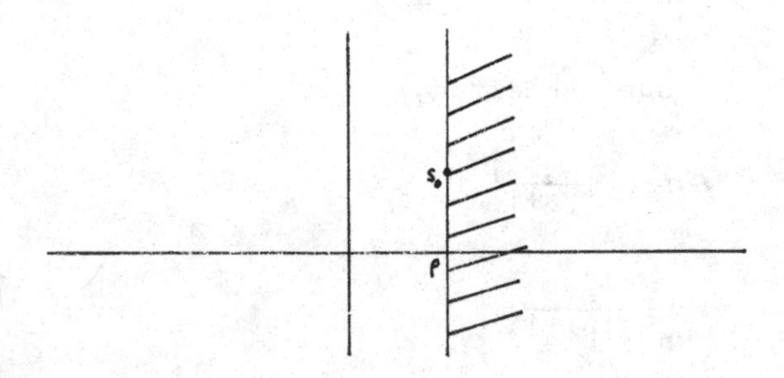

(2) *Konvergiert die Reihe für* s_o, *so konvergiert sie gleichmäßig in jedem Winkelraum* $\{s \in \mathbb{C} \mid Re(s-s_o) > 0, \arg(s-s_o) \leq \alpha, \alpha < \frac{\pi}{2}\}$

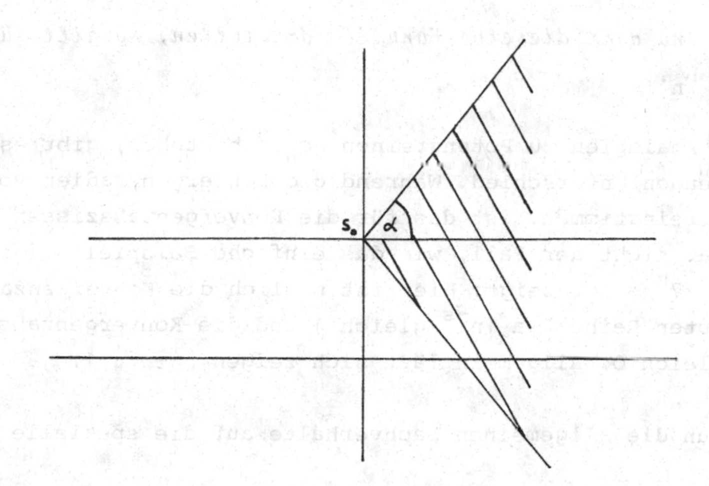

Insbesondere ist die durch $\Sigma a_n n^{-s}$ in $Re(s) > Re(s_o)$ definierte Funktion holomorph (nach dem wohlbekannten Konvergenzsatz von Weierstrass).

(3) *Existiert ein* $C \in \mathbb{R}$, $C > 0$, *mit* $|a_n| < C$, *so konvergiert die Reihe für* $Re(s) > 1$ *(absolut);*

schärfer gilt:

(4) *Sind die Partialsummen* $\sum_{n=1}^{\nu} a_n$ *beschränkt,* $|\sum_{n=1}^{\nu} a_n| \leq C$, $C \in \mathbb{R}$, *dann konvergiert die Reihe für* $Re(s) > 0$.

In Analogie zu dem Satz, daß auf dem Konvergenzkreis einer Potenzreihe mindestens ein singulärer Punkt liegt, gilt für Dirichletreihen der folgende Satz von Landau:

(5) *Sind alle Koeffizienten* a_n *reell und nicht negativ, so wird das Konvergenzgebiet der Reihe* $\Sigma a_n n^{-s}$ *durch einen Pol der durch diese Reihe dargestellten Funktion* f *, der auf der reellen Achse liegt, begrenzt. Das heißt also, ist* $\Sigma a_n n^{-s}$ *konvergent in der Halbebene* $Re(s) > a$, $a \in \mathbb{R}$, *und kann* f *holomorph in eine Umgebung von* a *fortgesetzt werden, dann existiert ein* $\varepsilon > 0$, *so daß die Reihe auch in* $Re(s) > a-\varepsilon$ *konvergiert.*

Analog zu dem Identitätssatz für Potenzreihen gilt:

(6) *Wenn die beiden Dirichletreihen* $\Sigma a_n n^{-s}$, $\Sigma b_n n^{-s}$ *in einer Halbebene*

konvergieren und dort dieselbe Funktion darstellen, so gilt für alle $n \geq 1 : a_n = b_n$.

Obwohl viele Analogien zu Potenzreihen $\Sigma c_n z^n$ bestehen, gibt es doch einen grundlegenden Unterschied. Während die Konvergenzradien von $\Sigma |c_n| z^n$ und $\Sigma c_n z^n$ übereinstimmen, ist das für die Konvergenzabszissen bei Dirichletreihen i.a. nicht der Fall, wie das einfache Beispiel $1-1/3^s+1/5^s-1/7^s + \ldots$ zeigt: Hier ist nämlich die Konvergenzabszisse ρ^+ der absoluten Reihe $\Sigma |a_n| n^{-s}$ gleich 1 und die Konvergenzabszisse von $\Sigma a_n n^{-s}$ gleich 0. Allgemein läßt sich zeigen $\rho^+ - \rho \leq 1$.

Wir wenden nun die allgemeinen Sachverhalte auf die spezielle Dirichletreihe

$$L(s,\chi) = \sum_{n=1}^{\infty} \chi(n) n^{-s}$$

mit einem Charakter χ modulo m an, um insbesondere zu zeigen, daß $L(1,\chi) \neq 0$ für $\chi \neq 1$. Dazu stellen wir zunächst fest,

daß $L(s,1)$ meromorph in die Halbebene $Re(s) > 0$ mit einem einfachen Pol in $s = 1$ fortgesetzt werden kann;

denn diese Eigenschaften hat nach (8.5) die Funktion $\zeta(s)$, und es ist $L(s,1) = (\prod_{p|m} (1-p^{-s}))\zeta(s)$,

daß für $\chi \neq 1$ die Reihe $L(s,\chi)$ in der Halbebene $Re(s) > 0$ (bzw. $Re(s) > 1$) konvergiert (bzw. absolut konvergiert), und daß - wie bereit bemerkt - für $Re(s) > 1$ gilt

$$L(s,\chi) = \prod_{p \in P} \frac{1}{1-\chi(p)p^{-s}} ,$$

denn nach (8.6), (4) reicht es zu zeigen, daß die Partialsummen $\sum_{n=1}^{v} \chi(n)$ beschränkt bleiben. Wegen $\chi \neq 1$ gilt nach den Orthogonalitätsrelationen (I), Seite 140,

$$\sum_{n=l}^{l+m-1} \chi(n) = \sum_{n \in G(m)} \chi(n) = 0 ,$$

und daher genügt es, die Partialsummen $\sum_{l}^{v} \chi(n)$ für $v-l < m$ abzuschätzen, was leicht durch $\phi(m)$ geleistet werden kann.

Insbesondere ist $L(1,\chi)$ endlich für $\chi \neq 1$. Uns bleibt jetzt wirklich nur noch zu beweisen, daß $L(1,\chi) \neq 0$ ist für $\chi \neq 1$. Dazu betrachten wir das Produkt

$$\zeta_m(s) := \prod_{\chi} L(s,\chi)$$

aller L-Reihen $L(s,\chi)$, wobei χ die verschiedenen Charaktere modulo m durchläuft. Wäre $L(1,\chi) = 0$ für ein $\chi \neq 1$, so wäre $\zeta_m(s)$ an der Stelle $s = 1$ holomorph, denn der einfache Pol von $L(s,1)$ bei $s = 1$ wird durch diese Nullstelle beseitigt. Nach den beiden zuvor gemachten Feststellungen ist dann also $\zeta_m(s)$ holomorph für $Re(s) > 0$. Das aber führen wir zum Widerspruch, indem wir $\zeta_m(s) = \prod_p \prod_\chi \frac{1}{1-\chi(p)p^{-s}}$ genauer analysieren. Sei dazu für $p \nmid m$ das Bild von p in G(m) mit $\overline{p}$ und die Ordnung von $\overline{p}$ mit f(p) bezeichnet. Per Definition ist f(p) die kleinste natürliche Zahl $f > 1$, so daß $p^f \equiv 1 \bmod m$. f(p) teilt $\phi(m)$. Wir setzen $g(p) := \phi(m)/f(p)$. Mit diesen Bezeichnungen gilt im Polynomring $\mathbb{C}[T]$ die Identität

$$\prod_{\chi}(1-\chi(p)T) = (1-T^{f(p)})^{g(p)},$$

wobei das Produkt über alle Charaktere χ von G(m) erstreckt wird; denn es ist

$$\prod_{w} (1-wT) = 1-T^{f(p)},$$

wenn w alle f(p)-ten Einheitswurzeln durchläuft, und es gibt g(p) Charaktere χ von G(m), so daß $\chi(\overline{p}) = w$ (letzteres folgt zum Beispiel aus (I)). Damit ist also

$$\zeta_m(s) = \prod_{p \nmid m} \frac{1}{(1-p^{-f(p)s})^{g(p)}} .$$

Mit den üblichen Techniken (geometrische Reihe für die einzelnen Faktoren u.s.w.) erkennt man, daß $\zeta_m(s)$ eine Dirichletreihe mit nicht negativen reellen Koeffizienten ist, die in der Halbebene $Re(s) > 1$ konvergiert. Wir zeigen jetzt, daß sie in $Re(s) > 0$ nicht überall konvergiert. Das erkennt man aus der für reelle s_o gültigen Abschätzung

$$\zeta_m(s_o) \geq \prod_{p \nmid m} \frac{1}{1-p^{-f(p)s_o}} \geq \prod_{p \nmid m} \frac{1}{1-p^{-\phi(m)s_o}} = L(\phi(m)s_o,1)$$

und der bereits festgestellten Tatsache, daß $L(\phi(m)s_o,1)$ an der Stelle $s_o = 1/\phi(m)$ divergent ist.

Um es noch einmal zu sagen: Die Dirichletreihe für $\zeta_m(s)$ mit reellen nicht negativen Koeffizienten ist unter der Annahme, daß $L(1,\chi) = 0$ für $\chi \neq 1$, einerseits holomorph in der Halbebene $\mathrm{Re}(s) > 0$, andererseits aber in dieser Halbebene nicht überall konvergent, im Widerspruch zu (8.6), (5).

* * *

Bedeutungsvoller für die Zahlentheorie als dieser schöne funktionentheoretische Beweis aber ist, wie wir sehen werden, Dirichlets direkter Nachweis für das Nichtverschwinden von $L(1,\chi)$ für $\chi \neq 1$, vgl. Dirichlet Originalabhandlung "Beweis des Satzes, daß jede unbegrenzte arithmetische Progression, deren erstes Glied und Differenz ganze Zahlen ohne gemeinschaftlichen Faktor sind, unendlich viele Primzahlen enthält". Da die dazu erforderlichen Rechnungen zwar nicht schwierig aber doch recht lang sind, geben wir zuvor einen kurzen Überblick.

Unser erstes Ziel ist die Formel

$$L(1,\chi) = -c_1 \sum_{k=1}^{m-1} \overline{\chi(k)} \log(\sin(\pi\tfrac{k}{m})) - \frac{i\pi}{m} c_1 \sum_{k=1}^{m-1} \overline{\chi(k)}\, k$$

mit

$$c_1 = \frac{1}{m} \sum_{j=1}^{m} \chi(j)\varepsilon^{-j}$$

für einen nichttrivialen Charakter χ modulo m.
Wir zeigen, daß es genügt, das Nichtverschwinden von $L(1,\chi)$ für einen reellen Charakter χ modulo m zu beweisen und erwähnen ohne Beweis, daß man sich außerdem darauf beschränken kann, daß $m = p$ eine Primzahl ist. Anschließend werten wir die obige Formel jeweils für $m = p \equiv 1 \bmod 4$ und $m = p \equiv 3 \bmod 4$ getrennt aus. Man erhält

$$c_1 = \begin{cases} \frac{1}{\sqrt{p}} & \text{für } p \equiv 1 \bmod 4 \\ -\frac{i}{\sqrt{p}} & \text{für } p \equiv 3 \bmod 4 \end{cases}$$

und damit für reelles χ (also $\chi(k) = (\frac{k}{p})$)

$$L(1,\chi) = \begin{cases} -\frac{1}{\sqrt{p}}\, \Sigma(\frac{k}{p}) \log \sin(\pi\frac{k}{p}) & \text{für } p \equiv 1 \bmod 4 \\ -\frac{\pi}{p\sqrt{p}} \sum_{k=1}^{p-1} (\frac{k}{p})k & \text{für } p \equiv 3 \bmod 4 \end{cases} .$$

Im Fall $p \equiv 3 \bmod 4$ sieht man schnell, daß

$$L(1,\chi) = -\frac{\pi}{p\sqrt{p}}\,(\Sigma b - \Sigma a) \neq 0 ,$$

wobei b alle quadratischen Nichtreste und a alle quadratischen Reste modulo p durchläuft. In diesem Fall ist also der Dirichletsche Primzahlsatz damit aufs neue bewiesen.
Der Fall $p \equiv 1 \bmod 4$ ist schwieriger. Hier findet man

$$L(1,\chi) = \frac{1}{\sqrt{p}} \log \frac{\Pi \sin(\pi b/p)}{\Pi \sin(\pi a/p)} \qquad \text{(b und a wie zuvor)}$$

$$= \frac{2 \log \eta}{\sqrt{p}} \neq 0$$

mit einer Einheit $\eta \neq 1$ in A_p.
Damit ist der Primzahlsatz auch im Fall $p \equiv 1 \bmod 4$ aufs neue bewiesen, doch mehr oder weniger nur als Nebenprodukt; denn die Formeln für $L(1,\chi)$ - besonders die letzte - lassen einen tieferen Zusammenhang zwischen $L(1,\chi)$ und $\mathbb{Q}(\sqrt{p})$ ahnen. Dirichlet ging dieser Sache auf den Grund und fand einen Ausdruck für die Klassenzahl eines beliebigen quadratischen Zahlkörpers, in dem $L(1,\chi)$ wesentlich auftritt (wobei χ jetzt ein modulo der Diskriminante des quadratischen Zahlkörpers definierter reeller Charakter ist), vgl. Seite 160. Obwohl wir diese analytische Klassenzahlformel aus Zeitgründen hier nicht vollständig beweisen können, wollen wir doch die wesentlichen analytischen Beweisschritte vortragen. In erster Linie kommt es darauf an, $L(1,\chi)$ noch einmal auf andere Weise auszudrücken. Die entsprechende Rechnung führen wir in dem Fall durch,

daß χ der Charakter eines quadratischen Zahlkörpers mit Klassenzahl 1 ist. Es klingt etwas merkwürdig, daß man $L(1,\chi)$ nur in diesem Fall zu berechnen hat, um die Klassenzahlformel herzuleiten. Doch in der Tat sind die wesentlichen analytischen Beweiselemente hierin enthalten. Alles andere ist hauptsächlich ein algebraisches Problem, vgl. Seite 169 f. Für $L(1,\chi)$ findet man mit Hilfe des sogenannten Zerlegungsgesetzes für A_d (vgl. Seite 170)

$$L(1,\chi) = \lim_{s\downarrow 1} (s-1)\zeta_K(s) \ ;$$

hier ist $\zeta_K(s)$ die Zetafunktion des quadratischen Zahlkörpers $K = \mathbb{Q}(\sqrt{d})$, vgl. Seite 165. Die Reihendarstellung dieser Zetafunktion deutet man als Grenzwert einer Riemannschen Summe für ein Doppelintegral. Letzteres läßt sich leicht berechnen (vgl. Seite 166) und man erhält damit (außer für $d = -1, -3$)

$$L(1,\chi) = \begin{cases} \dfrac{2\log\varepsilon}{\sqrt{D}}\ , & \text{falls } d > 0 \\[2ex] \dfrac{\pi}{\sqrt{|D|}}\ , & \text{falls } d < 0\ ; \end{cases}$$

hier ist D die Diskriminante von $\mathbb{Q}(\sqrt{d})$ und ε die Grundeinheit in $\mathbb{Q}(\sqrt{d})$.

Schritt I.

Zu einer primitiven m-ten Einheitswurzel ε betrachtet man die Reihe

$$\frac{\varepsilon}{1} + \frac{\varepsilon^2}{2} + \frac{\varepsilon^3}{3} + \dots ,$$

die wegen der Beschränktheit der Partialsummen ($|\sum_k \varepsilon^k| \leq m$) nach (8.6) (4) konvergiert. Nach dem Abelschen Grenzwertsatz ist

$$\frac{\varepsilon}{1} + \frac{\varepsilon^2}{2} + \frac{\varepsilon^3}{3} + \dots = \log\frac{1}{1-\varepsilon}\ .$$

Daher ist

$$\frac{\varepsilon^k}{1} + \frac{\varepsilon^{2k}}{2} + \frac{\varepsilon^{3k}}{3} + \dots = \log\frac{1}{1-\varepsilon^k}\ .$$

Das lineare Gleichungssystem

$$\begin{pmatrix} \varepsilon & \varepsilon^2 & \dots & \varepsilon^m \\ \varepsilon^2 & \cdot & \dots & \varepsilon^{2m} \\ \cdot & \cdot & & \cdot \\ \cdot & \cdot & & \cdot \\ \cdot & \cdot & & \cdot \\ \varepsilon^m & \varepsilon^{2m} & \dots & \varepsilon^{m^2} \end{pmatrix} \begin{pmatrix} c_1 \\ \cdot \\ \cdot \\ \cdot \\ \cdot \\ c_m \end{pmatrix} = \begin{pmatrix} \chi(1) \\ \cdot \\ \cdot \\ \cdot \\ \cdot \\ \chi(m) \end{pmatrix} \qquad (*)$$

ist nach $c_1,\dots,c_m$ lösbar; denn die Koeffizientenmatrix A ist nichtsingulär, wie man erkennt, wenn man beispielsweise ihr Quadrat bildet:

$$A^2 = \Big(\sum_{k=1}^{m} \varepsilon^{ik}\varepsilon^{jk}\Big)_{i,j} = \Big(\sum_{k=1}^{m} \varepsilon^{(i+j)k}\Big)_{i,j}$$

$$= \begin{cases} 0 \ , & \text{falls} \quad i+j \not\equiv 0 \bmod m \\ m \ , & \text{sonst} \end{cases}$$

$$= \begin{pmatrix} 0 & \cdot & \cdot & \cdot & 0 & m & 0 \\ \cdot & & & & \cdot & & \cdot \\ \cdot & & & \cdot & & & \cdot \\ \cdot & & \cdot & & & & \cdot \\ 0 & \cdot & & & & & \cdot \\ m & & & & & & \cdot \\ 0 & \cdot & \cdot & \cdot & \cdot & \cdot & m \end{pmatrix} .$$

Wir werden die Lösung später noch berechnen. Zunächst schreiben wir unter Beachtung von

$$(\chi(1),\dots,\chi(m)) = \sum_{k=1}^{m} c_k(\varepsilon^k,\varepsilon^{2k},\dots,\varepsilon^{mk}), \qquad \sum_{k=1}^{m} c_k = 0$$

$L(1,\chi)$ in der Form

$$L(1,\chi) = \frac{\chi(1)}{1} + \frac{\chi(2)}{2} + \dots + \frac{\chi(m)}{m} + \frac{\chi(1)}{m+1} + \dots$$

$$= c_1 \log \frac{1}{1-\varepsilon} + c_2 \log \frac{1}{1-\varepsilon^2} + \dots + c_{m-1} \log \frac{1}{1-\varepsilon^{m-1}} .$$

Mit $\varepsilon = \exp(2\pi i/m)$, also $\varepsilon^k = \exp(2\pi ik/m)$, gilt

$$\log \frac{1}{1-\varepsilon^k} = \log \frac{1}{1-\exp(2\pi ik/m)}$$

$$= \log \frac{\exp(-\pi ik/m)}{-\exp(\pi ik/m)+\exp(-\pi ik/m)}$$

$$= \log \frac{\exp(-\pi ik/m)}{-2i\ \sin(\pi k/m)} \quad ,$$

und mit $i = e^{i\pi/2}$ wird dieser Ausdruck

$$= \log \frac{\exp(i\pi/2)\exp(-\pi ik/m)}{2\sin(\pi k/m)}$$

$$= (\frac{i\pi}{2} - \frac{i\pi k}{m}) - \log 2 - \log(\sin\pi k/m),$$

also

$$L(1,\chi) = - \sum_{k=1}^{m-1} c_k(\frac{\pi ik}{m} + \log(\sin\pi k/m)) + (\sum_{k=1}^{m-1} c_k)(\frac{i\pi}{2} - \log 2)$$

Um nun das Gleichungssystem (*) zu lösen, multiplizieren wir beide Seiten von (*) mit der Koeffizientenmatrix A und erhalten unter Benutzung des obigen Ausdrucks für A^2

$$\begin{pmatrix} o & . & . & . & o & m & o \\ . & & & & \cdot^{\cdot} & & . \\ . & & \cdot^{\cdot} & & . & & . \\ . & \cdot^{\cdot} & & & & & . \\ o & \cdot & & & & & . \\ m & & & & & & . \\ o & . & . & . & . & . & m \end{pmatrix} \begin{pmatrix} c_1 \\ . \\ . \\ . \\ . \\ . \\ c_m \end{pmatrix} = \begin{pmatrix} \Sigma\ \chi(j)\varepsilon^j \\ \Sigma\ \chi(j)\varepsilon^{2j} \\ . \\ . \\ . \\ . \\ \Sigma\ \chi(j)\varepsilon^{mj} \end{pmatrix}$$

oder nach Ausmultiplizieren

$$c_m = \sum_j \chi(j)\varepsilon^{mj} = 0$$

$$c_k = \frac{1}{m} \sum_{j=1}^{m} \chi(j)\varepsilon^{-kj} \ .$$

<u>Hilfssatz</u>. $(c_1,c_2,\ldots,c_m) = c_1(\overline{\chi(1)}, \overline{\chi(2)}, \ \ldots \ ,\overline{\chi(m)})$

<u>Beweis</u>. Wir haben zu zeigen, daß $c_k = c_1 \overline{\chi(k)}$.

1. Fall: k teilerfremd zu m. Dann existiert ein j mit $kj \equiv 1 \bmod m$. Dann ist $\chi(k)\chi(j) = 1$, d.h. $\overline{\chi(k)} = \chi(j)$. Also

$$\begin{aligned} c_1\overline{\chi(k)} &= \frac{1}{m}(\chi(1)\varepsilon^{-1} + \chi(2)\varepsilon^{-2} + \ldots + \chi(m)\varepsilon^{-m})\overline{\chi(k)} \\ &= \frac{1}{m}(\chi(j)\varepsilon^{-1} + \chi(2j)\varepsilon^{-2} + \ldots + \chi(mj)\varepsilon^{-m}) \\ &= \frac{1}{m}(\chi(1)\varepsilon^{-k} + \chi(2)\varepsilon^{-2k} + \ldots + \chi(m)\varepsilon^{-mk}) \\ &= c_k . \end{aligned}$$

2. Fall: k nicht teilerfremd zu m, etwa $k = pr$, $m = pn$. Wir haben zu zeigen, daß $c_k = 0$ ($\chi(k) = 0$!). Es ist

$$c_k = \frac{1}{m}(\chi(1)\varepsilon^{-pr} + \chi(2)\varepsilon^{-2pr} + \ldots + \chi(m)\varepsilon^{-mpr}) .$$

Ist $ar \equiv br \bmod n$, so ist $arp \equiv brp \bmod m$, also $\varepsilon^{-arp} = \varepsilon^{-brp}$ und damit

$$c_k = \frac{1}{m}((\sum_{t\equiv 1(n)} \chi(t))\varepsilon^{-pr} + \ldots + (\sum_{t\equiv n-1(n)} \chi(t))\varepsilon^{-(n-1)pr}) .$$

Es genügt also zu zeigen, daß $\sum_{t\equiv 1(n)} \chi(t) = 0$, $\sum_{t\equiv 2(n)} \chi(t) = 0, \ldots$.

Das aber folgt aus den Orthogonalitätsrelationen, vgl. Seite 140.
q.e.d.

Damit wird die Formel für $L(1,\chi)$ zu

$$L(1,\chi) = -c_1 \sum_{k=1}^{m-1} \overline{\chi(k)} \log \sin(\pi k/m) - \frac{i\pi}{m} c_1 \sum_{k=1}^{m-1} \overline{\chi(k)}k . \quad (**)$$

<u>Schritt II</u>

Bevor wir diesen Ausdruck weiter auswerten, stellen wir zunächst fest, daß es reicht, das Nichtverschwinden von $L(1,\chi)$ für einen reellen Charakter $\chi \neq 1$ zu zeigen. Es gilt nämlich

<u>Hilfssatz</u>. *Wenn* $\chi \neq 1$ *ein nicht reeller Charakter ist, so ist* $L(1,\chi) \neq 0$.

Beweis. Wir nehmen an, es gäbe einen nicht reellen Charakter $\chi \neq 1$ mit $L(1,\chi) = 0$. Mit χ ist auch $\overline{\chi}$ ($\overline{\chi}(x) = \overline{\chi(x)}$) ein Charakter mit $\chi \neq \overline{\chi}$, und es ist

$$L(s,\overline{\chi}) = \sum_{n=1}^{\infty} \overline{\chi(n)}n^{-s} = \overline{L(s,\chi)}$$

(wir betrachten hier nur reelle s). Aus $L(1,\chi) = 0$ folgt also $L(1,\overline{\chi}) = 0$ was nach dem folgenden Hilfssatz nicht möglich ist.

Hilfssatz. *Wenn es einen Charakter* $\chi_2 \neq 1$ *mit* $L(1,\chi_2) = 0$ *gibt, dann gilt für keinen von* χ_2 *und 1 verschiedenen Charakter* χ_3, *daß* $L(1,\chi_3) = 0$

Beweis. Für reelles $s > 1$ ist

$$\frac{1}{\phi(m)} \sum_{\chi} \overline{\chi(a)} \log L(s,\chi) = \sum_{\substack{p \\ p^n \equiv a \bmod m}} \sum_{n=1}^{\infty} \frac{1}{np^{ns}} .$$

Mit $a = 1$ ist daher

$$\frac{1}{\phi(m)} \sum_{\chi} \log L(s,\chi) = \sum_{p\equiv 1(m)} p^{-s} + \frac{1}{2} \sum_{p^2\equiv 1(m)} p^{-2s} + \frac{1}{3} \sum_{p^3\equiv 1(m)} p^{-3s} +$$

Daraus ersieht man:

$$\prod_{\chi} L(s,\chi) \geqq 1$$

oder

$$(s-1)L(s,1) \frac{L(s,\chi_2)L(s,\chi_3)}{(s-1)(s-1)} \prod_{\chi\neq 1,\chi_2,\chi_3} L(s,\chi) \geqq \frac{1}{s-1} . \qquad (***)$$

Wir nehmen nun an, daß

$$L(1,\chi_2) = L(1,\chi_3) = 0 .$$

Es ist dann

$$\lim_{s\downarrow 1} \frac{L(s,\chi_2)-L(1,\chi_2)}{s-1} = \lim_{s\downarrow 1} \frac{L(s,\chi_2)}{s-1} = L'(1,\chi_2)$$

und ähnlich für $L(s,\chi_3)$. Wegen $\lim_{s\downarrow 1}(s-1)\zeta(s) = 1$ und $L(s,1) = \prod_{p/m}(1-p^{-s})\zeta(s)$ ist $\lim_{s\downarrow 1}(s-1)L(s,1) = \phi(m)/m$.

Insgesamt folgt, daß die linke Seite von (***) für $s\downarrow 1$ gegen einen festen endlichen Grenzwert konvergiert, während die rechte Seite divergiert. q.e.d.

Schritt III

Wir fahren nun fort mit der Berechnung von $L(1,\chi)$ für einen reellen Charakter χ modulo m, $\chi \neq 1$, und steuern dabei schon auf die analytische Klassenzahlformel zu.
Man kann den Nachweis von $L(1,\chi) \neq 0$ darauf reduzieren, daß $m = p$ eine ungerade Primzahl ist (vgl. dazu Dirichlets Originalabhandlung, § 7).

Der einzige nichttriviale reelle Charakter χ modulo p ist gegeben durch

$$\chi(k) = \left(\frac{k}{p}\right) .$$

Damit ist

$$c_1 = \frac{1}{p}\sum_{j=1}^{p-1}\left(\frac{j}{p}\right)\varepsilon^{-j} , \qquad \overline{c_1} = \frac{1}{p}\sum_{j=1}^{p-1}\left(\frac{j}{p}\right)\varepsilon^{j} .$$

Der letzte Ausdruck (für $p\,\overline{c_1}$) stellt eine Gaußsche Summe dar (vgl. Seite 83), d.h. es ist nach (6.5)

$$\overline{c_1} = \begin{cases} \frac{1}{p}\sqrt{p} , & \text{falls } p \equiv 1 \bmod 4 \\ \frac{1}{p}i\sqrt{p}, & \text{falls } p \equiv 3 \bmod 4 \end{cases}$$

$$c_1 = \begin{cases} \frac{1}{\sqrt{p}} , & \text{falls } p \equiv 1 \bmod 4 \\ -\frac{i}{\sqrt{p}} , & \text{falls } p \equiv 3 \bmod 4 . \end{cases}$$

Weil χ reell ist, ist auch $L(1,\chi)$ reell (und außerdem ≥ 0, wie man sofort der Produktentwicklung $L(1,\chi) = \prod_p (1-\chi(p)p^{-1})^{-1}$ entnimmt). Aus Formel (**) entnehmen wir daher

$$L(1,\chi) = \begin{cases} -\frac{1}{\sqrt{p}} \sum\limits_{k=1}^{p-1} \left(\frac{k}{p}\right) \log \sin(\pi k/p), & \text{falls } p \equiv 1 \bmod 4 \\ -\frac{\pi}{p\sqrt{p}} \sum\limits_{k=1}^{p-1} \left(\frac{k}{p}\right) k, & \text{falls } p \equiv 3 \bmod 4 . \end{cases}$$

Im Fall $p \equiv 3 \bmod 4$ wird $L(1,\chi)$ zu

$$L(1,\chi) = \frac{\pi}{p\sqrt{p}} (\Sigma b - \Sigma a) ;$$

dabei durchläuft b alle k mit $\left(\frac{k}{p}\right) = -1$ und a alle k mit $\left(\frac{k}{p}\right) = 1$. Modulo ist $\Sigma b - \Sigma a$ gleich $\Sigma b + \Sigma a = \sum\limits_{k=1}^{p-1} k = \frac{p(p-1)}{2}$. Die letzte Zahl ist wegen $p = 4n+3$ ungerade. Insbesondere ist $\Sigma b - \Sigma a \neq 0$ und daher auch $L(1,\chi) \neq 0$.

Zum Beispiel ergibt sich im Fall $p = 3$

$$\chi(1) = 1, \ \chi(2) = -1, \ \chi(3) = 0$$

$$L(1,\chi) = 1 - \frac{1}{2} + \frac{1}{4} - \frac{1}{5} + \frac{1}{7} - \frac{1}{8} + - \ldots$$

$$= \frac{\pi}{3\sqrt{3}} (2-1) = \frac{\pi}{3\sqrt{3}} ,$$

also wieder einmal ein Resultat von Euler.
Wir erhalten aus unseren Überlegungen eine hochinteressante Folgerung:

(8.7) Satz. $\Sigma b - \Sigma a > 0$.

Aus diesem Satz ergibt sich, daß für $p \equiv 3 \bmod 4$ die quadratischen Rest im Intervall von 1 bis p im Durchschnitt kleiner als die Nichtreste sind. Diese Aussage gehört trotz ihrer Einfachheit zu den tiefliegenden Ergebnissen der Zahlentheorie, und man muß Dirichlet's Weitsicht bewundern, der hierzu ganz richtig voraussagte, daß dieses Resultat auf anderem Wege nur sehr schwer zu beweisen sein dürfte. Tatsächlich scheint ein wesentlich anderer Beweis als der hier vorgeführte bis heute nicht entdeckt worden zu sein.

Schritt IV

Nun untersuchen wir den schwierigeren Fall $m = p \equiv 1 \bmod 4$. Mit derselben Bedeutung für a,b wie oben ist

$$L(1,\chi) = \frac{1}{\sqrt{p}} \log \frac{\Pi \sin(\pi b/p)}{\Pi \sin(\pi a/p)}.$$

Um diesen Ausdruck für $L(1,\chi)$ weiter auszuwerten, zeigt man zunächst, daß

$$\frac{\Pi \sin(\pi b/p)}{\Pi \sin(\pi a/p)} = \frac{s + t\sqrt{p}}{-s + t\sqrt{p}}$$

mit $s + t\sqrt{p} \in A_p$ und $s^2-t^2p = \pm 4$. Also ist der letzte Ausdruck

$$= \frac{(s+t\sqrt{p})^2}{4} = \left(\frac{s+t\sqrt{p}}{2}\right)^2 ,$$

und $\eta := \frac{s+t\sqrt{p}}{2}$ ist eine Einheit in A_p. Die Berechnung von $L(1,\chi)$ führt also auf eine Gleichung der Form $x^2-dy^2 = \pm 4$.

Diese Gleichung steht mit der in Kapitel 5 besprochenen Gleichung $x^2-dy^2 = \pm 1$ in Zusammenhang. Wir gehen darauf jetzt kurz ein und setzen zunächst nur $d \equiv 1 \bmod 4$ voraus. Ist $d \equiv 5 \bmod 8$ und ist $\varepsilon = x+y\sqrt{d}$ mit $2x,\ 2y,\ x+y \in \mathbb{Z}$ eine Einheit in A_d, so ist mit $x = \frac{s}{2}$, $y = \frac{t}{2}$

$$\varepsilon^3 = \frac{s^3+3st^2d+(3s^2t+t^3d)\sqrt{d}}{8} .$$

Aber $s^3+3st^2d = s(s^2+3t^2d) \equiv 16 \equiv 0 \bmod 8$ und $3s^2t + t^3d = t(3s^2+t^2d) \equiv \equiv 0 \bmod 8$. Also ist $\varepsilon^3 = u+v\sqrt{d}$ mit $u,v \in \mathbb{Z}$ und (u,v) Lösung von $x^2-dy^2 = \pm 1$. Noch einfacher behandelt man den Fall $d \equiv 1(8)$.

Die ± 4 -Gleichung führt also auf die ± 1 -Gleichung. Insbesondere existiert im vorliegenden Fall eine Grundeinheit ε in A_p, d.h. ein ε der Form

$$\varepsilon = \frac{s_o+t_o\sqrt{p}}{2}$$

mit $s_o,\ t_o > 0$ minimale Lösung von $x^2-py^2 = \pm 4$, und jede andere Einheit erhält man als Potenz von ε. Das alles wußte Dirichlet (aus den Arbeiten von Lagrange). Seine großartige Entdeckung ist nun, daß für das obige η gilt

$$\eta = \varepsilon^h ,$$

wobei h die Klassenzahl von $\mathbb{Q}(\sqrt{p})$ ist, so daß also die folgende Relation für h (oder für $L(1,\chi)$) gilt:

$$h \frac{2 \log \varepsilon}{\sqrt{p}} = L(1,\chi) .$$

Wegen $\varepsilon \neq 1$, $h \neq 0$ gilt insbesondere

$$L(1,\chi) \neq 0 .$$

Wir wollen an dieser Stelle festhalten, daß sich die Fragestellung $\eta = \varepsilon^?$, die durch die Klassenzahlformel beantwortet wird, ganz zwangsläufig aus dem von Dirichlet eingeschlagenen Wege ergibt. Heute wird in Lehrbüchern oft zunächst die Klassenzahlformel bewiesen, wobei ganz unklar bleibt, wie man diese Formel wohl entdecken könnte; sie kommt dann wie ein Wunder aus dem Nichts.

(8.8) Satz. (Analytische Klassenzahlformel) *Ist* d *eine quadratfreie ganze Zahl* $\neq -1, -3$ (diese Fälle haben wir schon in Kapitel 6 behandelt), *so gilt für die Klassenzahl* h *von* $\mathbb{Q}(\sqrt{d})$ *die folgende Formel:*

$$h = \begin{cases} \dfrac{\sqrt{D}}{2 \log \varepsilon} L(1,\chi) & \textit{für} \quad d > 0 \\[2ex] \dfrac{\sqrt{|D|}}{\pi} L(1,\chi) & \textit{für} \quad d < 0 . \end{cases}$$

Dabei ist D *die Diskriminante von* $\mathbb{Q}(\sqrt{d})$, *für* $d > 0$ *ist* ε *die Grundeinheit in* A_d *und* χ *ist der folgende Charakter modulo* $|D|$:

$$\chi(k) = \begin{cases} \prod\limits_{p/d} \left(\dfrac{k}{p}\right) & , \textit{falls} \quad d \equiv 1 \bmod 4 \\[3ex] (-1)^{\frac{k-1}{2}} \prod\limits_{p/d} \left(\dfrac{k}{p}\right) & , \textit{falls} \quad d \equiv 3 \bmod 4 \\[3ex] (-1)^{\frac{k^2-1}{8} + \frac{(k-1)}{2}\frac{(\delta-1)}{2}} \prod\limits_{p/\delta} \left(\dfrac{k}{p}\right), & \textit{falls} \quad d = 2\delta, \ \delta \textit{ ungerade} \end{cases} .$$

Im Falle $d \equiv 2,3 \bmod 4$ sind die Ausdrücke $(-1)^{(k-1)/2}$ und $(-1)^{(k^2-1)/8}$ sinnvoll, da k ungerade ist. χ ist in der Tat nach seiner Definition als Produkt von Charakteren selbst ein Charakter und heißt *der zu* $\mathbb{Q}(\sqrt{d})$ *gehörige (reelle oder quadratische) Charakter.*

Ein vollständiger Beweis dieser Formel würde den zeitlichen Rahmen der Vorlesung sprengen. Wir begnügen uns mit Spezialfällen, die das Muster des allgemeinen Falles schon deutlich werden lassen, und machen gegen Ende des Kapitels einige Bemerkungen, was man noch zur Herleitung des allgemeinen Falles zu tun hat.
Kehren wir nun also zurück zu unserem Spezialfall $d = p \equiv 1 \bmod 4$.
Wir haben zunächst die folgende Relation zu beweisen:

$$\frac{\Pi \sin(\pi b/p)}{\Pi \sin(\pi a/p)} = \frac{s+t\sqrt{p}}{-s+t\sqrt{p}},$$

b durchläuft alle k mit $(\frac{k}{p}) = -1$ und a alle k mit $(\frac{k}{p}) = 1$.
Dazu benutzen wir einige Fakten aus der Algebra: Die primitive p-te Einheitswurzel $\varepsilon = \exp(2\pi i/p)$ (p im Augenblick noch eine beliebige Primzahl) ist Nullstelle des sogenannten Kreisteilungspolynoms

$$\phi_p(x) := \frac{x^p-1}{x-1} = x^{p-1}+x^{p-2}+ \ldots +1 \in \mathbb{Q}[x] .$$

ϕ_p ist irreduzibel über $\mathbb{Q}$ (wie man z.B. mit Hilfe des Eisensteinkriteriums beweisen kann, nachdem man zuvor x durch $x+1$ ersetzt hat). Deshalb hat die Körpererweiterung $\mathbb{Q}(\varepsilon)/\mathbb{Q}$ den Grad $p-1$. Nach (6.3) gilt für die Gaußsche Summe $S = \sum_{k=1}^{p-1} (\frac{k}{p})\varepsilon^k$ die Relation $S^2 = \pm p$. Also enthält $\mathbb{Q}(\varepsilon)$ den quadratischen Körper $\mathbb{Q}(\sqrt{\pm p})$, wobei das Pluszeichen im Fall $p \equiv 1 \bmod 4$, das Minuszeichen im Fall $p \equiv 3 \bmod 4$ gilt. Die Nullstellen von $\phi_p(x)$ sind $\varepsilon, \varepsilon^2, \ldots, \varepsilon^{p-1}$. Es ist $\mathbb{Q}(\varepsilon) = \mathbb{Q}(\varepsilon^k)$ für $k = 1,\ldots,p-1$. Über $\mathbb{Q}(\sqrt{\pm p})$ hat das Minimalpolynom von ε^k den Grad $\frac{p-1}{2}$ und über $\mathbb{Q}(\sqrt{\pm p})$ zerlegt sich dann $\phi_p(x)$ in der Form

$$\phi_p(x) = f(x)g(x)$$

mit grad f = grad $g = \frac{p-1}{2}$. Wir behaupten nun:

Ist - ohne Einschränkung - ε *Nullstelle von* $f(x)$, *dann sind die* ε^a *die Nullstellen von* $f(x)$ *und die* ε^b *die Nullstellen von* $g(x)$.

Beweis. Die Galoisgruppe G der Galoiserweiterung $\mathbb{Q}(\varepsilon)/\mathbb{Q}$ ist vermöge $(\mathbb{Z}/p\mathbb{Z})^* = G(p) \ni r \to \sigma_r \in G$, $\sigma_r(\varepsilon) := \varepsilon^r$, isomorph zu G(p). r definiert ein Element der Galoisgruppe H der Erweiterung $\mathbb{Q}(\varepsilon)/\mathbb{Q}(\sqrt{\pm p})$ genau dann, wenn r ein Quadrat in G(p) ist, d.h. wenn $(\frac{r}{p}) = 1$. Mit ε ist auch jedes $\sigma(\varepsilon) = \varepsilon^r$, $\sigma \in H$, Nullstelle von f. Also hat f die angegebenen Nullstellen ε^a und g hat die restlichen Nullstellen ε^b. q.e.d.

Da f und g Polynome mit Koeffizienten in $\mathbb{Q}(\sqrt{\pm p})$ sind, können wir schreiben

$$f(x) = f_o(x) + f_1(x)\sqrt{\pm p}$$

$$g(x) = g_o(x) + g_1(x)\sqrt{\pm p}$$

mit Polynomen $f_o, f_1, g_o, g_1 \in \mathbb{Q}[x]$. Wir behaupten

$$f_o = g_o, \quad f_1 = -g_1 .$$

Beweis. Es sei σ ein erzeugendes Element der zyklischen Galoisgruppe G von $\mathbb{Q}(\varepsilon)/\mathbb{Q}$, z.B. $\sigma : \varepsilon \to \varepsilon^r$, wobei r ein erzeugendes Element von G(p) ist. Dann bildet σ die ε^a in ε^b ab (denn in $\sigma(\varepsilon^a) = \varepsilon^{ar}$ ist ar quadratischer Nichtrest). Daher gilt

$$\sigma(f)(x) = \prod_a (x-\varepsilon^{ar}) = \prod_b (x-\varepsilon^b) = g(x) .$$

Die Einschränkung von σ auf den Körper $\mathbb{Q}(\sqrt{\pm p})$ bedeutet Konjugation: $\sigma : \alpha+\beta\sqrt{\pm p} \to \alpha-\beta\sqrt{\pm p}$. Daraus folgt die Behauptung. q.e.d.

Somit können wir also das Kreisteilungspolynom $\phi_p(x)$ in der Form

$$\phi_p(x) = (f_o(x) + f_1(x)\sqrt{\pm p})(f_o(x) - f_1(x)\sqrt{\pm p})$$
$$= f_o(x)^2 \mp f_1(x)^2 p$$

zerlegen. Wir behaupten, jetzt nur für $p \equiv 1 \bmod 4$, daß

$$f(1) = 2^{\frac{p-1}{2}} \prod_a \sin(\pi a/p) .$$

Beweis. Es ist

$$2^{\frac{p-1}{2}} \prod_a \sin(\pi a/p) = 2^{\frac{p-1}{2}} \prod_a \left(\frac{1}{2i} \exp(i\pi a/p) - \exp(-i\pi a/p)\right)$$

$$= (-i)^{\frac{p-1}{2}} \prod_a \exp(-i\pi a/p) \prod_a (\exp(2\pi i a/p) - 1)$$

$$= (-1)^{\frac{p-1}{4}} \prod_a \exp(-i\pi a/p) \prod_a (1 - \exp(2\pi i a/p)) \ .$$

Es ist $(\frac{-1}{p}) = 1$. Schreibt man daher $a' = p-a$, so ist $(\frac{a'}{p}) = 1$. Daraus ergibt sich

$$\exp(-i\pi a/p) \exp(-i\pi a'/p) = \exp(-i\pi) = -1,$$

also

$$\prod_a \exp(-i\pi a/p) = (-1)^{\frac{p-1}{4}}$$

und daher

$$(-1)^{\frac{p-1}{4}} \prod_a \exp(-i\pi a/p) \prod_a (1 - \exp(2\pi i a/p))$$

$$= \prod_a (1 - \exp(2\pi i a/p)) = f(1) \ . \qquad \text{q.e.d.}$$

Analog zeigt man

$$g(1) = 2^{\frac{p-1}{2}} \prod_b \sin(\pi b/p) \ .$$

Die weiteren Rechnungen beziehen sich jetzt alle auf den Fall $p \equiv 1 \bmod 4$.

Als Element von $\mathbb{Q}(\sqrt{p})$ hat $g(1)$ die Form

$$g(1) = k + l\sqrt{p}$$

mit $k, l \in \mathbb{Q}$. Nach einer obigen Feststellung ist dann

$$f(1) = k - l\sqrt{p}$$

und somit

$$\frac{\Pi \sin(\pi b/p)}{\Pi \sin(\pi a/p)} = \frac{g(1)}{f(1)} = \frac{k+l\sqrt{p}}{k-l\sqrt{p}} .$$

Aus der Gleichung

$$p = \phi_p(1) = f(1)g(1) = k^2-l^2p$$

erkennt man, daß l (und natürlich auch k) $\neq$ O ist. Dann ist aber $\frac{k+l\sqrt{p}}{k-l\sqrt{p}} \neq 1$ und daher

$$\log \frac{\Pi \sin(\pi b/p)}{\Pi \sin(\pi a/p)} \neq 0 ,$$

also auch

$$L(1,\chi) \neq 0.$$

Wir bemerken, daß wir damit das Nichtverschwinden von $L(1,\chi)$ für einen Primzahlmodul $m = p$ vollständig bewiesen haben.

Schritt V

Bei der Herleitung der Klassenzahlformel hat man den Ausdruck

$$\frac{\Pi \sin(\pi b/p)}{\Pi \sin(\pi a/p)} = \frac{k+l\sqrt{p}}{k-l\sqrt{p}}$$

genauer zu untersuchen. Wir zeigen

$$k+l\sqrt{p} \in A_p ,$$

d.h. hier für $p \equiv 1 \bmod 4$, daß $2k, 2l, k+l \in \mathbb{Z}$. Jeder, der mit den Grundbegriffen der algebraischen Zahlentheorie vertraut ist, weiß, daß die folgende Zahl als Produkt von ganzen algebraischen Zahlen selbst wieder eine ganze algebraische Zahl ist

$$k+l\sqrt{p} = g(1) = \prod_b (1- \exp(2\pi ib/p)) .$$

(Da wir in dieser Vorlesung aber möglichst wenig voraussetzen wollen, geben wir den direkten Beweis: Man hat erstens zu zeigen, daß

$$\mathbb{Z}[\varepsilon] = \mathbb{Z} \oplus \mathbb{Z}\,\varepsilon \oplus \ldots \oplus \mathbb{Z}\,\varepsilon^{p-2}$$

ein Ring, d.h. abgeschlossen bezüglich der Multiplikation ist, was man leicht unter Verwendung der Relation

$$\varepsilon^{p-1} = -\varepsilon^{p-2}-\varepsilon^{p-3}- \ldots -1$$

erkennt, und zweitens hat man die Inklusion

$$\mathbb{Q}(\sqrt{p}) \cap \mathbb{Z}[\varepsilon] \subset A_p$$

nachzuweisen. Um letzteres zu sehen, nehmen wir an, ein Element $k+l\sqrt{p} \in \mathbb{Q}(\sqrt{p}) \cap \mathbb{Z}[\varepsilon]$ läge nicht in A_p. Nach der Charakterisierung von A_p auf Seite 97 wäre dann $(k+l\sqrt{p})+(k-l\sqrt{p}) = 2k \notin \mathbb{Z}$ oder $k^2-pl^2 \notin \mathbb{Z}$. Das widerspräche aber der wegen der linearen Unabhängigkeit von $1,\varepsilon,\ldots,\varepsilon^{p-2}$ über $\mathbb{Z}$ bestehenden Gleichheit $\mathbb{Z}[\varepsilon] \cap \mathbb{Q} = \mathbb{Z}$.)

Wegen $k,l \in \frac{1}{2}\mathbb{Z}$ und $p = k^2-l^2p$ gibt es dann ein $h \in \frac{1}{2}\mathbb{Z}$, so daß $k = hp$ und $1 = ph^2-l^2$ oder

$$l^2-ph^2 = -1$$

und damit

$$\frac{k+l\sqrt{p}}{k-l\sqrt{p}} = \frac{l+h\sqrt{p}}{-l+h\sqrt{p}} = \frac{(l+h\sqrt{p})^2}{1} = \eta^2$$

mit einer Einheit η in A_p.

Schritt VI

Zur Herleitung der Klassenformel muß man $L(1,\chi)$ noch einmal ganz anders ausdrücken. Dazu rechnen wir den Fall $\mathbb{Q}(\sqrt{d})$, $d \equiv 1 \mod 4$, Klassenzahl 1 und einer Grundeinheit ε negativer Norm, z.B. $d = 5$, durch. Die Beschränkung auf die Klassenzahl 1 tut der exemplarischen Wirkung keinen Schaden. Wir betrachten zunächst für $K = \mathbb{Q}(\sqrt{d})$ und reelles $s > 1$ die Reihe

$$\sum_a \frac{1}{|N(a)|^s} ,$$

wobei die Summation über ein vollständiges Vertretersystem der Aequivalenzklassen assoziierter Elemente $\neq 0$ in A_d zu erstrecken ist; offenbar ist diese Reihe für $s > 1$ konvergent. Die dadurch dargestellte Funktion

$\zeta_K(s)$ heißt *Zetafunktion von* K. Eine geschickte Auswahl des Vertretersystems wird die Berechnung der Zetafunktion ermöglichen. Ist $a \in A_d$, $a \neq 0$, so sind alle zu a assoziierten Elemente von der Form $\pm a\varepsilon^n$, $n \in \mathbb{Z}$. Jedes a ist nun assoziiert zu einem Element $\pm a\varepsilon^k$, das in dem in der folgenden Zeichnung schraffierten Gebiet G liegt (der obere Rand wird mit hinzugerechnet, der untere nicht),

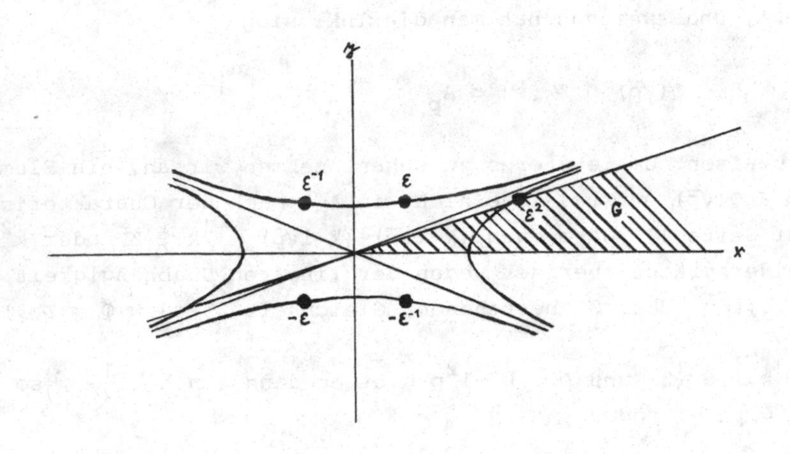

denn durch Multiplikation mit einer Einheit $\pm\varepsilon^k$ geht nämlich G über in das Gebiet, das durch die Geraden durch $\pm\varepsilon^k$ und $\pm\varepsilon^{k+2}$ begrenzt wird; diese Gebiete sind disjunkt und ihre Vereinigung ist $\mathbb{R}^2$. Also ist für $s > 1$

$$\zeta_K(s) = \Sigma \frac{1}{(x^2-dy^2)^s}$$

wobei über alle $(x,y) \in G \cap A_d$, $(x,y) \neq (0,0)$, summiert wird. Ähnlich wie auf Seite 95 können wir $\zeta_K(s)$ durch ein Doppelintegral annähern:

$$\Sigma \frac{1}{(x^2-dy^2)^s} \approx 2 \iint_H \frac{dxdy}{(x^2-dy^2)^s} ,$$

wobei H das Gebiet $\{(x,y) \in G \mid x^2-dy^2 \geq 1\}$ bezeichnet, d.h. die Differenz der beiden Ausdrücke bleibt für $s \downarrow 1$ beschränkt. (Der Faktor 2 taucht auf, weil wir wegen $d \equiv 1 \bmod 4$ in der Riemannschen Summe für das Doppelintegral Intervalle der Fläche $\frac{1}{2}$ zu betrachten haben.) Um da

Integral zu berechnen, substituieren wir $x \to \sqrt{d}\, z$. Dabei geht H in $H_1 = \{(z,y) \mid 0 \leq uy \leq v\sqrt{d}\, z,\ z^2-y^2 \geq 1/d\}$ über, wobei $\varepsilon^2 = u+v\sqrt{d}$, und wir erhalten

$$\iint_H \frac{dxdy}{(x^2-dy^2)^s} = \frac{\sqrt{d}}{d^s} \iint_{H_1} \frac{dzdy}{(z^2-y^2)^s} .$$

Nun führen wir die hyperbolischen Koordinaten $z = r\cosh\theta$, $y = r\sinh\theta$ ein und erhalten für den letzten Ausdruck

$$= \frac{\sqrt{d}}{d^s} \iint_{\substack{r \geq \frac{1}{\sqrt{d}} \\ 0 \leq \theta \leq \log\varepsilon^2}} \frac{rdrd\theta}{r^{2s}} ;$$

denn die Funktionaldeterminante

$$\begin{vmatrix} \frac{\partial z}{\partial r} & \frac{\partial z}{\partial \theta} \\ \frac{\partial y}{\partial r} & \frac{\partial y}{\partial \theta} \end{vmatrix}$$

ist wegen $\cosh\theta = \frac{1}{2}(e^{\theta}+e^{-\theta})$, $\sinh\theta = \frac{1}{2}(e^{\theta}-e^{-\theta})$, $(\cosh\theta)^2 - (\sinh\theta)^2 = 1$ gleich

$$\begin{vmatrix} \cosh\theta & r\sinh\theta \\ \sinh\theta & r\cosh\theta \end{vmatrix} = r ,$$

und die Integrationsbedingungen $z^2-y^2 \geq \frac{1}{d}$ bzw. $0 \leq uy \leq v\sqrt{d}\, z$ werden zu $r \geq 1/\sqrt{d}$ bzw. zu $ur \sinh\theta \leq vr \cosh\theta \sqrt{d}$ oder zu $0 \leq \theta \leq \log\varepsilon^2$ wegen $\operatorname{artgh}(x) = \frac{1}{2} \log(\frac{1+x}{1-x})$. Nun können wir das Integral weiter berechnen. Es ist

$$= \frac{\sqrt{d}}{d^s} \log\varepsilon^2 \int_{\frac{1}{\sqrt{d}}}^{\infty} r^{1-2s} dr$$

$$= \frac{\sqrt{d}}{d^s}\, 2\log\varepsilon \left[\frac{r^{2-2s}}{2-2s}\right]_{\frac{1}{\sqrt{d}}}^{\infty}$$

$$= \frac{\sqrt{d}}{d^s} \frac{d^{s-1}}{2(s-1)} \, 2 \log\varepsilon = \frac{\log\varepsilon}{\sqrt{d}} \, \frac{1}{(s-1)} \, ,$$

und damit ist

$$\lim_{s \downarrow 1} (s-1)\zeta_K(s) = \frac{2 \log\varepsilon}{\sqrt{d}} \, .$$

Im Fall, daß die Grundeinheit positive Norm hat, hat man eine Modifikation bei der Auswahl des Vertretersystems nichtassoziierter Elemente in A_d vorzunehmen. (Es wird immer noch $h = 1$ vorausgesetzt.) Man wählt dann G als das Gebiet, welches durch die Geraden durch 1 und ε begrenzt wird (der obere Rand zählt dazu, der untere nicht)

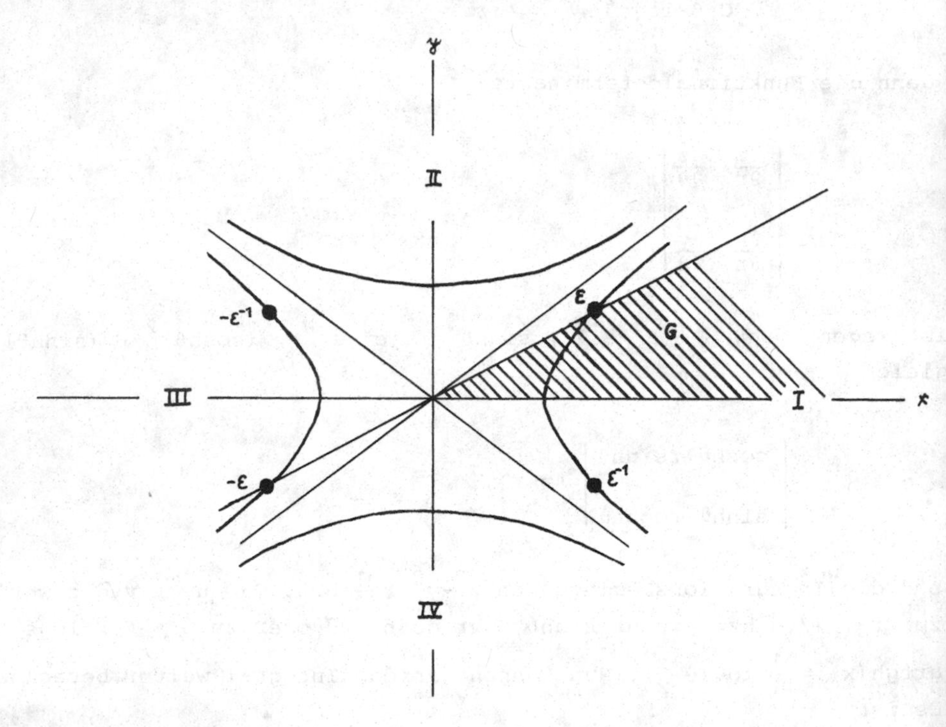

und erhält $\bigcup_{\eta \text{ Einheit}} \eta G = I \cup III$, also nicht die ganze Ebene. Deshalb macht man die eigentliche Koordinatentransformation

$$\begin{pmatrix} 0 & -\sqrt{d} \\ 1/\sqrt{d} & 0 \end{pmatrix} \, ,$$

d.h. ersetzt x durch $\sqrt{d}\, v$ und y durch $-u/\sqrt{d}$. Diese Transformation läßt offenbar das Integral

$$\iint \frac{dxdy}{|x^2-dy^2|^s}$$

ungeändert, so daß man im betrachteten Fall die Zetafunktion von $\mathbb{Q}(\sqrt{d})$ durch den doppelten ($d\equiv 2,3 \bmod 4$) bzw. vierfachen ($d\equiv 1 \bmod 4$) Wert des Integrals $\iint_G \frac{dxdy}{(x^2-dy^2)^s}$ annähern kann. Allgemein gilt dann für $K = \mathbb{Q}(\sqrt{d})$, $d > 0$,

$$\lim_{s\downarrow 1}(s-1)\zeta_K(s) = \begin{cases} \frac{2\log\varepsilon}{\sqrt{d}} & \text{für } d \equiv 1 \bmod 4 \\ \frac{\log\varepsilon}{\sqrt{d}} & \text{für } d \equiv 2,3 \bmod 4 \end{cases}$$

$$= \frac{2\log\varepsilon}{\sqrt{D}},$$

wobei D die Diskriminante von K ist.

Um nun die Verbindung zu den L-Reihen herzustellen, entwickeln wir $\zeta_K(s)$ für $h(K) = h(\mathbb{Q}(\sqrt{d})) = 1$ und $s > 1$ in ein Eulerprodukt:

$$\zeta_K(s) = \prod_\pi \frac{1}{1-|N(\pi)|^{-s}};$$

hier durchläuft π ein System nichtassoziierter Primelemente von A_d. Diese Darstellung von $\zeta_K(s)$ ist möglich, da sich jedes Element von A_d wegen der Voraussetzung $h(K) = 1$ bis auf Einheiten eindeutig als Produkt von Primelementen schreiben läßt. Nun müssen wir das rechts stehende Produkt weiter auswerten und haben dazu die Primelemente in A_d näher zu beschreiben:

Schritt VII

Bemerkung. *Sei* $d \in \mathbb{Z}$ *quadratfrei und die Klassenzahl von* $\mathbb{Q}(\sqrt{d})$ *gleich 1 (so daß also in* A_d *der Satz von der eindeutigen Primfaktorzerlegung gilt) und sei* $p \in \mathbb{Z}$ *eine Primzahl. Dann zerlegt sich* p *in* A_d *wie folgt in Primfaktoren: Entweder*

$$p = \varepsilon\pi^2$$

mit einer Einheit ε *und einem Primelement* π *in* A_d (in diesem Fall heißt p *verzweigt) oder*

$$p = \pm\pi\pi'$$

mit nicht assoziierten konjugierten Primelementen π, π' (in diesem Fall heißt p *zerlegt), oder es ist*

p *Primelement*

auch in A_d (in diesem Fall heißt p *träge*).

Beweis. Sei π ein Primelement in A_d von der Form $\pi = x+y\sqrt{d}$ mit $x,y \in \mathbb{Z}$ bzw. $2x$, $2y$, $x+y \in \mathbb{Z}$. Dann ist $N(\pi) = \pi\pi' = x^2-dy^2 = p_1 \ldots p_k$ mit Primzahlen $p_i \in \mathbb{Z}$. Sei ohne Einschränkung π ein Teiler von $p = p_1$. Dann ist $\pi\rho = p = \pi'\rho'$ mit $\rho \in A_d$. Daraus folgt π'/p. Das ergibt $\pi\pi'/p$ oder $\pi\pi'/p^2$. Im ersten Fall ist $\pi\pi' = \pm p$, also $p = \varepsilon\pi^2$, falls π, π' assoziiert sind, oder $p = \pm\pi\pi'$, falls π, π' nicht assoziiert sind. Im zweiten Fall ist $\pi\pi' = \pm p^2 = \pm pp$, und aus der Eindeutigkeit der Primfaktorzerlegung in A_d folgt, daß p Primelement in A_d ist. q.e.d.

(8.9) Satz. (Euler, Gauß) *Mit denselben Voraussetzungen wie in der vorangehenden Bemerkung gilt:*

(a) p *ist verzweigt genau dann, wenn* p *ein Teiler der Diskriminante* D *von* $\mathbb{Q}(\sqrt{d})$ *ist.*

(b) *Ist* p *ungerade und teilerfremd zu* D, *dann ist* p *genau dann zerlegt, wenn* $(\frac{d}{p}) = 1$, *und* p *ist träge genau dann, wenn* $(\frac{d}{p}) = -1$.

(c) *Wenn* 2 *nicht in* D *aufgeht* (d.h. $D \equiv 1 \bmod 4$), *so ist* 2 *genau dann zerlegt, wenn* $D \equiv 1 \bmod 8$ *und genau dann träge, wenn* $D \equiv 5 \bmod 8$.

Beweis. Sei $p \neq 2$ ein Teiler von D oder $p = 2$ und 2 ein Teiler von d. Dann ist p ein Teiler von d. Falls $p = |d|$, folgt $p = \pm\sqrt{d}\sqrt{d}$, also ist p in A_d verzweigt. Ist $p < |d|$, so schreibt man

$$d = p\frac{d}{p} = \sqrt{d}\sqrt{d}\ . \qquad (*)$$

Aber p ist kein Teiler von $\sqrt{d}$ in A_d. Also ist p kein Primelement in A_d. Daher gibt es ein Primelement π in A_d mit $\pi\pi' = \pm p$ und π teilt nicht $\frac{d}{p}$. Aber nach (*) ist π auch ein Teiler von $\sqrt{d}$, π^2 ein Teiler von d, also π^2 ein Teiler von p und p ist verzweigt. Ist $p = 2$ ein Teiler von D und kein Teiler von d, so ist $d \equiv 3 \bmod 4$. Es ist

$$d^2-d = 2\frac{d^2-d}{2} = (d+\sqrt{d})(d-\sqrt{d})$$

und $2 \nmid (d \pm\sqrt{d})$, also 2 kein Primelement in A_d. Also gibt es ein Primelement $x+y\sqrt{d}$ in A_d, so daß $\pm 2 = x^2-dy^2$. Daraus ergibt sich, daß

$$\pm \frac{x-y\sqrt{d}}{x+y\sqrt{d}} = \pm \frac{x^2+dy^2-2xy\sqrt{d}}{x^2-dy^2} = \frac{x^2+dy^2}{2} - xy\sqrt{d}$$

und

$$\pm \frac{x+y\sqrt{d}}{x-y\sqrt{d}} = \frac{x^2+dy^2}{2} + xy\sqrt{d}$$

zu A_d gehören. Es folgt, daß $(x-y\sqrt{d})(x+y\sqrt{d})^{-1}$ eine Einheit ist, d.h. $x-y\sqrt{d}$ und $x+y\sqrt{d}$ sind assoziiert. Sei nun $p \nmid 2$ und p teilerfremd zu D. Ist $(\frac{d}{p}) = 1$, dann existiert ein $x_o \in \mathbb{Z}$ mit der Eigenschaft

$$x_o^2-d \equiv 0 \bmod p.$$

Wäre p ein Primelement in A_d, so wäre p ein Teiler von $x_o+\sqrt{d}$ oder $x_o-\sqrt{d}$. Dann wäre eine der Zahlen $(x_o+\sqrt{d})/p$, $(x_o-\sqrt{d})/p$ in A_d enthalten; Widerspruch. Also gibt es ein Primelement $x+y\sqrt{d}$ in A_d, so daß $\pm p =$ $= (x+y\sqrt{d})(x-y\sqrt{d}) = x^2-dy^2$. Sei zunächst $d \not\equiv 1 \bmod 4$. Angenommen $x+y\sqrt{d}$ und $x-y\sqrt{d}$ wären assoziiert. Dann wäre $\pm(x+y\sqrt{d})/(x-y\sqrt{d}) =$ $= \pm(x^2+dy^2+2xy\sqrt{d})/p$ in A_d enthalten und daher p ein Teiler von x und y; Widerspruch. Ist $d \equiv 1 \bmod 4$ und wären $x+y\sqrt{d}$, $x-y\sqrt{d}$ assoziiert, so wäre $\pm 4p = x_o^2-dy_o^2$ mit $x_o, y_o \in \mathbb{Z}$ und, ähnlich wie eben, p ein Teiler von x_o und y_o; Widerspruch. Also ist p zerlegt. Sei nun $(\frac{d}{p}) = -1$. Wäre p kein Primelement in A_d, so gäbe es ein Primelement $x+y\sqrt{d} \in A_d$ mit $\pm p = x^2-dy^2$. Dann ist $\pm 4p = (2x)^2-d(2y)^2$, $(2x)^2 \equiv d(2y)^2 \bmod p$ mit $2x, 2y \in \mathbb{Z}$. Wäre p ein Teiler von $2x$ oder $2y$, so wäre p^2 ein Teiler von $4p$. Also sind $2y$ und p teilerfremd. Daher existiert eine ganze Zahl z, so daß $2yz \equiv 1 \bmod p$, $(2xz)^2 \equiv d(2yz)^2 \equiv d \bmod p$, d.h. $(\frac{d}{p}) = 1$; Widerspruch. Wenn 2 nicht in D aufgeht, ist $d \equiv 1 \bmod 4$. Ist 2 kein Primelement in A_d, so existiert ein Primelement $\pi = \frac{1}{2}(x+y\sqrt{d})$ in A_d, so daß

$$\pm 2 = \frac{1}{4}(x^2-dy^2) \quad \text{oder} \quad \pm 8 = x^2-dy^2 . \qquad (**)$$

Sind x und y gerade, etwa $x = 2s$, $y = 2t$, dann ist $s^2-dt^2 = \pm 2$. Aber wegen $d \equiv 1 \bmod 4$ ist s^2-dt^2 entweder ungerade oder ein Vielfaches von 4.

Also sind x und y ungerade. Dann gilt $x^2 \equiv y^2 \equiv 1 \bmod 8$ und aus (**) folgt $x^2-dy^2 \equiv 1-d \equiv 0 \bmod 8$, also $d \equiv 1 \bmod 8$. 2 ist somit ein Primelement in A_d, wenn $d \equiv 5 \bmod 8$. Sei nun $d \equiv 1 \bmod 8$. Es ist

$$\frac{1-d}{4} = 2\,\frac{1-d}{8} = \frac{1-\sqrt{d}}{2}\,\frac{1+\sqrt{d}}{2}$$

und $2 \nmid (1\pm\sqrt{d})/2$. Also ist 2 kein Primelement in A_d. (**) ist deshalb nur für ungerade $x,y \in \mathbb{Z}$ erfüllt. Die Primelemente $\frac{1}{2}(x+y\sqrt{d})$, $\frac{1}{2}(x-y\sqrt{d})$ sind nicht assoziiert in A_d, denn ihr Quotient

$$\frac{x+y\sqrt{d}}{x-y\sqrt{d}} = \pm\,\frac{x^2+dy^2}{8} \pm \frac{xy\sqrt{d}}{4}$$

gehört nicht zu A_d. q.e.d.

Das Zerlegungsgesetz läßt sich mit Hilfe des auf Seite 160 definierten Charakters χ modulo D von $K = \mathbb{Q}(\sqrt{d})$ bequem in der folgenden Form ausdrücken:

(8.10) <u>Satz</u>. *Die Primfaktorzerlegung der rationalen Primzahl* p *im Ring der ganzen Zahlen* A_d *von* $\mathbb{Q}(\sqrt{d})$ *ist durch die folgenden Bedingungen bestimmt:*

(1) p *ist verzweigt genau dann, wenn* $\chi(p) = 0$

(2) p *ist zerlegt genau dann, wenn* $\chi(p) = 1$

(3) p *ist träge genau dann, wenn* $\chi(p) = -1$

<u>Beweis</u>. Die Aussage (1) ist nach Definition eines Charakters modulo D klar. Sei nun p kein Teiler von D. Es genügt zu zeigen, daß $\chi(p) = (\frac{d}{p})$. Das geschieht mit Hilfe des quadratischen Reziprozitätsgesetzes. Wir unterscheiden die Fälle $d \equiv 1$, 2 bzw. 3 mod 4 und $d > 0$, $d < 0$. Sei zum Beispiel $d < 0$ und $d \equiv 3 \bmod 4$. Nach dem quadratischen Reziprozitätsgesetz ist

$$\left(\frac{d}{p}\right) = \left(\frac{-1}{p}\right) \prod_{q/d} \left(\frac{q}{p}\right) = (-1)^{\frac{p-1}{2}} \prod_{q/d} (-1)^{\frac{p-1}{2}\frac{q-1}{2}} \left(\frac{p}{q}\right) .$$

Die Anzahl der Primzahlen $\equiv 3 \bmod 4$, die in d aufgehen, ist gerade. Deshalb ist der letzte Ausdruck

$$= (-1)^{\frac{p-1}{2}} \prod_{q/d} \left(\frac{p}{q}\right) = \chi(p) .$$

Ähnlich behandelt man die anderen Fälle. Wir greifen nur noch ein Beispiel heraus: $d > 0$, $d = 2\delta \equiv 2 \bmod 4$. Es ist, wieder nach dem quadratischen Reziprozitätsgesetz,

$$\left(\frac{d}{p}\right) = \left(\frac{2\delta}{p}\right) = \left(\frac{2}{p}\right) \prod_{q/\delta} \left(\frac{q}{p}\right) = (-1)^{\frac{p^2-1}{8}} \prod_{q/\delta} (-1)^{\frac{p-1}{2}\,\frac{q-1}{2}} \left(\frac{p}{q}\right) .$$

Die Anzahl der Primzahlen $\equiv 3 \bmod 4$, die in δ aufgehen, ist $\equiv \frac{\delta-1}{2} \bmod 2$, so daß der letzte Ausdruck

$$= (-1)^{\frac{p^2-1}{8}} (-1)^{\frac{p-1}{2}\,\frac{\delta-1}{2}} \prod_{q/\delta} \left(\frac{p}{q}\right) = \chi(p)$$

wird. q.e.d.

Schritt VIII

Das Zerlegungsgesetz besagt für die Zetafunktion:

$$\zeta_K(s) = \sum_{(a) \neq 0} |N(a)|^{-s} = \prod_{\pi} \frac{1}{1-|N(\pi)|^{-s}}$$

$$= \prod_{\substack{\pi/p \\ p \text{ verzweigt}}} \frac{1}{1-p^{-s}} \prod_{\substack{\pi/p \\ p \text{ zerlegt}}} \left(\frac{1}{1-p^{-s}}\right)^2 \prod_{\substack{\pi/p \\ p \text{ träge}}} \frac{1}{1-p^{-2s}}$$

$$= \prod_{\chi(p)=0} \frac{1}{1-p^{-s}} \prod_{\chi(p)=1} \left(\frac{1}{1-p^{-s}}\right)^2 \prod_{\chi(p)=-1} \left(\frac{1}{1-p^{-2s}}\right)$$

$$= \zeta(s) \prod_{\chi(p)=1} \frac{1}{1-p^{-s}} \prod_{\chi(p)=-1} \frac{1}{1+p^{-s}}$$

$$= \zeta(s) L(s,\chi) ,$$

wobei $L(s,\chi) = \sum_{n=1}^{\infty} \chi(n) n^{-s}$ die L-Funktion zum Charakter χ von $K = \mathbb{Q}(\sqrt{d})$ ist. Wegen

$$\lim_{s \downarrow 1} (s-1)\zeta_K(s) = \frac{2 \log\varepsilon}{\sqrt{D}} \qquad (\text{ für } d > 0)$$

gilt daher

$$L(1,\chi) = \frac{2 \log\varepsilon}{\sqrt{D}} .$$

Allgemein kann man zeigen

(8.11) Satz. *Für* $d > 0$ *ist*

$$L(1,\chi) = \frac{\log\rho}{\sqrt{D}} \quad \textit{mit} \quad \rho = \frac{\prod \sin(\pi b/D)}{\prod \sin(\pi a/D)} ,$$

wobei b (*bzw.* a) *die Menge* $\{k \mid 1 \leq k \leq D, \chi(k) = -1\}$ (*bzw.* $\{k \mid 1 \leq k \leq D, \chi(k) = 1\}$) *durchläuft.*

Den Beweis dieses Satzes haben wir schon für $D = d = p \equiv 1 \bmod 4$ erbracht. Der allgemeine Fall enthält keine prinzipiellen Schwierigkeiten mehr.

Aus diesem Satz erhalten wir eine sehr interessante Folgerung.

(8.12) Folgerung. *Ist* $d > 0$ *und die Klassenzahl von* $\mathbb{Q}(\sqrt{d})$ *gleich* 1, *dann gilt für die Grundeinheit* ε *von* A_d:

$$\varepsilon^2 = \frac{\prod \sin(\pi b/D)}{\prod \sin(\pi a/D)} , \qquad (b,a \text{ wie in } (8.11))$$

Durch diese Formel wird die Grundeinheit ε explizit angegeben, weil wegen der Periodizität der Sinusfunktion alle Faktoren doppelt auftauchen. Wir haben also zur Bestimmung der Grundeinheit einerseits das Kettenbruchverfahren, andererseits auch die Darstellung durch eine trigonometrische Funktion. Man kann es kaum glauben, daß beide Wege zum selben Ergebnis führen. Wir geben ein Beispiel: $d = 13$. Als Grundeinhe[it] ergibt sich $(3+\sqrt{13})/2 = 3{,}202775636.....$ Die quadratischen Nichtreste im Intervall $[1,13]$ sind 2,5,6,7,8,11 und die quadratischen Reste in $[1,13]$ sind 1,4,9,3,12,10. Daher ist

$$\varepsilon = \frac{\sin(\pi 2/13)\sin(\pi 5/13)\sin(\pi 6/13)}{\sin(\pi/13)\sin(\pi 3/13)\sin(\pi 4/13)} ,$$

und man findet in der Tat, daß der letzte Ausdruck

$$= 3{,}202775636\ldots.$$

ist.

Bisher haben wir den Fall $d < 0$ (bis auf $d = -1,-3$ in Kapitel 6) in unseren Rechnungen nicht betrachtet. Wir erwähnen im Folgenden die diesbezüglichen Ergebnisse und lassen dabei die Fälle $d = -1,-3$ außer acht. Für die Zetafunktion $\zeta_K(s)$ von $K = \mathbb{Q}(\sqrt{d})$, $d < 0$, $h(K) = 1$, gilt im Falle $d \equiv 2,3 \bmod 4$:

$$\zeta_K(s) = \frac{1}{2} \sum_{(x,y)\neq(0,0)} \frac{1}{(x^2-dy^2)^s} \approx \frac{1}{2} \iint_{x^2-dy^2\geq 1} \frac{dxdy}{(x^2-dy^2)^s}$$

$$= \frac{1}{2} \iint_{-dz^2-dy^2\geq 1} \frac{d(\sqrt{-d}\ z)dy}{(-dz^2-dy^2)^s} = \frac{\sqrt{|d|}}{2|d|^s} \iint_{z^2+y^2\geq\frac{1}{|d|}} \frac{dzdy}{(z^2+y^2)^s}$$

$$= \frac{1}{2} \frac{1}{\sqrt{|d|^{2s-1}}} \iint_{r^2\geq\frac{1}{|d|}} r^{-2s} rdrd\theta = \frac{2\pi}{\sqrt{|d|^{2s-1}}} \left[\frac{r^{2-2s}}{2-2s}\right]_{\frac{1}{\sqrt{|d|}}}^{\infty}$$

$$= \frac{1}{2} \frac{\pi}{s-1} \frac{|d|^{s-1}}{\sqrt{|d|^{2s-1}}}$$

und damit

$$\lim_{s\downarrow 1} (s-1)\zeta_K(s) = \frac{\pi}{2\sqrt{|d|}} .$$

Im Fall $d \equiv 1 \bmod 4$ ergibt sich

$$\lim_{s\downarrow 1} (s-1)\zeta_K(s) = \frac{\pi}{\sqrt{|d|}} ,$$

also in jedem Fall

$$\lim_{s\downarrow 1} (s-1)\zeta_K(s) = \frac{\pi}{\sqrt{|D|}} .$$

Daraus ergibt sich

$$L(1,\chi) = \frac{\pi}{\sqrt{|D|}}$$

mit

$$L(1,\chi) = \frac{\pi}{|D|\sqrt{|D|}} \left| \sum_{k=1}^{|D|-1} \chi(k)k \right| ,$$

vgl. Seite 158.

Schritt IX

Die bisherigen Rechnungen geschahen alle unter der Voraussetzung, daß die Klassenzahl des Körpers $K = \mathbb{Q}(\sqrt{d})$ gleich 1 ist. Dennoch haben wir zum Beweis der Klassenzahlformel auf Seite 160 den analytischen Teil im wesentlichen erledigt. Es fehlen aber noch wichtige algebraische Tatsachen, die wir jetzt kurz ohne Beweis mitteilen. Ein grundlegender Rechenschritt war die Darstellung der Zetafunktion von $\mathbb{Q}(\sqrt{d})$ als Eulerprodukt. Diese beruhte auf der eindeutigen Zerlegung der Elemente von A_d in ein Produkt von Primelementen. Für diese Zerlegung benötigen wir im allgemeinen Fall einen Ersatz. Die wesentliche Idee dazu stammt von Kummer (vgl. die historischen Bemerkungen in "Edwards, Fermat's Last Theorem", Seite 76). Er führte die sogenannten "idealen Zahlen", oder, wie man heute sagt, Ideale ein. Ein Ideal I in einem kommutativen Ring mit Einselement ist eine Untergruppe der additiven Gruppe von R, so daß $ra \in I$ für alle $r \in R$, $a \in I$. I heißt Primideal, wenn $I \neq R$ und wenn für alle $a,b \in I$ mit $ab \in I$ gilt $a \in I$ oder $b \in I$, d.h. wenn der Faktorring R/I nullteilerfrei ist. Sind I,J zwei Ideale in R, so definiert man ihr Produkt IJ als das von $\{ab \mid a \in I, b \in J\}$ erzeugte Ideal, also

$$IJ := \{\Sigma a_i b_i c_i \mid a_i \in I, b_i \in J, c_i \in R\} .$$

Es gilt der folgende grundlegende Satz.

(8.13) Satz. *Im Ring* A_d *kann jedes Ideal* $\mathfrak{a} \neq 0$ *in eindeutiger Weise als Produkt von Primidealen* $\mathfrak{p}_i$ *geschrieben werden:*

$$\mathfrak{a} = \mathfrak{p}_1^{e_1} \cdots \mathfrak{p}_k^{e_k} .$$

Die *Norm* $N(\mathfrak{a})$ eines Ideals $\mathfrak{a}$ in A_d definiert man als die Anzahl der

Elemente im Restklassenring $A_d/\mathfrak{a}$:

$$N(\mathfrak{a}) := |A_d/\mathfrak{a}| ;$$

in der Tat ist $A_d/\mathfrak{a}$ endlich. Außerdem gilt $N(\mathfrak{a}\mathfrak{b}) = N(\mathfrak{a})N(\mathfrak{b})$. Die eindeutige Zerlegbarkeit jedes Ideals $\mathfrak{a} \neq 0$ in A_d in ein Produkt von Primidealen und die Multiplikativität der Normfunktion gestatten die Eulerproduktdarstellung der Zetafunktion von $K = \mathbb{Q}(\sqrt{d})$ für $s > 1$:

$$\zeta_K(s) = \sum_{\mathfrak{a} \neq 0} N(\mathfrak{a})^{-s} = \prod_{\mathfrak{p}} \frac{1}{1-N(\mathfrak{p})^{-s}} .$$

Das Zerlegungsgesetz läßt sich in der Form (8.10) direkt übertragen: Ist p eine rationale Primzahl, $(p) = pA_d$ das von p erzeugte Hauptideal in A_d und χ der Charakter von A_d, so gilt

$$pA_d = \mathfrak{p}^2 \quad \text{genau dann, wenn } \chi(p) = 0 \quad (p \text{ verzweigt})$$

$$pA_d = \mathfrak{p}\mathfrak{p}' \quad \text{genau dann, wenn } \chi(p) = 1 \quad (p \text{ zerlegt})$$

$$pA_d = \mathfrak{p} \quad \text{genau dann, wenn } \chi(p) = -1 \quad (p \text{ träge}) .$$

Ganz ähnlich wie auf Seite 173 zeigt man dann: Für $s > 1$ ist

$$\zeta_K(s) = \zeta(s)L(s,\chi)$$

mit einer L-Funktion $L(s,\chi)$. Daraus ergibt sich

$$\lim_{s \downarrow 1} (s-1)\zeta_K(s) = L(1,\chi) .$$

Um nun die Ordnung $h = h(\mathbb{Q}(\sqrt{d}))$ der Klassengruppe $\mathcal{C}$ von $\mathbb{Q}(\sqrt{d})$ ins Spiel zu bringen, schreibt man

$$\zeta_K(s) = \sum_{\mathfrak{c} \in \mathcal{C}} \zeta_{\mathfrak{c}}(s)$$

mit

$$\zeta_{\mathfrak{c}}(s) = \sum_{\mathfrak{a} \in \mathfrak{c}} N(\mathfrak{a})^{-s}$$

und beweist

(8.14) Hilfssatz. $\lim_{s\downarrow 1}(s-1)\zeta_{\mathfrak{k}}(s)$ *ist unabhängig von* $\mathfrak{k}$.

Beweis. Sei $\mathfrak{a}' \in \mathfrak{k}^{-1}$. Dann ist $\mathfrak{a}\mathfrak{a}' = (\alpha)$ ein Hauptideal und

$$\zeta_{\mathfrak{k}}(s) = \sum_{\mathfrak{a}\in\mathfrak{k}} N(\mathfrak{a})^{-s} = N(\mathfrak{a}')^{s} \sum_{\substack{\alpha\neq 0 \\ \alpha\in\mathfrak{a}' \\ \text{nichtass.}}} N(\alpha)^{-s}.$$

Nun ist A_d die disjunkte Vereinigung von $N(\mathfrak{a}')$ Nebenklassen $\beta+\mathfrak{a}'$ und wie man leicht zeigt gilt

$$\sum_{\substack{\alpha\neq 0 \\ \alpha\in\beta+\mathfrak{a}' \\ \text{nichtass.}}} N(\alpha)^{-s} \approx \sum_{\substack{\alpha\neq 0 \\ \alpha\in\mathfrak{a}' \\ \text{nichtass.}}} N(\alpha)^{-s}.$$

Daher folgt

$$\zeta_{\mathfrak{k}}(s) = N(\mathfrak{a}')^{s} \sum_{\substack{\alpha\neq 0 \\ \alpha\in\mathfrak{a}' \\ \text{nichtass.}}} N(\alpha)^{-s} \approx \frac{N(\mathfrak{a}')^{s}}{N(\mathfrak{a}')}\zeta_1(s),$$

und damit die Behauptung.

Wählt man für $\mathfrak{k}$ insbesondere die Hauptklasse A_d, so erhält man nach früheren Ergebnissen (vgl. Seite 174 und 176)

$$L(1,\chi) = \lim_{s\downarrow 1}(s-1)\zeta_K(s) = \begin{cases} h\,\dfrac{2\log\varepsilon}{\sqrt{D}} & \text{falls } d > 0 \\[2ex] h\,\dfrac{\pi}{\sqrt{|D|}} & \text{falls } d < 0 \end{cases}$$

mit unserer üblichen L-Funktion $L(s,\chi)$.

Damit haben wir den Beweis der Klassenzahlformel skizziert; für die Ausführung der Einzelheiten verweisen wir auf die Literatur. Wir haben in diesem Abschnitt gesehen, daß eine ganze Reihe zahlentheoretischer Fragestellungen in vielfältiger Weise eng miteinander zusammenhängen, auch wenn dies bei flüchtiger Betrachtung zunächst gar nicht ersichtlich ist. Außerdem haben wir gesehen, wie tief man mittels verschiedener analytischer Methoden in diese Fragestellungen eindringen kann und welche überraschenden und interessanten Ergebnisse sich dabei ergeben. Es ist offenkundig, daß durch die Dirichlet'schen Methoden die Zahlentheorie eine ganz neue Dimension erhalten hat. Seine Ergebnisse werden für alle Zeiten zu dem Bedeutendsten gehören, was in der Mathematik geschaffen worden ist.

* * *

Im ersten Drittel des 19. Jahrhunderts wurde in Deutschland das Bürgertum der Träger des kulturellen Lebens. Diese Entwicklung war bereits durch die französische Revolution eingeleitet worden; vor allem auch die beginnende Industrialisierung und die damit verbundenen gesellschaftlichen Umschichtungen schufen die äußeren Voraussetzungen. Der Neuhumanismus mit seiner Betonung der Ideale des klassischen Altertums prägte das geistige Leben in Deutschland. Von nachhaltiger Bedeutung war auch die von Wilhelm und Alexander v. Humboldt durchgeführte Erneuerung des preußischen Universitätswesens, mit der in Deutschland überhaupt erst der "Beruf" des professionellen, in Forschung und Lehre tätigen Wissenschaftlers geschaffen wurde. Wir können Geist und Ideale dieser Zeit nicht besser ausdrücken als E. Kummer in seiner "Gedächtnisrede auf Gustav Peter Lejeune Dirichlet", aus der deshalb jetzt ausführlich zitiert werden soll:

"Gustav Peter Lejeune Dirichlet wurde den 13. Februar 1805 in Düren geboren. Sein Vater, welcher daselbst die Stelle des Postdirectors bekleidete, ein sanfter, gefälliger und liebenswürdiger Mann, und seine ... Mutter, eine geistvolle fein gebildete Frau, gaben dem von der Natur mit mehr als gewöhnlichen Anlagen ausgestatteten Knaben eine sehr sorgfältige Erziehung. ... Seine Eltern hatten den Wunsch, dass er Kaufmann werden möchte, als er aber entschiedene Abneigung dagegen zeigte, gaben sie nach und schickten ihn im Jahre 1817 nach Bonn auf das Gymnasium. ... Er zeichnete sich in seinem Betragen durch Anstand und gute Sitten sehr vortheilhaft aus, und die Unbefangenheit und Offenheit seines ganzen Wesens bewirkte, dass alle, die mit ihm zu thun hatten, ihm herzlich gewogen waren. Sein Fleiss war geregelt, doch vorzugsweise der Mathematik und Geschichte zugewendet. Er studirte, wenn er auch keine Schularbeiten zu machen hatte, denn auch dann war sein reger Geist stets mit würdigen Gegenständen des Nachdenkens beschäftigt. Grosse historische Ereignisse, wie namentlich die französische Revolution und öffentliche Angelegenheiten, interessirten ihn in hohem Grade, und er urtheilte über diese und andere Dinge mit einer für seine Jugend ungewöhnlichen Selbständigkeit vom Standpunkte einer freisinnigen Denkweise, welche eine Frucht seiner elterlichen Erziehung sein mochte. ... Auf dem Bonner Gymnasium blieb Dirichlet nur zwei Jahre und vertauschte dasselbe sodann mit dem Jesuiter-Gymnasium in Köln. ... Hier hatte er zu seinem Lehrer in der Mathematik den nachmals durch die Entdeckung des nach ihm benannten Gesetzes des elektrischen Leitungswiderstandes berühmt gewordenen Georg Simon Ohm, durch dessen Unterricht, so wie durch fleissiges eigenes Studium mathematischer Werke, er in dieser Wissenschaft sehr bedeutende Fortschritte machte und sich einen ungewöhnlichen Umfang von Kenntnissen erwarb. Er ... machte den Cursus auf dem Gymnasium sehr rasch durch, so dass er schon im Jahre 1821, als er erst sechzehn Jahre alt war, das Abgangszeugniss für die Universität erlangte und nach Hause zurückkehrte, um mit seinen Eltern über die Wahl seines künftigen Berufes zu verhandeln. Es war sehr natürlich, dass diese seinem eigenen Entschlusse Mathematik zu studiren mit der ernstlichen Mahnung entgegentraten, durch ein praktischeres Studium, als welches sie ihm die Jurisprudenz vorschlugen, sein Fortkommen in der Welt zu sichern; er erklärte ihnen hierauf bescheiden aber fest, dass wenn sie es verlangten, er ihnen folgsam sein werde, dass er aber von seinem Lieblingsstudium nich[t] lassen könne und wenigstens die Nächte demselben widmen werde. Die eben so vernünftigen als zärtlichen Eltern gaben hierauf dem entschiedenen Wunsche ihres Sohnes nach.

Das mathematische Studium auf den preussischen und den übrigen deutsche[n] Universitäten lag damals arg darnieder. Die Vorlesungen, welche sich nu[r] wenig über das Gebiet der Elementar-Mathematik erhoben, waren keineswegs geeignet, den Drang nach tieferer Erkenntniss zu befriedigen, der den jungen Dirichlet beseelte, auch gab es ausser dem einen grossen Namen Gauss in Deutschland keinen anderen, der auf ihn eine besondere Anziehungskraft hätte ausüben können. In Frankreich dagegen, und nament[-]lich in Paris, stand die Mathematik damals noch in ihrer vollen Blüthe, und ein Kreis von Männern, deren grosse Namen in der Geschichte der mathematischen Wissenschaften für alle Zeigen glänzen werden, arbeitete hier forschend und lehrend an der lebendigen Entwickelung und Verbreitung derselben. ... In richtiger Würdigung dieser Verhältnisse erkannte Dirichlet, dass dies der Ort sei, wo er für seine mathematischen Studie[n] den grössten Gewinn erwarten konnte, und ... so bezog er im Mai 1822 diese Hochschule der mathematischen Wissenschaften, in dem freudigen Bewusstsein sich jetzt ganz seinem Lieblingsstudium widmen zu können. Er hörte daselbst die Vorlesungen am Collège de France und an der Faculté des Sciences. ... Neben dem Hören der Vorlesungen und dem Durch-

Gustav Peter Lejeune Dirichlet

Carl Gustav Jacob Jacobi

Ernst Eduard Kummer

denken des in denselben ihm gebotenen Stoffes widmete Dirichlet seine Zeit auch dem angestrengten Studium der vorzüglichsten mathematischen Schriften, und unter diesen vorzugsweise dem Gaussischen Werke über die höhere Arithmetik: Disquisitiones arithmeticae. Dieses hat auf seine ganze mathematische Bildung und Richtung einen viel bedeutenderen Einfluss ausgeübt, als seine anderen Pariser Studien; er hat dasselbe auch nicht nur einmal oder mehreremal durchstudirt, sondern sein ganzes Leben hindurch hat er nicht aufgehört, die Fülle der tiefen mathematischen Gedanken, die es enthält, durch wiederholtes Lesen sich immer wieder zu vergegenwärtigen, weshalb es bei ihm auch niemals auf dem Bücherbrett aufgestellt war, sondern seinen bleibenden Platz auf dem Tische hatte, an welchem er arbeitete....

Dirichlet's äusseres Leben in dem ersten Jahre seines Pariser Aufenthalts war höchst einfach und zurückgezogen. ... Im Sommer des Jahres 1823 aber trat hierin eine Aenderung ein, welche für seine ganze allgemeine Bildung von der grössten Bedeutung war. Der General Foy, ein vielseitig gebildeter Mann, nicht weniger durch die hervorragende Stellung, die er als Haupt der Opposition in der Deputirtenkammer und als einer der gefeiertsten Redner derselben einnahm, als durch seine glänzende militärische Laufbahn ausgezeichnet, dessen Haus eines der angesehensten und gesuchtesten in Paris war, suchte damals einen jungen Mann als Lehrer für seine Kinder, ... und durch Vermittlung eines Freundes ... wurde ihm unser Dirichlet empfohlen. Bei der ersten persönlichen Vorstellung machte das offene und bescheidene Wesen des jungen Mannes einen so günstigen Eindruck auf den General, dass er ihm unmittelbar darauf die Stellung als Lehrer seiner Kinder antrug, mit einem anständigen Gehalte und mit so geringen Verpflichtungen, dass ihm freie Zeit genug blieb, die angefangenen Studien fortzusetzen. ... Den grössten Einfluss übte aber der General auf ihn aus, durch das lebendige Beispiel eines thatkräftigen, edlen und fein gebildeten Mannes, welches er ihm gab, und dieser Einfluss erstreckte sich nicht bloss auf Dirichlet's äussere Bildung, seine Gewohnheiten und Neigungen, sondern auch auf seine Denk- und Handlungsweise und seine allgemeinen Lebensanschauungen. Von grosser Bedeutung für sein ganzes Leben war es auch, dass das Haus des Generals, welches ein Vereinigungspunkt der ersten Notabilitäten in Kunst und Wissenschaft der Hauptstadt Frankreichs war, ... ihm zuerst Gelegenheit gab, das Leben in grossartigem Maassstabe zu sehen und sich daran zu betheiligen.

Durch alle diese neuen Eindrücke, ... liess sich Dirichlet durchaus nicht von seinen mathematischen Studien ablenken, vielmehr arbeitete er gerade in dieser Zeit mit angestrengtem Fleisse an seiner ersten der

Oeffentlichkeit übergebenen Schrift: Mémoire sur l'impossibilité de quelques équations indéterminées du cinquième degré. ...
Nicht allein die in einem der schwierigsten Theile der Zahlentheorie gewonnenen neuen Resultate, sondern auch die Bündigkeit und Schärfe der Beweise und die ausnehmende Klarheit der Darstellung sicherten dieser ersten Arbeit Dirichlet's einen glänzenden Erfolg. ... Dirichlet's Ruf als ausgezeichneter Mathematiker war hierdurch begründet, und als ein junger Mann, der eine grosse Zukunft erwarten liess, war er seitdem in den höchsten wissenschaftlichen Kreisen von Paris nicht bloss zugelassen, sondern auch gesucht. Er trat dadurch auch mit mehreren der angesehensten Mitglieder der Pariser Akademie in nähere Verbindung, unter denen besonders zwei hervorzuheben sind, nämlich Fourier, der auf die Richtung seiner wissenschaftlichen Forschungen und Alexander von Humbol der auf die fernere Gestaltung seines äusseren Lebens einen bedeutenden Einfluss ausgeübt hat.
Fourier, welcher aus der Zeit seiner Jugend, wo er an der Gründung der École Normale und der École Polytechnique sich thätig betheiligt hatte, die Begeisterung für lebendige wissenschaftliche Mittheilung noch ungeschwächt bewahrte, und dem es ein inneres Bedürfnis war, das, was er Schönes und Grosses erforscht hatte, auch mündlich mitzutheilen, fand an Dirichlet einen jungen Mann, ... von dem er nicht bloss bewundert, sondern auch vollkommen verstanden wurde. ...
Alexander von Humboldt, welcher damals in Paris lebte, ... schenkte ihm mit der Achtung vor seinem Talent und seiner wissenschaftlichen Tüchtigkeit zugleich auch die lebhafteste persönliche Theilnahme und Zuneigung welche er ihm von da an unausgesetzt bewahrt und bethätigt hat. Schon bei diesem ersten Besuche gab Dirichlet im Laufe des Gesprächs die Absicht zu erkennen, später in sein Vaterland zurückzukehren, und Humbold ... bestärkte ihn in seinem Vorsatze. ...
Durch den im November 1825 erfolgten Tod seines hochverehrten Gönners, des Generals Foy und durch den Einfluss Alexander von Humboldt's, welcher bald darauf Paris verliess und nach Berlin übersiedelte, wurde in Dirichlet der Entschluss zur Rückkehr in sein Vaterland zur Reife gebracht. Er richtete an den Minister von Altenstein ein Gesuch um eine für ihn passende Anstellung, welches Humboldt zu befürworten und durch seinen Einfluss wirksam zu machen übernahm, ... betrieb Humboldt seine Anstellungsangelegenheit mit dem regsten Eifer ... aber durch alle die Bemühungen, welche selbst Gauss durch ein an unseren Collegen Herrn En gerichtetes, und von diesem dem Königlichen Ministerium übergebenes Schreiben unterstützte, konnte doch nicht mehr erreicht werden, als da ihm 400 Thaler jährlich als feste Remuneration zugesichert wurden, da-

mit er sich in Breslau als Privatdocent habilitiren möge. Da die feste Renumeration ihm ... ein mässiges Auskommen sicherte, und da er sich darauf verlassen konnte, dass Humboldt seine Bemühungen, ihm eine angemessenere Stellung zu verschaffen, fortsetzen werde, so ging er ohne Bedenken darauf ein. Inzwischen war er auch von der philosophischen Facultät der Universität Bonn zum Doctor der Philosophie honoris causa creirt worden, wodurch ihm die Habilitation an einer Universität wesentlich erleichtert wurde.

Auf seiner Reise nach Breslau wählte er den Weg über Göttingen, um Gauss persönlich kennen zu lernen, und machte demselben am 18. März 1827 seinen Besuch. Nähere Nachrichten über dieses Zusammentreffen habe ich nicht ermitteln können; ein an seine Mutter gerichteter Brief aus jener Zeit sagt nur, dass Gauss ihn sehr freundlich aufgenommen habe, und dass der persönliche Eindruck dieses grossen Mannes ein viel günstigerer gewesen sei, als er erwartet habe. ...

Inzwischen hatte Alexander von Humboldt die Ernennung Dirichlet's zum ausserordentlichen Professor an der Breslauer Universität ausgewirkt, und arbeitete nun daran, ihn für die hiesige Universität und die Akademie zu gewinnen, zunächst aber ihn überhaupt nach Berlin zu ziehen. Da eine frei werdende mathematische Lehrstelle an der allgemeinen Kriegsschule hierzu die passende Gelegenheit bot, so ergriff Humboldt dieselbe und empfahl Dirichlet sehr dringend dafür bei dem General von Radowitz und bei dem Kriegsminister. Diese konnten sich jedoch nicht sogleich entschliessen, ihm die Stelle definitiv zu übertragen, wahrscheinlich weil er, damals erst 23 Jahre alt, ihnen noch zu jung dafür erscheinen mochte; es wurde daher bei dem Minister von Altenstein ausgewirkt, dass Dirichlet zunächst auf ein Jahr Urlaub erhielt, um den Unterricht an der Kriegsschule interimistisch zu übernehmen.

Im Herbst 1828 kam er nach Berlin, um diese neue Stellung anzutreten. Die mathematischen Vorlesungen, die er hier vor Offizieren zu halten hatte, welche mit ihm ohngefähr in gleichem Alter waren, machten ihm viel Vergnügen, ...

Bald nach seiner Ankunft in Berlin that Dirichlet auch die nöthigen Schritte, um an der hiesigen Universität Vorlesungen halten zu dürfen. Als Professor einer anderen Universität war er hierzu nicht berechtigt, es blieb ihm also nichts weiter übrig, als sich nochmals als Privatdocent zu habilitiren, und er richtete in diesem Sinne sein Gesuch an die philosophische Facultät. Diese erliess ihm aber die Habilitationsleistungen in Betracht seiner anderweitig bewährten wissenschaftlichen Tüchtigkeit, und so hielt er seine Vorlesungen hier anfangs unter dem Rechtstitel eines Privatdocenten. Seine definitive Versetzung als ausser-

ordentlicher Professor an die hiesige Universität erfolgte erst im Jahre 1831, und einige Monate darauf wurde er von unserer Akademie zu ihrem ordentlichen Mitgliede gewählt. In demselben Jahre vermählte er sich mit Rebecca Mendelssohn-Bartholdy, einer Enkelin von Moses Mendelssohn, und merkwürdigerweise hat Alexander von Humboldt unwillkürlich selbst hieran einen gewissen Theil, insofern er es gewesen ist, welcher Dirichlet in das durch Geist und Kunstsinn ausgezeichnete und berühmte Haus seiner Schwiegereltern zuerst eingeführt hat.
Die ferneren Lebensereignisse treten nunmehr auf längere Zeit zurück gegen die Bedeutung der wissenschaftlichen Arbeiten, welche Dirichlet während der 27 Jahre seines hiesigen Lebens geliefert hat."

Liest man heute diese Worte Kummers, so wird der Unterschied zu unserer heutigen skeptischen und in ihren Wertvorstellungen unsicheren Zeit überdeutlich. Aber dennoch kann man nicht ohne innere Anteilnahme den ebenso undramatischen wie bemerkenswerten Aufstieg dieses jungen Mannes verfolgen, der, ausgestattet mit festen Idealen und Überzeugungen, überragenden geistigen Fähigkeiten und einem von allen, die ihn kannten immer wieder ganz besonders hervorgehobenen gewinnenden und sympathisch Charakter, innerhalb von zehn Jahren seinen Weg aus dem kleinbürgerliche Elternhaus in die oberste Schicht der bürgerlichen Gesellschaft findet. Das Beispiel des mathematisch ebenso genialen und menschlich ebenso sympathischen N.H. Abel erinnert daran, wieviel unglücklicher das Schicksal eines Wissenschaftlers in dieser Zeit sein konnte. Beide hatten sich übrigens in Paris kennen und schätzen gelernt, aber eine dauernde Verbindung ist daraus nicht entstanden. An dieser Stelle sollen noch ein paar Worte über Alexander von Humboldt eingefügt werden, dessen kulturpolitische Leistungen kaum zu überschätzen sind. Das Modell der deutschen Universität, das erst in der jetzigen Zeit im Begriff ist, abgelöst zu werden, wurde von Humboldt ganz entscheidend geprägt. Vor allem aber förderte Humboldt, oft mit größtem persönlichen Einsatz, viele wissenschaftliche Talente, so auch die meisten Mathematiker seiner Zeit wie zum Beispiel Gotthold Eisenstein, der wegen Krankheit und Depressionen kaum persönlichen Kontakt zu anderen Menschen entwickelte und dem v. Humboldt - trotz eines Altersunterschieds von fast 50 Jahren - immer wieder zu helfen versuchte.

Kummer geht in seiner Gdächtnisrede anschließend ausführlich auf das wissenschaftliche Werk Dirichlets ein. Wir haben uns in diesem Kapitel mit dessen zahlentheoretischen Teil im einzelnen beschäftigt und wollen das nicht wiederholen. Dirichlet's Biographie können wir mit wenigen

Sätzen abschließen: Er blieb bis 1855 in Berlin in einem wachsenden Kreis von bedeutenden Kollegen und Schülern - Jacobi, Steiner, Borchardt, Kummer, Eisenstein, Kronecker, Dedekind und Riemann sind an erster Stelle zu nennen. Vor allem mit Jacobi verband ihn über ein Vierteljahrhundert eine enge wissenschaftliche und persönliche Freundschaft, über die Kummer schreibt: "Das gemeinschaftliche Interesse der Erkenntnis der Wahrheit und der Förderung der mathematischen Wissenschaften blieb die feste Grundlage des freundschaftlichen Verhältnisses, in welchem Jacobi und Dirichlet hier zusammen lebten. Sie sahen sich fast täglich und verhandelten mit einander allgemeinere oder speciellere wissenschaftliche Fragen, deren geistvolle Erörterung gerade durch die Verschiedenheit der Standpunkte, von denen aus beide das Gesammtgebiet der mathematischen Wissenschaften überschauten, ein stets neues und lebendiges Interesse behielt. Jacobi, der durch die wunderbare Fülle seines Geistes nicht minder als durch die Tiefe seiner mathematischen Forschungen und den Glanz seiner Entdeckungen sich überall die ihm gebührende Anerkennung zu erwerben wusste, genoss damals einen weit ausgebreiteteren Ruf als Dirichlet, der die Kunst sich selbst geltend zu machen nicht besass, und dessen, hauptsächlich nur die schwierigsten Probleme der Wissenschaft behandelnde Schriften einen weniger ausgebreiteten Kreis von Lesern und Bewunderern hatten. Dieses Missverhältniss der äusseren Anerkennung und der wissenschaftlichen Bedeutung Dirichlet's wurde von keinem richtiger erkannt als von Jacobi, und kein anderer war zugleich geschickter und thätiger dasselbe auszugleichen und seinem Freunde auch in weiteren Kreisen die verdiente Anerkennung zu verschaffen."

Persönlicher beschreibt Dirichlets Frau das Verhältnis zu dem so andersartigen extrovertierten, lebhaften, ironischen und aggressiven Jacobi, nach dessen Tod sie schreibt: "..., genug, daß er dahin, und die Welt um einen gewaltigen Geist ärmer ist, und daß dieser gewaltige Geist mit allen seinen Fehlern und Tugenden uns nahe stand. Sein Verhältnis zu Dirichlet war gar zu hübsch, wie sie so stundenlang zusammen saßen, ich nannte es Mathematik schweigen, und wie sie sich gar nicht schonten, und Dirichlet ihm oft die bittersten Wahrheiten sagte, und Jacobi das so gut verstand und seinen großen Geist vor Dirichlets großem Charakter zu beugen wußte ... ."

Im Jahre 1855, nach Gauß' Tod, bemühte sich die Universität Göttingen, "welche ein halbes Jahrhundert hindurch den Ruhm genossen hatte, den ersten aller lebenden Mathematiker zu besitzen, durch Dirichlet's Berufung an Gauß' Stelle sich diesen Ruhm auch ferner zu erhalten" (Kummer).

Dieser nahm das Angebot an, denn die etwas stillere Atmosphäre in Göttingen war durchaus nach seinem Geschmack. Während in Berlin die erheblichen Lehrverpflichtungen an der Kriegsschule oft eine große Belastung waren, hatte er in Göttingen nun genügend Muße. Es blieben ihm aber nur noch 4 Jahre zu arbeiten; er starb nach einem Herzinfarkt am 5. Mai 1853. Dirichlet hat insgesamt nicht viel veröffentlicht; ein nennenswerter Nachlaß ist nicht vorhanden, obwohl bekannt ist, daß er auch in seinen letzten Lebensjahren mathematisch aktiv war. Er behielt seine Gedanken lange für sich und hatte eine Scheu davor, Resultate aufzuschreiben. Das relativ Wenige aber, was zur Veröffentlichung kam, zählt zu den vollkommensten und bedeutendsten Beiträgen zur Mathematik.

Literaturhinweise

G.P.L. Dirichlet: Werke, insbesondere die Arbeiten
Beweis des Satzes, daß jede unbegrenzte arithmetische Progression, deren erstes Glied und Differenz ganze Zahlen ohne gemeinschaftlichen Faktor sind, unendlich viele Primzahlen enthält. 1837
Sur la manière de résoudre l'équation $t^2-pn^2 = 1$ au moyen des fonctions circulaires. 1837
Recherches sur diverses applications de l'analyse infinitésimale à la théorie des nombres. 1839/40

O. Ore: Dirichlet, Gustav Peter Lejeune in Dictionary of Scientific Biography

E. Kummer: Gedächtnisrede auf Gustav Peter Lejeune Dirichlet, Dirichlets Werke oder Kummers Werke

H. Minkowski: Peter Gustav Lejeune Dirichlet und seine Bedeutung für d heutige Mathematik. Gesammelte Abhandlungen II.

K.-R. Biermann: Johann Peter Gustav Lejeune Dirichlet, Dokumente für sein Leben und Wirken. Abh. Deutsche Akad. Wiss. Berlin, Klasse für Mathematik, Physik und Technik, Akademie-Verlag, Berlin, 1959

9. Von Hermite bis Minkowski

Wie wir gesehen haben (vgl. Kapitel 6), ist die Theorie der binären quadratischen Formen im wesentlichen aequivalent zur Theorie der quadratischen Zahlkörper. Nach Gauß hat sich die Zahlentheorie geteilt und in zwei Richtungen weiterentwickelt; auf der einen Seite die Theorie der algebraischen Zahlkörper, d.h. der endlichen Erweiterungen von $\mathbb{Q}$, als Verallgemeinerung der quadratischen Zahlkörper, auf der anderen Seite die Theorie der (ganzzahligen) quadratischen Formen in mehreren Unbestimmten und ihrer Automorphismen-Gruppen, als Verallgemeinerung der binären quadratischen Formen. Wir wollen in diesem Kapitel ein wenig die letztgenannte Richtung verfolgen. Dazu müssen wir einige grundlegende Begriffe einführen, wobei wir der Einfachheit halber die moderne Terminologie benutzen.

Ein (symmetrischer) *bilinearer Raum* über $\mathbb{Z}$ besteht aus einem Paar (N,b), wobei N ein endlich erzeugter freier $\mathbb{Z}$-Modul und $b : N \times N \to \mathbb{R}$ eine $\mathbb{Z}$-bilineare und symmetrische Abbildung ist. Zu b gehört die quadratische Form $q(x) = b(x,x)$, die wegen der Formel $b(x,y) = \frac{1}{2}(q(x+y)-q(x)-q(y))$ die Bilinearform b vollständig bestimmt.

Sei $e_1,\dots,e_n$ eine Basis von N und $x = \sum_{i=1}^{n} x_i e_i$, $y = \sum_{j=1}^{n} y_j e_j \in N$. Dann ist

$$
\begin{aligned}
b(x,y) &= \sum_{i,j} x_i b(e_i,e_j) y_j \\
&= (x_1,\dots,x_n)(b(e_i,e_j))(y_1,\dots y_n)^t \\
&= xBy^t ,
\end{aligned}
$$

wobei B die symmetrische Matrix $(b(e_i,e_j))_{i,j} \in M(n,\mathbb{R})$ und t die Transposition bezeichnet. Umgekehrt liefert jede symmetrische Matrix $B \in M(n,\mathbb{R})$ einen bilinearen Raum $(\mathbb{Z}^n,b)$, wenn man setzt

$$b(x,y) := xBy^t$$

für alle $x = (x_1,\dots,x_n)$, $y = (y_1,\dots,y_n) \in \mathbb{Z}^n$. Zwei bilineare Räume (N,b), (N',b') heißen *isomorph*, falls ein $\mathbb{Z}$-linearer Isomorphismus $\alpha : N \to N'$ mit der Eigenschaft

$$b'(\alpha x, \alpha y) = b(x,y) \quad \text{für alle} \quad x,y \in N$$

existiert.

Ein Hauptproblem ist die *Bestimmung aller Isomorphieklassen bilinearer Räume*.

Wir formulieren den Isomorphiebegriff in Matrixschreibweise. Seien dazu B,B' Matrizen zu (N,b), (N',b') und $A \in GL(n,\mathbb{Z})$ eine Matrix zu α. Dann bedeutet die Isomorphie $(N,b) \cong (N',b')$, daß

$$xBy^t = (xA)B'(yA)^t = xAB'A^ty^t ,$$

also

$$B = AB'A^t .$$

Allgemein nennen wir symmetrische Matrizen B,B', die dieser Relation genügen, *kongruent*. Das Hauptproblem besteht also - in Matrixsprechweise - in der Bestimmung aller Kongruenzklassen symmetrischer Matrizen.

Die *Determinante* eines bilinearen Raumes (N,b) ist die Determinante einer Matrix zu b. In der Tat ist die Determinante von (N,b) eindeutig bestimmt, denn ein Basiswechsel vermöge $A \in GL(n,\mathbb{Z})$ transformiert eine Matrix B zu (N,b) in die Matrix ABA^t, und es ist $\det(ABA^t) = \det(B)\det(A)^2 = \det(B)$. Läßt man andere Grundringe als $\mathbb{Z}$ zu, so ist auf Grund derselben Rechnung die Determinante eines bilinearen Raumes nur bis auf Quadrate von Einheiten eindeutig bestimmt.

Zwei Elemente $x,y \in N$ heißen *orthogonal* (in Zeichen $x \perp y$), falls gilt $b(x,y) = 0$. Das *orthogonale Komplement* eines Untermoduls $X \subset N$ (bezüglich b) ist der Untermodul

$$X^{\perp} := \{y \in N \mid y \perp x \quad \text{für alle } x \in N\}$$

von N. Sind $(N_1,b_1),\ldots,(N_t,b_t)$ bilineare Räume über $\mathbb{Z}$, so ist $\perp_{i=1}^{t} (N_i,b_i)$ der bilineare Raum (N,b) mit $N = \bigoplus_{i=1}^{t} N_i$ und

$$b(x_1 \oplus \ldots \oplus x_t,\ y_1 \oplus \ldots \oplus y_t) = \sum_{i=1}^{t} b_i(x_i,y_i) .$$

$\perp_{i=1}^{t} (N_i,b_i)$ heißt *orthogonale Summe* der (N_i,b_i). In Matrixschreibweise bedeutet die Aussage $(N,b) \cong \perp_{i=1}^{t} (N_i,b_i)$, daß eine Matrix zu (N,b) kongruent zu einer Matrix der Form

$$\begin{pmatrix} B_1 & & 0 \\ & B_2 & \\ & & \ddots & \\ 0 & & & B_t \end{pmatrix}$$

ist, wobei B_i Matrizen zu (N_i,b_i) sind. Eine symmetrische Bilinearform $b : N\times N \to \mathbb{R}$ heißt *positiv definit*, wenn $b(x,x) > 0$ für alle $x \neq 0$ gilt. Entsprechend definiert man diesen Begriff für symmetrische Matrizen. In Verallgemeinerung des Reduktionssatzes (4.2) von Lagrange im binären Fall bewies Charles Hermite (1822-1901) folgenden Satz:

(9.1) <u>Satz</u>. *Es sei* (N,b) *ein positiv definiter bilinearer Raum vom Rang* n *mit der Determinante* D. *Dann existiert ein* $x \in N$ *mit*

$$0 < b(x,x) \leq \left(\tfrac{4}{3}\right)^{\frac{n-1}{2}} \sqrt[n]{D} .$$

<u>Beweis</u>. (durch Induktion nach n) Wir können ohne Beschränkung der Allgemeinheit $N = \mathbb{Z}^n$ annehmen. Der Induktionsanfang $n = 1$ ist klar. Für $n > 1$ wähle man ein $e_1 \in \mathbb{Z}^n$, so daß $M = b(e_1,e_1)$ minimal ist. Wir setzen b bilinear auf den ganzen $\mathbb{R}^n$ fort und betrachten die orthogonale Projektion π auf die zu e_1 orthogonale Hyperebene

$$H = \{y \in \mathbb{R}^n \mid b(e_1,y) = 0\} ,$$

also die Abbildung $\pi : \mathbb{R}^n \to H$ mit $\pi(e_1) = 0$, $\pi|_H$ = Identität, woraus folgt $\pi(x) = x - \frac{b(x,e_1)}{b(e_1,e_1)} e_1$. Sei $e_1,\dots,e_n$ eine Basis von $\mathbb{Z}^n$ und $L := \mathbb{Z}\,\pi(e_2)+ \dots +\mathbb{Z}\,\pi(e_n)$. Dann hat L die Dimension n-1. Der Wechsel von der Basis $e_1,\dots,e_n$ zur Basis $e_1,\pi(e_2),\dots,\pi(e_n)$ wird durch die Matrix

$$A = \begin{pmatrix} 1 & \alpha_2 & \dots & \alpha_n \\ & \ddots & & O \\ & & \ddots & \\ O & & & 1 \end{pmatrix}$$

mit $\alpha_i = - \frac{b(e_i,e_1)}{b(e_1e_1)}$ bewirkt. Es ist mit $B = (b(e_i,e_j))$

$$ABA^t = \left(\begin{array}{c|c} b(e_1e_1) & O \\ \hline O & B' \end{array}\right) ,$$

wobei B' die Matrix zu $b|_{L\times L}$ ist. Es folgt $D = Md$ mit $d = \det((L,b|_{L\times L}))$. Nach Induktionsvoraussetzung existiert ein $x \in L$, $x \neq O$, so daß

$$b(x,x) \leq \left(\tfrac{4}{3}\right)^{\frac{n-2}{2}} \sqrt[n-1]{d} .$$

Sei $y \in \mathbb{Z}^n$ so, daß $\pi(y) = x$. Es ist $\pi(y) = y+te_1$ mit einem $t \in \mathbb{R}$. Indem man notfalls ein geeignetes ganzzahliges Vielfaches von e_1 zu y addiert, kann man erreichen, daß $|t| \leq \frac{1}{2}$ ist. (Dies ist der entscheidende Schritt des Beweises.) Es ist daher

$$\begin{aligned} M = b(e_1,e_1) &\leq b(y,y) = b(x-te_1,x-te_1) \\ &= b(x,x)+t^2 b(e_1,e_1) \leq b(x,x)+ \tfrac{1}{4}M , \end{aligned}$$

also

$$\tfrac{3}{4}M \leq b(x,x) \leq \left(\tfrac{4}{3}\right)^{\frac{n-2}{2}} \sqrt[n-1]{d}$$

$$M \leq \left(\tfrac{4}{3}\right)^{\frac{n}{2}} \sqrt[n-1]{\frac{D}{M}}$$

$$M^{\frac{n}{n-1}} \leq (\tfrac{4}{3})^{\frac{n}{2}} \sqrt[n-1]{D}$$

$$M \leq (\tfrac{4}{3})^{\frac{n-1}{2}} \sqrt[n]{D} \; . \qquad \text{q.e.d.}$$

Hermite hat dieses Resultat Jacobi in einem Brief vom 6. August 1845 mitgeteilt. Er bemerkt zu seinem Ergebnis: "De nombreuses questions me semblent dépendre des résultats précédents." Anschließend leitet er einige Ergebnisse von Jacobi aus seiner Abschätzung ab. In einem zweiten Brief an Jacobi bespricht er weitere Anwendungen, zu denen wir gleich kommen werden.

Wir betrachten jetzt bis auf weiteres nur bilineare Räume über $\mathbb{Z}$, die nur *ganze* Werte annehmen, also mit Bilinearformen $b : N \times N \to \mathbb{Z}$. Ein solcher bilinearer Raum heißt *unimodular* oder *nichtsingulär*, falls seine Determinante gleich ± 1 ist.

Lemma. *Sei* (N,b) *ein bilinearer Raum (über* $\mathbb{Z}$*),* M *ein nichtsingulärer Untermodul von* N*, d.h.* $(M,b) = (M,b|_{M\times M})$ *ist nichtsingulär. Dann ist* (N,b) *isomorph zu* $(M,b) \perp (M^{\perp},b)$.

Beweis. Sei $e_1,\dots,e_k$ eine Basis von M, die sich zu einer Basis $e_1,\dots,e_n$ von N ergänzen läßt. Dann hat $B = (b(e_i,e_j))$, $1 \leq i,j \leq n$ die Form

$$B = \begin{pmatrix} B_1 & C \\ C^t & D \end{pmatrix}$$

mit $B_1 = (b(e_i,e_j))$, $1 \leq i,j \leq k$. Nach Voraussetzung ist B_1 invertierbar im Ring $M(n,\mathbb{Z})$ der ganzzahligen Matrizen. Es ist

$$\begin{pmatrix} E & O \\ -(B_1^{-1}C)^t & E \end{pmatrix} \begin{pmatrix} B_1 & C \\ C^t & D \end{pmatrix} \begin{pmatrix} E & -B_1^{-1}C \\ O & E \end{pmatrix} = \begin{pmatrix} B_1 & O \\ O & * \end{pmatrix},$$

wobei E eine geeignete Einheitsmatrix bezeichnet. q.e.d.

(9.2) Folgerung. *Sei* $b : N \times N \to \mathbb{Z}$ *eine positiv-definite Bilinearform* *der Determinante 1. Ist $n = \dim(N) \leq 5$, so gilt $(N,b) \cong (\mathbb{Z}^n, c)$ wobei c die Bilinearform ist, die durch die Einheitsmatrix gegeben ist. Mit anderen Worten : Ist B eine Matrix zu b, so existiert ein $X \in GL(n,\mathbb{Z})$ mit*

$$XBX^t = \begin{pmatrix} 1 & & 0 \\ & \ddots & \\ 0 & & 1 \end{pmatrix}$$

Beweis. Nach dem Satz von Hermite existiert ein $e_1 \in N$ mit $b(e_1,e_1) \leq$ $\leq (\frac{4}{3})^2 < 2$, also $b(e_1,e_1) = 1$, weil b nur ganze Werte annimmt. Der von e_1 aufgespannte eindimensionale Untermodul von N ist also nichtsingulär Also hat man nach dem Lemma eine orthogonale Zerlegung $N = e_1\mathbb{Z} \perp N_1$, wobei (N_1,b) auch unimodular ist. Durch Fortsetzung dieses Verfahrens mit N_1 erhält man die Behauptung.

Die letzte Folgerung gilt auch noch für $n \leq 7$, wie Hermite ebenfalls bewies; für $n = 8$ gilt sie nicht mehr. Wir kommen darauf zurück.

Aus der Abschätzung von Hermite ergibt sich eine weitere wichtige Folgerung, die wir für zweidimensionale Formen bereits im Kapitel über Lagrange kennengelernt haben.

(9.3) Satz. (Eisenstein, Hermite) *Es gibt nur endlich viele Isomorphieklassen positiv definiter (symmetrischer) bilinearer Räume über $\mathbb{Z}$ gegebener Dimension n und gegebener Determinante D.*

Beweis. (durch Induktion nach n) Der Induktionsanfang $n = 1$ ist klar. Sei $B = (b_{ij})$, $1 \leq i,j \leq n$, eine positiv definite symmetrische Matrix mit Koeffizienten in $\mathbb{Z}$ der Determinante D. Sei ohne Einschränkung b_{11} minimal. Setze

$$A = \begin{pmatrix} 1 & \alpha \\ & \\ 0 & E_{n-1} \end{pmatrix}$$

mit $\alpha = (b_{21}/b_{11}, b_{31}/b_{11}, \ldots, b_{n1}/b_{11})$ und E_{n-1} = Einheitsmatrix vom Grade n-1. Es ist

$$B = A^t \begin{pmatrix} b_{11} & 0 \\ 0 & \frac{1}{b_{11}} B' \end{pmatrix} A$$

mit einer ganzzahligen symmetrischen Matrix B' vom Grade n-1, für die $\det(B') = b_{11}^{n-2} D$. Nach (9.1) kommen für b_{11} nur endlich viele Werte in Frage, das Entsprechende gilt daher für det(B'). B' ist auch positiv definit. Nach Induktionsvoraussetzung gibt es daher für B' - bis auf Kongruenz - nur endlich viele Möglichkeiten, etwa $B_1, \ldots, B_t$. Es gibt demnach ein k, $1 \leq k \leq t$, und ein $X \in GL(n-1, \mathbb{Z})$, so daß $B' = X^t B_k X$, also

$$B = \begin{pmatrix} 1 & 0 \\ \alpha^t & X^t \end{pmatrix} \begin{pmatrix} b_{11} & 0 \\ 0 & \frac{1}{b_{11}} B_k \end{pmatrix} \begin{pmatrix} 1 & \alpha \\ 0 & X \end{pmatrix} .$$

Setze $Y = \begin{pmatrix} 1 & 0 \\ 0 & X^{-1} \end{pmatrix}$. Dann gilt

$$Y^t B Y = \begin{pmatrix} 1 & 0 \\ \beta^t & E_{n-1} \end{pmatrix} \begin{pmatrix} b_{11} & 0 \\ 0 & \frac{1}{b_{11}} B_k \end{pmatrix} \begin{pmatrix} 1 & \beta \\ 0 & E_{n-1} \end{pmatrix}$$

mit $\beta = \alpha X^{-1}$. Wir wählen jetzt einen Vektor $u \in \mathbb{Z}^{n-1}$, so daß jede Komponente von $u+\beta = y$ höchstens den Absolutwert $\frac{1}{2}$ hat. Setze

$$Z = \begin{pmatrix} 1 & u \\ 0 & E_{n-1} \end{pmatrix} .$$

Dann gilt mit $Z' = YZ$

$$\widetilde{B} := Z'^t B Z' = \begin{pmatrix} 1 & 0 \\ y^t & E_{n-1} \end{pmatrix} \begin{pmatrix} b_{11} & 0 \\ 0 & \frac{1}{b_{11}} B_k \end{pmatrix} \begin{pmatrix} 1 & y \\ 0 & E_{n-1} \end{pmatrix} .$$

Offensichtlich gibt es nur endlich viele Möglichkeiten für $\widetilde{B}$. Daraus folgt die Behauptung.

Die weitere Entwicklung der Theorie der ganzzahligen quadratischen Formen wurde wesentlich von Hermann Minkowski beeinflußt. Minkowski war zunächst in erster Linie Zahlentheoretiker. Angeregt durch seine zahlentheoretischen Untersuchungen hat er sich dann mehr der Geometrie zugewandt und hier praktisch eine ganz neue Theorie geschaffen, die er selbst *Geometrie der Zahlen* genannt hat und in der geometrische Methoden auf zahlentheoretische Probleme angewandt werden. Die ersten Ansätze zu dieser neuen Theorie hat Minkowski wohl im Jahre 1889 entdeckt, und zwar durch Beschäftigung mit der eben besprochenen Hermiteschen Reduktionstheorie. Ob Minkowski versucht hat, den Beweis von (9.1) zu vereinfachen, ob er vielleicht versucht hat, die Schranke für das Minimum zu verbessern, das wissen wir nicht. Jedenfalls schreibt er am 6.11.1889 an Hilbert:

"Vielleicht interessiert Sie oder Hurwitz der folgende Satz (den ich auf einer halben Seite beweisen kann): In einer positiven quadratischen Form von der Determinante D mit $n(\geq 2)$ Variablen kann man stets den Variablen solche Werte geben, daß die Form $< nD^{1/n}$ ausfällt."

In unserer Terminologie lautet der Satz also

(9.4) Satz. *Sei* $b : \mathbb{Z}^n \times \mathbb{Z}^n \to \mathbb{Z}$ *eine positiv definite symmetrische Bilinearform der Determinante* D. *Dann existiert ein* $x = (x_1,\dots,x_n) \in \mathbb{Z}^n$, $x \neq 0$, *so daß*

$$0 < b(x,x) < n\sqrt[n]{D}\,.$$

Zum Beweis identifiziert Minkowski die gegebene Bilinearform mit der üblichen euklidischen Metrik im $\mathbb{R}^n$, d.h. er macht eine reelle Transformation $X = (\beta_{ij})$, so daß

$$X^tBX = \begin{pmatrix} 1 & & 0 \\ & \ddots & \\ 0 & & 1 \end{pmatrix} \quad ;$$

hier ist $B = (b_{ij})$, $b_{ij} = b(e_i,e_j)$, und $e_1,\dots,e_n$ die kanonische Basis des $\mathbb{R}^n$.

Unter dieser Transformation entsprechen die Vektoren $(x_1,\dots,x_n) \in \mathbb{Z}^n$

den Punkten des Gitters L im $\mathbb{R}^n$, das von den Spaltenvektoren von X^{-1} aufgespannt wird, also

$$L = \{ \sum_{i=1}^{n} \alpha_i b_i \mid \alpha_i \in \mathbb{Z} \}$$

für geeignete Vektoren $b_1,\ldots,b_n$. Es geht dann um die Frage des minimalen Abstandes verschiedener Gitterpunkte. Sei E das Parallelotop mit den Kanten $b_1,\ldots,b_n$. Für das Volumen von E (der sogenannten Fundamentalzelle von L) gilt bekanntlich

$$\Delta = \Delta(L) := \mathrm{vol}(E) = |\det(b_1,\ldots,b_n)| = |\det(X^{-1})| .$$

(So wird die Determinante nach Weierstrass praktisch definiert.) Statt vol(E) schreiben wir auch vol(L); denn diese Zahl hängt nur von L ab. Wegen $\det(X^{-1}) = \sqrt{D}$ ist also $\Delta = \mathrm{vol}(L) = \sqrt{D}$. Die um Vektoren aus L verschobenen Parallelotope E+x, $x \in L$, füllen den ganzen $\mathbb{R}^n$ aus, wobei benachbarte jeweils eine Seitenfläche gemeinsam haben. Jetzt denkt sich Minkowski um jeden Gitterpunkt als Mittelpunkt einen n-dimensionalen Würfel der Kantenlänge $(1/\sqrt{n})M$ gelegt, wobei M der minimale Abstand ist, den zwei verschiedene Punkte des Gitters haben. Alle diese Würfel seien parallel orientiert:

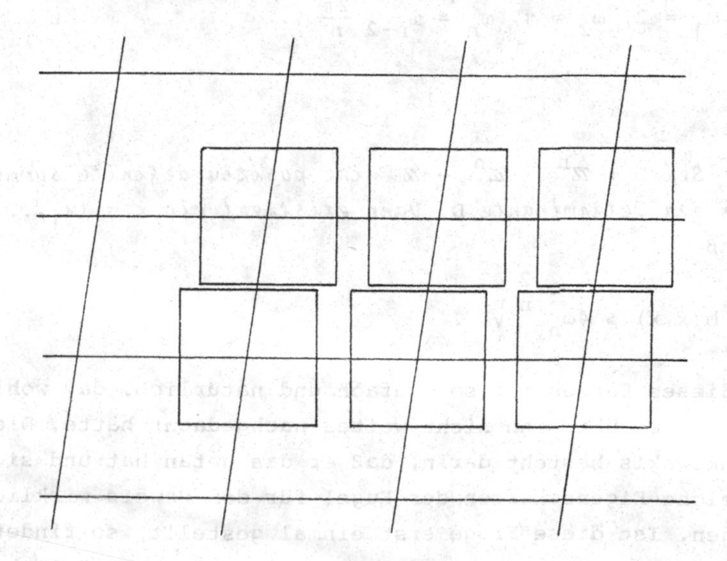

Der Abstand des Mittelpunktes des Würfels zu seinem Eckpunkt ist nach Pythagoras gleich

$$\sqrt{n(\frac{1}{2}\frac{1}{\sqrt{n}}M)^2} = \frac{1}{2}M .$$

Da der Mindestabstand zweier Gitterpunkte M ist, sind alle diese Würfel disjunkt. Es folgt

$$\mathrm{vol}(E) > \mathrm{vol}\ (\text{Würfel}), \text{ also } \sqrt{D} > (\frac{1}{\sqrt{n}} M)^n$$

und damit die Abschätzung

$$M^2 < n \sqrt[n]{D} . \quad \text{q.e.d.}$$

Für große n ist diese Minkowskische Abschätzung offensichtlich viel schärfer als die von Hermite. Sofort darauf wird Minkowski auch klar, daß seine Abschätzung noch einmal verbessert werden kann, indem man einfach Kugeln vom Radius $\frac{1}{2}M$ um jeden Gitterpunkt legt. Diese Kugeln können sich dann gerade berühren; also ist ihr Volumen ebenfalls kleiner als das Volumen der Fundamentalzelle, d.h.

$$(\frac{1}{2} M)^n \omega_n < \sqrt{D} ,$$

wobei ω_n das Volumen der n-dimensionalen Einheitskugel ist, also

$$\omega_1 = 2,\ \omega_2 = \pi,\ \omega_n = \omega_{n-2} \frac{2\pi}{n} .$$

Man erhält

(9.5) <u>Satz</u>. *Sei* $b : \mathbb{Z}^n \times \mathbb{Z}^n \to \mathbb{Z}$ *eine positiv definite symmetrische Bilinearform der Determinante* D. *Dann existiert ein* $x = (x_1,\ldots,x_n) \in \mathbb{Z}$ $x \neq 0$, *so daß*

$$b(x,x) \leq 4\omega_n^{-\frac{2}{n}} \sqrt[n]{D} . \qquad \text{(M)}$$

Der Beweis dieses Satzes ist so einfach und natürlich, daß wohl fast jeder Mathematiker über ihn nicht weiter nachgedacht hätte. Die große Leistung Minkowskis besteht darin, daß er das getan hat und sich überlegt hat, welche Eigenschaften der Kugel für den Beweis wirklich gebraucht werden. Ist diese Frage erst einmal gestellt, so findet man leicht die Antwort: Man braucht, daß sie symmetrisch bezüglich ihres Mittelpunktes ist und daß ihre Begrenzungsfläche - wie Minkowski zunächst immer sagt - nirgends konkav ist. Diese Eigenschaften führen nämlich dazu, daß die um die Gitterpunkte gelegten Kugeln alle disjunkt sind. So ergibt sich der berühmte Minkowskische Gitterpunktsatz, mit dessen Formulierung die "Geometrie der Zahlen" als mathematische Theorie entsteht. Wir formulieren ihn gleich so, wie er für die Anwendungen gebraucht wird.

(9.6) Minkowskischer Gitterpunktsatz. *Es sei* L *ein Gitter im* $\mathbb{R}^n$ *und* K *eine konvexe zentralsymmetrische Menge um den Nullpunkt, d.h. mit* $x,y \in K$ *gilt auch* $-x$, $\frac{1}{2}(x+y) \in K$.
Wenn dann $\mathrm{vol}(K) \geq 2^n\Delta(L)$ *ist, so enthält* K *einen Gitterpunkt* $x \in L$, $x \neq 0$.

Wir gehen den Beweis kurz durch: Ist zunächst K eine beliebige Menge, deren Volumen definiert ist, und ist K zu allen K+x, $x \in L$, $x \neq 0$, disjunkt, so gilt $\mathrm{vol}(K) \leq \mathrm{vol}(E)$, wenn E eine Fundamentalzelle ist. Diese anschaulich nahezu selbstverständliche Tatsache beweist man, indem man K in Teilstücke $K_1, K_2, \ldots$ zerlegt, die jeweils aus den Teilen von K bestehen, die in den parallel-verschobenen Fundamentalzellen liegen. Diese Teilstücke verschiebt man in eine festgewählte Fundamentalzelle, und dort liegen sie nach Voraussetzung disjunkt, woraus die Ungleichung $\mathrm{vol}(K) \leq \mathrm{vol}(E)$ folgt. (Vgl. Skizze.)

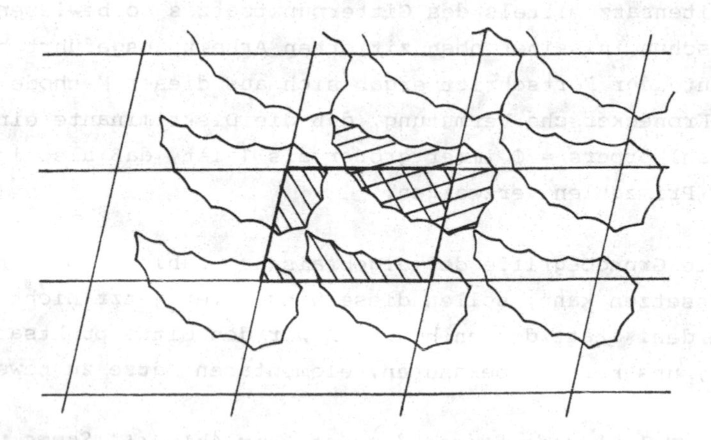

Ist nun $\mathrm{vol}(K) > 2^n\Delta$, also $\mathrm{vol}(\frac{1}{2}K) > \Delta$ mit $\frac{1}{2}K = \{\frac{1}{2}x \mid x \in K\}$, so können nicht alle Parallelverschiebungen von $\frac{1}{2}K$ disjunkt sein. Es gibt also $\frac{1}{2}x$, $\frac{1}{2}y \in \frac{1}{2}K$ und $z \in L$, $z \neq 0$, mit $\frac{1}{2}x = \frac{1}{2}y + z$ oder $z = \frac{1}{2}(x-y)$. Nach

Voraussetzung ist aber $-y$, und auch $\frac{1}{2}(x-y)$ in K, was zu zeigen war.

Hilberts Kommentar zu diesem Satz und seinem Beweis in seiner Gedächtnisrede lautet so: "Dieser Beweis eines tiefliegenden zahlentheoretischen Satzes ohne rechnerische Hilfsmittel wesentlich auf Grund einer geometrischen anschaulichen Betrachtung ist eine Perle Minkowskischer Erfindungskunst... . Noch wichtiger aber war es, daß der wesentliche Gedanke des Minkowskischen Schlußverfahrens nur die Eigenschaft des Ellipsoides, daß dasselbe eine konvexe Figur ist und einen Mittelpunkt besitzt, benutzte und daher auf beliebige konvexe Figuren mit Mittelpunkt übertragen werden konnte. Dieser Umstand führte Minkowski zum ersten Male zu der Erkenntnis, daß der *Begriff des konvexen Körpers* ein fundamentaler Begriff in unserer Wissenschaft ist und zu deren fruchtbarsten Forschungsmitteln gehört."

Diese Überlegungen und Sätze hat Minkowski zum ersten Mal veröffentlicht in der Arbeit: "Über positive quadratische Formen und über die kettenbruchähnlichen Algorithmen", die 1891 im Crelleschen Journal (Bd. 107, S. 278-297) erschienen ist. Er hat auch sofort gesehen, daß der Gitterpunktsatz einen direkten Weg zum Beweis vieler fundamentaler Tatsachen der algebraischen Zahlentheorie eröffnet. So wird in modernen Lehrbüchern der algebraischen Zahlentheorie (siehe z.B. Borevic und Safarevic) der Satz von der Endlichkeit der Klassenzahl und der Dirichletsche Einheitensatz mittels des Gitterpunktsatzes so bewiesen, wie es Minkowski schon in seiner oben zitierten Arbeit ausgeführt hat. Als weiterer bedeutender Fortschritt ergab sich aus dieser Methode ein Beweis für die Kroneckersche Vermutung, daß die Diskriminante eines algebraischen Zahlkörpers $\neq \mathbb{Q}$ immer größer als 1 ist, daß also in solchen Körpern immer Primzahlen verzweigen.

Da ich hier die Grundbegriffe der algebraischen Zahlentheorie nicht als bekannt voraussetzen kann, sollen diese Dinge hier jetzt nicht weiter ausgeführt werden. Statt dessen benutzen wir den Gitterpunktsatz, um die folgenden, uns bereits bekannten, elementaren Sätze zu beweisen.

<u>Satz</u>. (Fermat, Euler) *Jede Primzahl* p *der Form* $4k+1$ *ist Summe von zwei Quadraten ganzer Zahlen.*

<u>Satz</u>. (Lagrange, Euler) *Jede natürliche Zahl ist Summe von vier Quadraten ganzer Zahlen.*

Satz. (Legendre) *Es seien a,b,c paarweise teilerfremde quadratfreie ganze Zahlen, die nicht alle das gleiche Vorzeichen haben. Die Gleichung*

$$ax^2+by^2+cz^2 = 0$$

hat eine Lösung $(x,y,z) \neq (0,0,0)$ *genau dann, wenn die folgenden Kongruenzen lösbar sind:*

$$u^2 \equiv -bc \pmod a$$

$$v^2 \equiv -ca \pmod b$$

$$w^2 \equiv -ab \pmod c) .$$

Der Beweis des ersten Satzes verläuft folgendermaßen. Wie bereits mehrfach erwähnt, existiert eine ganze Zahl u, so daß $u^2 \equiv -1 \bmod p$. Im $\mathbb{R}^2$ betrachten wir jetzt das Gitter

$$L = \{(x,y) \in \mathbb{Z}^2 \mid y \equiv ux \bmod p\} .$$

Es ist also $x \in \mathbb{Z}$ beliebig wählbar und y ist dann durch x modulo p eindeutig bestimmt. Das betrachtete Gitter enthält also jedes p-te ganzzahlige Paar (x,y); die Fundamentalzelle hat also Flächeninhalt p. Setzt man $r = 2\sqrt{\frac{p}{\pi}}$ und $K = K(0,r)$ = Kreis um 0 mit Radius r, so ist $\mathrm{vol}(K) \geq 2^2\Delta(L)$. Nach dem Gitterpunktsatz existiert also ein $(x,y) \in L - \{0\}$, so daß

$$0 < x^2+y^2 \leq \frac{4p}{\pi} < 2p .$$

Wegen $u^2 \equiv -1 \bmod p$ und $y \equiv ux \bmod p$ ist $x^2+y^2 \equiv 0 \bmod p$. Es folgt also $x^2+y^2 = p$.

Der Leser kann nach demselben Verfahren jetzt auch z.B. folgende von Euler stammenden Sätze beweisen:

Jede Primzahl $p = 1+6k$ ist von der Form x^2+3y^2.
Jede Primzahl $p = 1+8k$ ist von der Form x^2+2y^2.

Um den Vier-Quadrate-Satz zu beweisen, reicht es zu zeigen, daß jede ungerade Primzahl p Summe von vier Quadraten ist (vgl. Seite 36).

Wir schicken voraus, daß in einem endlichen Körper K die Gleichung $ax^2+by^2 = c$ für alle $a,b,c \in K$ lösbar ist. Das beweist man mit dem sogenannten Schubfachprinzip: Sei q die Anzahl der Elemente in K. Wir können ohne Einschränkung annehmen, daß q ungerade ist, denn andernfalls hat die Gleichung $ax^2 = c$ bereits eine Lösung. Setzt man dann für x nacheinander die Elemente von K ein, so liefert der Ausdruck ax^2 insgesamt $\frac{1}{2}(q+1)$ verschiedene Werte. Macht man das gleiche für y, so liefert der Ausdruck $c-by^2$ ebenfalls $\frac{1}{2}(q+1)$ verschiedene Werte. Wegen

$$\frac{1}{2}(q+1) + \frac{1}{2}(q+1) > q$$

folgt, daß einer der Werte für ax^2 mit einem der Werte für $c-by^2$ übereinstimmt, d.h. $ax^2+by^2 = c$ ist lösbar.

Kehren wir zurück zu unserer konkreten Situation, so existieren also $u,v \in \mathbb{Z}$ mit $u^2+v^2+1 \equiv 0 \bmod p$. Wir betrachten jetzt im $\mathbb{R}^4$ das Gitter

$$L = \{(a,b,c,d) \mid c \equiv ua+vb \bmod p,\ d \equiv ub-va \bmod p\}$$

und finden $\Delta(L) = p^2$. Setzt man $r = \sqrt[4]{32}\sqrt{\frac{p}{\pi}}$, so ist $\mathrm{vol}(K(0,r)) = r^4\omega_4 = 2^4p^2 \geq 2^4\Delta(L)$, und nach dem Gitterpunktsatz existiert ein $(a,b,c,d) \in L-\{0\}$ mit $0 < a^2+b^2+c^2+d^2 < (4\sqrt{2}p)/\pi < 2p$. Wegen $a^2+b^2+c^2+d^2 \equiv a^2+b^2+(ua+vb)^2+(ub-va)^2 \bmod p \equiv (a^2+b^2)(u^2+v^2+1) \bmod p \equiv 0 \bmod p$ ist dann $a^2+b^2+c^2+d^2 = p$.

Was den Satz von Legendre betrifft, so sieht man leicht, daß die angegebenen Kongruenzen notwendig sind: Ist $ax^2+by^2+cz^2 = 0$, so folgt $by^2+cz^2 \equiv 0 \pmod a$, also $(cz)^2 = -bcy^2$. Da man x,y,z teilerfremd annahmen kann, ist y Einheit modulo a, also $X^2 \equiv -bc \pmod a$ lösbar. Umgekehrt betrachten wir zu einer Lösung (u,v,w) der angegebenen Kongruenzen das Gitter L aller ganzen (x,y,z) mit

$$\begin{aligned} uy &\equiv cz \pmod a \\ vz &\equiv ax \pmod b \\ wx &\equiv by \pmod c . \end{aligned}$$

Es ist leicht zu sehen, daß $\Delta(L) = |abc|$ ist und daß diese Kongruenzen zu der Kongruenz

$$ax^2+by^2+cz^2 \equiv 0 \pmod{abc}, \quad (x,y,z) \in L$$

führen. Das konvexe, zentralsymmetrische Ellipsoid

$$K = \{(x,y,z) \in \mathbb{R}^3 \mid |a|x^2+|b|y^2+|c|z^2 \leq R\}$$

hat bekanntlich das Volumen $\frac{4\pi}{3}(\frac{R^3}{|abc|})^{1/2}$. Nach dem Gitterpunktsatz existiert also ein $0 \neq (x,y,z) \in (L \cap K)$, falls

$$\frac{4\pi}{3}(\frac{R^3}{|abc|})^{1/2} > 8|abc|$$

oder

$$R > (\frac{6}{\pi})^{2/3}|abc| .$$

Es existiert also $0 \neq (x,y,z) \in L$ mit

$$|ax^2+by^2+cz^2| \leq |a|x^2+|b|y^2+|c|z^2 < 2|abc|$$

also $ax^2+by^2+cz^2 = 0$ oder $ax^2+by^2+cz^2 = \pm abc$. Im ersten Fall sind wir fertig. Gilt $ax_o^2+by_o^2+cz_o^2 = -abc$, so folgt

$$a(x_oz_o+by_o)^2+b(y_oz_o-ax_o)^2+c(z_o^2+ab)^2 = 0,$$

und wir sind fertig. Um den Fall $ax^2+by^2+cz^2 = abc$ auszuschließen, müssen wir benutzen, daß a,b,c nicht alle gleiches Vorzeichen haben. Wir wollen das nicht weiter ausführen, da es uns hier nur auf die Anwendung des Gitterpunktsatzes ankommt.

Wie fast jeder hervorragende Mathematiker war Minkowski sehr an Anwendungen der Mathematik und zwar an physikalischen Fragestellungen interessiert. Durch seine fünf physikalischen Arbeiten ist er auch einem weiteren Kreise bekannt geworden. Er hat nämlich im Anschluß an Lorentz als erster die Grundgleichungen der Elektrodynamik vom relativistischen Standpunkt aus formuliert. Hierzu ist historisch vielleicht noch anzumerken, daß wesentliche Ideen der speziellen Relativitätstheorie bereits gegen Ende des letzten Jahrhunderts von Lorentz formuliert wurden, die dann zehn Jahre später durch Einstein zu der speziellen Relativitätstheorie ausgebaut wurden. Einstein war übrigens Hörer Minkowskis, in dessen Züricher Zeit, hat aber in dessen Vorlesungen wenig verstanden. Auf Minkowski gehen die heute in der Relativitätstheorie üblichen

Begriffe wie Lichtkegel, zeitartiger Vektor und raumartiger Vektor zurück, und er hat postuliert, daß sich die Gravitation mit Lichtgeschwindigkeit ausbreitet, was bis heute experimentell nicht belegt ist.

Wir wollen uns mit diesen wenigen Andeutungen über die physikalischen Arbeiten Minkowskis begnügen und im folgenden noch kurz die wichtigsten Lebensdaten Minkowskis mitteilen. Anläßlich seiner Berufung zum ordentlichen Professor in Göttingen schreibt er selbst:

"Hermann Minkowski, geboren am 22. Juni 1864 zu Alexoten in Rußland, besuchte von 1872-1880 das Altstädtische Gymnasium zu Königsberg i. Pr. studierte von Ostern 1880 Mathematik, 5 Semester in Königsberg i. Pr. unter Heinrich Weber, 3 Semester in Berlin unter Kronecker und Weierstr. Am 30. Juli 1885 promovierte M. in Königsberg i. Pr., den 15.4.1887 habilitierte er sich in Bonn und wurde dortselbst am 12.8.1892 zum außerordentlichen Professor ernannt. Zum April 1894 nach Königsberg versetzt wurde M. dort am 18.3.1895 zum ordentlichen Professor ernannt. Aus diesem Amte schied M. am 12. October 1896 aus, um einem Rufe als Professor für Mathematik an das eidgenössische Polytechnikum in Zürich zu folgen, in welcher Stellung er bis zum Herbst 1902 verblieb. Am 7. Juli 1902 erfolgte die Ernennung zum ordentlichen Professor in Göttingen."

Anschließend war er sieben Jahre in Göttingen tätig, bis er am 12.1.190 ganz plötzlich an einer Blinddarmentzündung verstarb.

Vieles weitere über sein Leben, seine Person und seine wissenschaftlich Arbeit erfahren wir aus einem ausführlichen Nachruf, verfaßt von seinem engsten Freund David Hilbert (1862-1943), dem bedeutendsten Mathematike jener Zeit, einem der bedeutendsten Mathematiker überhaupt, und aus Erinnerungen seiner Tochter, die 1973, als Einleitung zu der Ausgabe seiner Briefe an Hilbert, veröffentlicht wurden. Diesen Quellen entnehmen wir folgendes: Minkowski stammt aus einer jüdischen Kaufmannsfamilie, die im Grenzgebiet zwischen Rußland, Polen, Litauen und Ostpreußen beheimatet war. Das in seinem Lebenslauf erwähnte Dorf Alexoten liegt gegenüber der Stadt Kaunas (oder Kowno) an der Memel. Die politischen Unruhen jener Zeit (die polnischen Aufstände gegen die russische Herrschaft) und die Studienbeschränkungen für Juden in Rußland, veranlaßten die Familie, nach Königsberg überzusiedeln. Hermann Minkowski war ebenso wie seine Brüder außerordentlich begabt (sein Bruder Oskar wurde ein bedeutender Mediziner, der insbesondere die Ursachen der Zuckerkrankheit aufklärte), und erzielte frühzeitig glänzende wissenschaftliche

Charles Hermite

Hermann Minkowski

Gotthold Eisenstein

Erfolge, über die Hilbert folgendermaßen berichtet:

"Da er von sehr rascher Auffassung war und ein vortreffliches Gedächtnis hatte, wurde er auf mehreren Klassen in kürzerer als der vorgeschriebenen Zeit versetzt und verließ das Gymnasium schon März 1880 - noch als Fünfzehnjähriger - mit dem Zeugnis der Reife. Ostern 1880 begann Minkowski seine Universitätsstudien. Insgesamt hat er 5 Semester in Königsberg, vornehmlich bei Weber und Voigt, und 3 Semester in Berlin studiert, wo er die Vorlesung von Kummer, Kronecker, Weierstrass, Helmholtz und Kirchhoff hörte ... . Sehr bald begann Minkowski tiefgehende und gründliche mathematische Studien. Ostern 1881 hatte die Pariser Akademie das Problem der Zerlegung der ganzen Zahlen in eine Summe von fünf Quadraten als Preisthema gestellt. Dieses Thema griff der siebzehnjährige Student mit aller Energie an und löste die gestellte Aufgabe aufs glänzendste, indem er weit über das Preisthema hinaus die allgemeine Theorie der quadratischen Formen, insbesondere ihre Einteilung in Ordnungen und Geschlechter - zunächst sogar für beliebigen Trägheitsindex - entwickelte. Es ist erstaunlich, welch sichere Herrschaft Minkowski schon damals über die algebraischen Methoden, insbesondere die Elementarteilertheorie, sowie über die transzendenten Hilfsmittel wie die Dirichletschen Reihen und die Gaußschen Summen besaß ... . Der noch nicht Achtzehnjährige reichte am 30. Mai 1882 die Arbeit der Pariser Akademie ein. Obwohl dieselbe, entgegen den Bestimmungen der Akademie, in deutscher Sprache abgefaßt war, so erkannte die Akademie dennoch unter ausdrücklicher Betonung des exzeptionellen Falles auf Zuerteilung des vollen Preises, da - wie es im Kommissionsbericht heißt - eine Arbeit von solcher Bedeutung nicht wegen einer Irregularität der Form von der Bewerbung auszuschließen sei, und erteilte ihm im April 1883 den Grand Prix des Sciences Mathématiques ... . Als die Zuerkennung des Akademiepreises an Minkowski in Paris bekannt wurde, richtete die dortige chauvinistische Presse gegen ihn die unbegründeten Angriffe und Verdächtigungen. Die französischen Akademiker C. Jordan und J. Bertrand stellten sich sofort rückhaltlos auf die Seite Minkowskis. "Travaillez, je vous prie, à devenir un géomètre éminent." In dieser Mahnung des großen französischen Mathematikers C. Jordan an den jungen deutschen Studenten gipfelte die bei diesem Anlaß zwischen C. Jordan und Minkowski geführte Korrespondenz, - eine Mahnung, die Minkowski treulich beherzigt hat; begann doch nun für ihn eine arbeitsfrohe und publikationsreiche Zeit."

Durch die obigen Abschätzungen von Hermite und Minkowski für das Minimum M wird natürlich die Frage nach der bestmöglichen Schranke aufgeworfen, also die Frage nach denjenigen Gittern (sogenannte *extreme Gitter*) mit Determinante 1, für die das Minimum M maximal wird. Es sei also μ_n die größte Zahl, so daß im $\mathbb{R}^n$ ein Gitter der Determinante 1 existiert, in dem alle Abstände zwischen verschiedenen Gitterpunkten $\geq \mu_n$ ist. Dieses Problem ist nur für die Dimensionen ≤ 8 gelöst, und zwar gilt:

(9.7) <u>Satz</u>. (Korkine - Zolotareff, Blichfeldt.) *Für* $n = 2,\ldots,8$ *nimmt* μ_n *die folgenden Werte an*

$$\sqrt[4]{4/3},\quad \sqrt[6]{2},\quad \sqrt[8]{4},\quad \sqrt[10]{8},\quad \sqrt[12]{64/3},\quad \sqrt[14]{64},\quad \sqrt{2}\ .$$

Dieser Satz ist nur für $n = 2$ leicht zu beweisen. In diesem Fall entsteht das Gitter aus der Parkettierung der Ebene mit gleichseitigen Dreiecken.

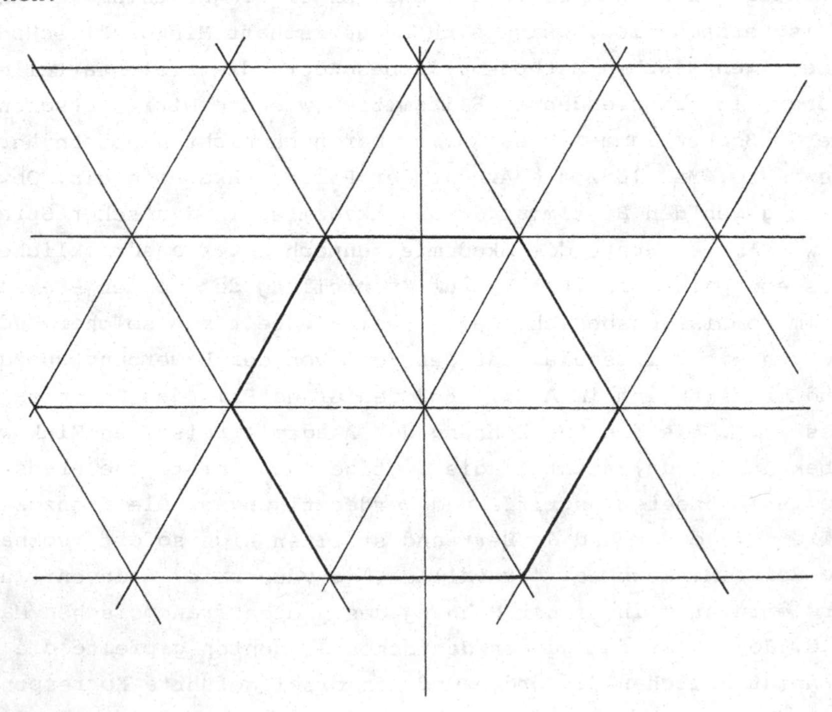

Es wird also von den Vektoren $(\sqrt[4]{4/3}, 0)$ und $(\frac{1}{2}\sqrt[4]{4/3}, \sqrt[4]{3/4})$ aufgespannt. Offenbar hat die Fundamentalzelle Flächeninhalt $1 = \sqrt[4]{4/3} \cdot \sqrt[4]{3/4}$, und es ist leicht festzustellen, daß für dieses Gitter M maximal wird. (Beweis: Wir betrachten ein extremes Gitter. Ohne Einschränkung der Allgemeinheit sei $(a,0)$, $a > 0$, ein Gitterpunkt mit minimalem Abstand von 0. Der zweite Basisvektor kann dann in der Form $(b,\frac{1}{a})$ geschrieben werden. Auf der Parallelen im Abstand $\frac{1}{a}$ zur Gitterachse liegen also Gitterpunkte im Abstand a. Indem wir den am dichtesten an der y-Achse liegenden Punkt wählen, können wir b dem Betrag nach $\leq a/2$ machen. Wäre jetzt $a > \sqrt[4]{4/3}$, so würde folgen $a^4 > 4/3$, also $1/a^2 < 3a^2/4$, also $a^2/4 + 1/a^2 < a^2$, also $\sqrt{a^2/4 + 1/a^2} < a$, also $\sqrt{b^2 + 1/a^2} < a$, d.h. $(b,1/a)$ hat kleineren Abstand vom Nullpunkt als a, im Widerspruch zu unserer Annahme.)

Wir wollen jetzt noch wenigstens in den Dimensionen 2 bis 8 die Gitter angeben, für die das Maximum μ_n angenommen wird. Dazu gehen wir von den folgenden Graphen aus

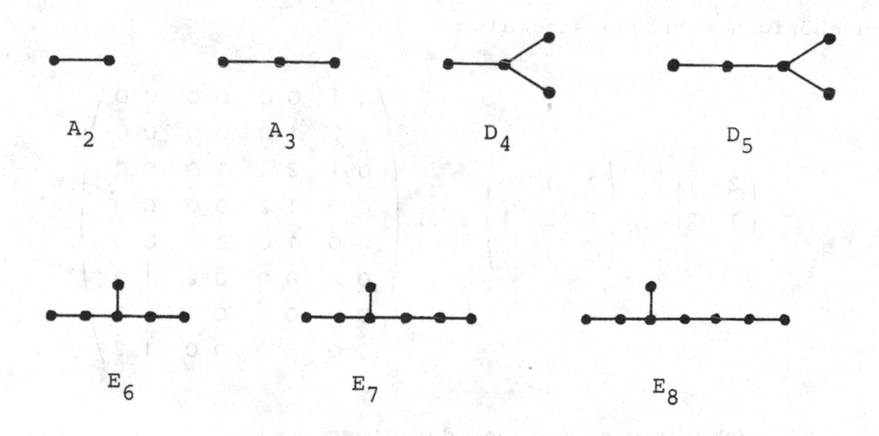

(Diese Graphen spielen in vielen Gebieten der Mathematik eine bedeutende Rolle, insbesondere in der Theorie der Lie-Gruppen - daher kommt auch die Bezeichnung $A_2,\ldots,E_8$ - oder bei der Bestimmung aller platonischen Polyeder. Einen gemeinsamen Ursprung zu finden, wäre sicherlich von fundamentaler Bedeutung. Zu einem solchen Graphen mit n Punkten konstruiert man ein Gitter im $\mathbb{R}^n$ folgendermaßen: Jedem Punkt des

Graphen entspricht ein Basisvektor des Gitters. Alle diese Basisvektoren haben gleiche Länge. Sind die den Basisvektoren entsprechenden Punkte direkt verbunden, so sollen die Basisvektoren einen Winkel von 60° einschließen, andernfalls sollen sie senkrecht aufeinander stehen. Jetzt wählt man die Länge der Basisvektoren noch so, daß die Fundamentalzelle Volumen 1 hat. Auf diese Weise ist das gesuchte Gitter bestimmt

Wie gesagt, ist es schwierig nachzuweisen, daß diese Gitter die geforderte Eigenschaft haben. Es ist aber ziemlich leicht nachzurechnen, daß μ_n die angegebenen Werte hat. Es seien $b_1,\ldots,b_n$ die Basisvektoren, die zunächst alle von der Länge $\sqrt{2}$ gewählt sein sollen, d.h. das innere Produkt $\langle b_i,b_i\rangle$ ist gleich 2. Das innere Produkt zweier benachbarter Basisvektoren ist dann gleich $1 (= 2\cos 60^{\circ})$, zweier nicht benachbarter gleich 0. Also

$$\langle b_i,b_j\rangle = \begin{cases} 2 & b_i = b_j \\ 1 & b_i,b_j \text{ benachbart} \\ 0 & b_i,b_j \text{ nicht benachbart.} \end{cases}$$

Die zugehörigen Matrizen sind also

$$\begin{vmatrix} 2 & 1 \\ 1 & 2 \end{vmatrix} , \begin{vmatrix} 2 & 1 & 0 \\ 1 & 2 & 1 \\ 0 & 1 & 2 \end{vmatrix} ,\ldots, \begin{pmatrix} 2&1&0&0&0&0&0&0 \\ 1&2&1&0&0&0&0&0 \\ 0&1&2&1&1&0&0&0 \\ 0&0&1&2&0&0&0&0 \\ 0&0&1&0&2&1&0&0 \\ 0&0&0&0&0&2&1&0 \\ 0&0&0&0&0&1&2&1 \\ 0&0&0&0&0&0&1&2 \end{pmatrix} .$$

Es ist nicht schwierig zu zeigen, daß diese positiv definit sind.

Nun ist bekanntlich die Determinante der Matrix $B = (\langle b_i,b_j\rangle)$ gleich dem Quadrat des Volumens der Fundamentalzelle.
(Schreibe b_i als Linearkombination einer Orthonormalbasis $e_1,\ldots,e_n$, $b_i = \Sigma\, \beta_{ij} e_j$. Dann ist $B = (\beta_{ij})^t(\beta_{ij})$.)
Weiter ist keiner der Gitterpunkte dichter am Nullpunkt als die b_i, de hat man einen Gitterpunkt $0 \neq \sum_{i=1}^{n} k_i b_i$, $k_i \in \mathbb{Z}$, so ist

$$< \sum_{i=1}^{n} k_i b_i , \sum_{j=1}^{n} k_j b_j > = \Sigma\Sigma k_i k_j <b_i, b_j>$$

$$= \sum_{i=1}^{n} k_i^2 \cdot 2 + 2 \cdot \sum_{\substack{i,j \text{ benachbart} \\ i<j}} k_i k_j \geq 2 .$$

Die Zahl μ_n ergibt sich nun, indem man det(B) explizit berechnet, z.B. im Fall n = 3 ist

$$B = \begin{pmatrix} 2 & 1 & 0 \\ 1 & 2 & 1 \\ 0 & 1 & 2 \end{pmatrix} , \det(B) = 4 .$$

Das Volumen der Fundamentalzelle ist also 2. Um dieses zu 1 zu machen, muß man alles mit dem Faktor $1/\sqrt[3]{2}$ multiplizieren.

Der minimale Abstand ist also $\sqrt{2}/\sqrt[3]{2} = \sqrt[6]{2}$. Dieses Gitter tritt übrigens als Kristallgitter vieler Elemente auf, z.B. bei Silber oder Gold.

Allgemein hat man, um das Volumen der Fundamentalzelle zu 1 zu machen, die Basisvektoren mit dem Faktor $\alpha = 1/\sqrt[2n]{\det B}$ zu multiplizieren. Der minimale Abstand ist dann $\alpha\sqrt{2}$.

Besonders interessant ist noch der Fall n = 8. Es ist detB = 1, und der minimale Abstand ist $\sqrt{2}$. Die zugehörige symmetrische Bilinearform b ist nicht isomorph zur Einheitsform $x_1^2+...+x_8^2$, weil b nur gerade Werte annimmt.

Die Frage nach dem Maximum μ_n ist verwandt mit dem Problem der dichtesten *Kugelpackungen*, das darin besteht, in den $\mathbb{R}^n$ unendlich viele Kugeln gleichen Durchmessers möglichst dicht zu packen. Dieses Problem ist für alle n ≥ 3 ungelöst, obwohl alle Physiker "wissen" und kein Mathematiker bezweifelt, daß im $\mathbb{R}^3$ das zu A_3 gehörige Gitter die dichteste Kugelpackung liefert, indem man um jeden Gitterpunkt als Mittelpunkt eine Kugel legt.

Um diesen Fragenkreis abzuschließen, wollen wir noch auf ein weiteres ungelöstes Problem hinweisen, das in der Theorie der Kristallgitter praktische Bedeutung hat. Versucht man die Kristallstruktur eines Stoffes zu bestimmen, so mißt man mittels Röntgeninterferenzen (z.B. im Debye Scherrer - Versuch) die Abstände zwischen verschiedenen Gitterebenen. Das Problem, wieweit durch die Menge dieser Abstände das Gitter eindeutig bestimmt ist, ist ungelöst.

Literaturhinweise

Ch. Hermite: Oeuvres, 4 Bände, Gauthier-Villars, Paris, 1905
insbesondere: Lettres de M. Hermite à M. Jacobi sur différents objects de la théorie de nombres

H. Minkowski: Gesammelte Abhandlungen,
insbesondere: Über die positiven quadratischen Formen und über kettenbruchähnliche Algorithmen, Bd. II, 243-260.
Zur Theorie der positiven quadratischen Formen, Bd. II, 212-218.
Gedächtnisrede auf H. Minkowski, von D. Hilbert, Seite V-XXXI

H. Minkowski: Geometrie der Zahlen, Teubner, Leipzig, 1896,
Nachdruck Johnson Reprint Corp., New York, 1968

H.F. Blichfeldt: The minimum values of positive quadratic forms in six seven and eight variables, Mathematische Zeitschrift, 39, 1934, 1-15

A.N. Korkin, E.I. Zolotarev: Sur les formes quadratiques positives quaternaires, Mathematische Annalen, 5, 1872, 581-583

- Sur les formes quadratiques, Mathematische Annalen, 6, 187 366-389

- Sur les formes quadratiques positives, Mathematische Annalen, 11, 1877, 242-292

C.A. Rogers: Packing and covering, Cambridge University Press, 1964

J. Milnor, D. Husemoller: Symmetric Bilinear Forms, Springer Verlag, 1973

H. Davenport, M. Hall: On the Equation $ax^2+by^2+cz^2 = 0$, Quart. J. Math (2) 19 (1948), 189-192

10. Ausblick: Reduktionstheorie

In diesem ganzen Buch hat die Theorie der quadratischen Formen im Vordergrund gestanden, und dabei haben wir uns insbesondere mit der Reduktionstheorie beschäftigt, deren Hauptfragestellung die folgende ist: Betrachtet werden die reell-wertigen quadratischen Formen in n Variablen. Gesucht sind Ungleichungen für die Koeffizienten, so daß jede Form zu genau einer *reduzierten* ganzzahlig äquivalent ist, also zu einer, die diese Ungleichungen erfüllt. (Von jetzt ab betrachten wir, ohne daß das noch einmal ausdrücklich gesagt wird, nur noch *positive* Formen.)

Für den einfachsten Fall der Formen von 2 Variablen haben wir die Lösung dieses Problems von Lagrange beschrieben und einige Anwendungen diskutiert. Für 3 Variable ist die Frage schon erheblich komplizierter; sie wurde von Seeber (einem Schüler von Gauß) gelöst und von Dirichlet in elementargeometrischer Weise abgeleitet (vgl. Literaturhinweise). Ist die Form durch die Matrix

$$\begin{pmatrix} a & d & e \\ d & b & f \\ e & f & c \end{pmatrix}$$

gegeben, so sind die Bedingungen von Seeber-Dirichlet die folgenden:

$$0 < a \leq b \leq c$$

$$2|d| \leq a, \quad 2|e| \leq a, \quad 2|f| \leq b$$

entweder $d,e,f \geq 0$

oder $d,e,f \leq 0$ und $-2(d+e+f) \leq a+b$.

(Es kommen noch Nebenbedingungen hinzu, die aber nur Ausnahmefälle wie a=b usw. betreffen und die wir nicht angeben.)

Für mehr als 3 Variable wird das Problem dann so kompliziert, daß eine explizite Lösung nicht bekannt ist (und wegen ihrer Kompliziertheit auch wohl nicht mehr interessant wäre). Minkowski hat jedoch in einer bedeutenden Arbeit eine prinzipielle Lösung gefunden, die wir jetzt beschreiben. Eine quadratische Form in n Variablen oder eine symmetrische $n \times n$-Matrix hat $\frac{1}{2}n(n+1) = N$ freie Koeffizienten und wird im Folgenden als ein Element des euklidischen Raumes $\mathbb{R}^N$ aufgefaßt. Dann gilt:

(10.1) Satz. (Minkowski) *Es existiert ein konvexer Kegel* H *im* $\mathbb{R}^N$, *der durch endlich viele Hyperebenen durch den Nullpunkt begrenzt wird, so daß zu jeder positiven symmetrischen Matrix* $A \in \mathbb{R}^N$ *eine ganzzahlig aequivalente* $TAT^t \in H$ *existiert. Diese ist eindeutig bestimmt, falls sie im Inneren von* H *liegt.* (H *enthält nur positive Formen.*)

Es existiert also eine Reduktionstheorie in der Art wie für 2 und 3 Variable. Anschließend beweist Minkowski einen zweiten grundlegenden Satz in dieser Theorie. Er betrachtet nämlich das Stück H_1 von H, das alle symmetrischen Matrizen der Determinante ≤ 1 enthält, und berechnet das Volumen von H_1:

(10.2) Satz. (Minkowski) *Es gilt*

$$\text{Volumen}\ (H_1) = \frac{2^n}{n+1}\ \frac{\zeta(2)\ldots\zeta(n)}{s_2\ldots s_n}\ ,$$

wobei s_k *die Oberfläche der k-dimensionalen Einheitskugel bezeichnet, also*

$$s_k = 2\pi^{k/2}/\Gamma(k/2) = \begin{cases} 2\pi^{m+1}/m! & \text{für}\quad k = 2(m+1) \\ 2^{2m+1}\pi^m\ m!/(2m)! & \text{für}\quad k = 2m+1 \end{cases}$$

Hierzu ist zunächst zu bemerken, daß H_1 natürlich nicht eindeutig bestimmt ist. Da bei einer Variablentransformation mit Determinante 1 sich das Volumen aber nicht ändert, ist $\text{vol}(H_1)$ eindeutig bestimmt. Das interessanteste an diesem tiefen und schwierigen Satz ist vielleic daß durch diese Formeln alle ganzen ζ-Werte (auch die für ungerades n, vgl. das Kapitel über Euler!) induktiv eine geometrische Interpretatic finden. Z.B. ergibt sich für n = 2 die Gleichung $\text{vol}(H_1) = 2\zeta(2)/3\pi$; andererseits ergibt sich nach einer etwa eine Seite langen Rechnung au der expliziten Beschreibung von H_1 nach Lagrange $\text{vol}(H_1) = \pi/9$, und damit haben wir wieder einmal die Eulersche Formel

$$\zeta(2) = \frac{\pi^2}{6}.$$

Für n = 3 ergibt sich mit diesem Resultat analog

$$\zeta(3) = 24\,\mathrm{vol}(H_1)\ .$$

H_1 ist ja durch die Seeber-Dirichletschen Ungleichungen und die Determinanten-Bedingung explizit beschrieben, so daß wir diese Formel als befriedigende Interpretation von $\zeta(3)$ verstehen können. (Man könnte versuchen, das 6-fache Integral für $\mathrm{vol}(H_1)$ auszurechnen; das hat aber wohl noch niemand getan.)

Die Motivation für Minkowski, das Volumen von H_1 zu berechnen, der das Endergebnis ja nicht voraussehen konnte, war eine ganz andere, und zwar die folgende: Wir betrachten ganzzahlige quadratische Formen. Für diejenigen der Determinante d ist nach Hermite (9.3) die Klassenzahl h(d) endlich. Das Volumen von H_1 beschreibt nun folgendermaßen das asymptotische Wachstumsverhalten h(d): Für eine positive reelle Zahl t enthält das Gebiet tH_1 alle reduzierten Formen der Determinante $\leq t^n$. Dieses Gebiet hat das Volumen $t^N \mathrm{vol}(H_1)$, so daß das Volumen des Raumes aller reduzierten Formen der Determinante $\leq$ d gleich $d^{(n+1)/2}\mathrm{vol}(H_1)$ ist. Für großes d ist dieses Volumen ungefähr gleich der Anzahl der ganzzahligen Gitterpunkte (die den ganzzahligen quadratischen Formen entsprechen) in diesem Gebiet, so daß wir erhalten:

$$\lim_{d\to\infty} \frac{h(1)+\ldots+h(d)}{d^{(n+1)/2}} = \mathrm{vol}(H_1)\ . \tag{10.3}$$

(Würde man jetzt annehmen, daß h(d) gleichmäßig wächst, was aber falsch ist, so würde sich durch Differenzieren ergeben, daß h(d) bis auf einen Faktor etwa wie $d^{(n-1)/2}$ wächst. Für n = 2 ist richtig und von C.L. Siegel bewiesen, daß die Klassenzahlen der imaginärquadratischen Körper mit Diskriminante d das asymptotische Gesetz $\log h(d) \sim \log(\sqrt{d})$ erfüllen.)

Eine Formel wie 10.3 für den Fall n = 2 hatte Gauß bereits durch eine "theoretische Untersuchung" gefunden, wie er im Artikel 302 der Disquisitiones sagt; er gibt keinen Beweis, aber man muß vermuten, daß er den Beweis durchgeführt hat, denn hätte er sich nur auf numerische Evidenz gestützt, so hätte er sicher gesagt, daß er sie durch "Induktion" entdeckt hätte. Die Artikel 301 bis 303 enthalten überhaupt eine ganze Reihe interessanter asymptotischer Formeln und Aussagen über Klassen und Geschlechter, die zum Teil bis heute nicht bewiesen sind. Tatsächlich ist die Situation, die Gauß betrachtet, etwas komplizierter, weil er nur primitive Formen betrachtet, also solche, für die die Koeffizienten keinen gemeinsamen Teiler haben. Dies führt dazu, daß ein Faktor $\zeta(3)$ auftritt. Dies liegt wiederum an folgender Beobachtung von Gauß, die erklärt, warum beim Abzählen von Gitterpunkten die ζ-Werte auftreten. Betrachtet man n-Tupel ganzer Zahlen, so ist $\zeta(n)^{-1}$ die Wahrscheinlichkeit, daß diese n Zahlen relativ prim sind. Ist nämlich p eine Primzahl, so ist $1-\frac{1}{p^n}$ die Wahrscheinlichkeit, daß sie nicht alle den Faktor p haben. Die Wahrscheinlichkeit, daß sie keine Primzahl als gemeinsamen Faktor haben ist also

$$\prod_p (1-p^{-n}) = \zeta(n)^{-1} .$$

Die Sätze (10.1), (10.2) und (10.3) hat Minkowski in der Arbeit "Diskontinuitätsbereich für arithmetische Äquivalenz" im Jahre 1905 in Crelle's Journal (in einem Gedenkband zu Dirichlet's hundertstem Geburtstag) veröffentlicht. Sie beginnt mit dem lakonischen Satz: "Die vorliegende Arbeit benutzt mehrfach Methoden, welche von Dirichlet ausgebildet worden sind." Die Tradition, in der Minkowski sich und seine mathematischen Forschungen sieht, ist damit klar genug beschrieben.

* * *

Minkowski erkannte bereits, daß die Reduktionstheorie der quadratischen Formen in einer umfassenderen "arithmetischen Theorie der Gruppe aller linearen Transformationen" ihren natürlichen Platz hat. Er hat diese Theorie aber nicht mehr ausgearbeitet; dieses Programm wurde von C.L. Siegel und A. Weil aufgenommen und steht heute im Zentrum der mathematischen Forschung (Berechnung von Tamagawa-Zahlen usw.). Worum es dabei geht, soll am Beispiel der $SL(n,\mathbb{R})$ beschrieben werden. Dabei machen wir auch Gebrauch von analytischen Hilfsmitteln, die Dirichlet und Minkowski noch nicht zur Verfügung standen, nämlich der Integration in lokal-kompakten topologischen Gruppen. (Eine systematische Darstellung der algebraischen Zahlentheorie, in der ganz konsequent die Integration in topologischen Gruppen als methodisches Hilfsmittel benutzt wird,

wird von A. Weil gegeben in: Basic number theory, Springer-Verlag 1967.)

Es sei $G = SL(n,\mathbb{R})$ und $\Gamma = SL(n,\mathbb{Z})$. Es geht um die Untersuchung des *homogenen Raumes* G/Γ. Zunächst sei dg das Haarsche Maß in G, das auf der Lie-Algebra $sl(n,\mathbb{R})$ die Metrik $\|X\|^2 = \mathrm{Spur}(X^tX)$ induziert. Dann wollen wir als Hauptresultat dieses Kapitels beweisen:

(10.4) <u>Satz</u>. *G/Γ hat das endliche Volumen $\zeta(2)\ldots\zeta(n)\sqrt{n}$.*

<u>Beweis</u>. Der Beweis wird durch Induktion nach n geführt (für $n=1$ gilt trivial $\mathrm{vol}(G/\Gamma) = 1$). Um den Induktionsschritt durchzuführen, betrachtet man die "parabolische Untergruppe"

$$P = \{\begin{pmatrix} 1 & x \\ 0 & g' \end{pmatrix} \mid x \in \mathbb{R}^{n-1}, \; g' \in G'\} .$$

(Durch einen Strich ' werden immer die entsprechenden Objekte für $n-1$ bezeichnet, also $G' = SL(n-1,\mathbb{R})$ usw.) P ist also die Isotropie-Gruppe des ersten Basisvektors e_1. Es sei weiter

$$T = \{(t_1,\ldots,t_n) \mid t_i \in \mathbb{Z}, \quad \mathrm{ggT}(t_1,\ldots,t_n) = 1\} .$$

Γ operiert transitiv auf T. Deshalb ergibt sich für eine beliebige integrierbare Funktion $\phi : \mathbb{R}^n \to \mathbb{R}_+$ mit kompaktem Träger

$$\int_{G/\Gamma} (\sum_{t\in T} \phi(gt)dg = \int_{G/\Gamma} (\sum_{\gamma\in\Gamma/\Gamma\cap P} \phi(g\gamma e_1))dg$$

$$= \int_{G/\Gamma\cap P} \phi(ge_1)dg .$$

Jetzt kommt der entscheidende Schritt des Beweises: dg induziert auf G/P und auf $P/\Gamma\cap P$ Maße $d\overline{g}$ bzw. dp, so daß ein Satz von Fubini gilt und das letzte Integral gleich folgendem Doppelintegral ist:

$$\int_{G/P} \left(\int_{P/\Gamma\cap P} \phi(\overline{g}pe_1)dp\right)d\overline{g} = \int_{G/P} \phi(\overline{g}e_1)d\overline{g} \int_{P/\Gamma\cap P} dp$$

$$= \mathrm{vol}(P/\Gamma\cap P) \int_{G/P} \phi(\overline{g}e_1)d\overline{g} .$$

P ist semidirektes Produkt von $G' = \{\begin{pmatrix} 1 & 0 \\ 0 & g' \end{pmatrix}\}$ und $\mathbb{R}^{n-1} = \{\begin{pmatrix} 1 & x \\ 0 & 1 \end{pmatrix}\}$, und weil G' isometrisch auf $\mathbb{R}^{n-1}$ operiert, liefert dg das Produkt-Maß dg'dx, wobei dx das euklidische Maß ist. $\Gamma \cap P$ ist entsprechend semidirektes Produkt von Γ' und $\mathbb{R}^{n-1} \cap \Gamma = \mathbb{Z}^{n-1}$, also

$$\mathrm{vol}(P/\Gamma \cap P) = \mathrm{vol}(\mathbb{R}^{n-1}/\mathbb{Z}^{n-1})\mathrm{vol}(G'/\Gamma') = \mathrm{vol}(G'/\Gamma') .$$

Weiter induziert die natürliche Operation von G auf $\mathbb{R}^n$-O einen Homöomorphismus $G/P \cong \mathbb{R}^n$-O. Der Orthogonalraum bzgl. $\mathrm{Spur}(X^tX)$ zur Lie-Algebra von P wird von den Matrizen

$$\begin{pmatrix} x_1 & & & \\ x_2 & y & & \\ \vdots & & \ddots & \\ x_n & & & y \end{pmatrix} \qquad y = -\frac{x_1}{n-1}$$

gebildet. Das induzierte Maß ist also

$$\sqrt{\frac{n}{n-1}}\, dx_1 \ldots dx_n .$$

Damit erhalten wir sofort folgende Formel

$$\sqrt{\frac{n}{n-1}}\,\mathrm{vol}(G'/\Gamma') \int_{\mathbb{R}^n} \phi(x)dx = \int_{G/\Gamma} \big(\sum_{t\in T} \phi(gt)\big)dg .$$

Wir setzen $C = \sqrt{\frac{n}{n-1}}\,\mathrm{vol}(G'/\Gamma')$ und erhalten weiter durch Multiplikati[on] mit $\zeta(n)$

$$C\zeta(n) \int_{\mathbb{R}^n} \phi(x)dx = C \sum_{i=1}^{\infty} \int_{\mathbb{R}^n} i^{-n}\phi(x)dx$$

$$= C \sum_{i=1}^{\infty} \int_{\mathbb{R}^n} \phi(ix)dx = \sum_{i=1}^{\infty} \int_{G/\Gamma} \big(\sum_{t\in T} \phi(git)\big)dg$$

$$= \int_{G/\Gamma} \big(\sum_{i=1}^{\infty} \sum_{t\in T} \phi(git)\big)dg = \int_{G/\Gamma} \big(\sum_{\substack{u\in\mathbb{Z}^n \\ u\neq 0}} \phi(gu)\big)dg .$$

Beim letzten Gleichheitszeichen haben wir gebraucht, daß jedes $u \in \mathbb{Z}^n$

eindeutig als it mit $t \in T$ geschrieben werden kann. Ist jetzt ϕ die charakteristische Funktion χ_K einer kompakten Menge K, so haben wir also die Formel

$$C\zeta(n)\mathrm{vol}(K) = \int_{G/\Gamma} \sum_{\substack{u\in\mathbb{Z}^n \\ u\neq 0}} \chi_K(gu)dg .$$

Sei jetzt W_τ der Würfel mit $|x_i| \leq \tau$ und $h(g,\tau)$ die Anzahl der u mit $gu \in W_\tau$, also $h(g,\tau) = \sum_{\substack{u\in\mathbb{Z}^n \\ u\neq 0}} \chi_{W_\tau}(gu)$. Es ist $gu \in W_\tau$ genau dann, wenn $u \in g^{-1}W_\tau$ ist. Jetzt benutzen wir den Schluß von Gauß und Dirichlet der Volumenberechnung durch Abschätzen von Gitterpunkten. Danach ist

$$\lim_{\tau\to\infty} \tau^{-n}h(g,\tau) = \mathrm{vol}(g^{-1}W_1) = 2^n .$$

Daraus erhalten wir sofort die Behauptung

$$2^n\mathrm{vol}(G/\Gamma) = \int_{G/\Gamma} \lim_{\tau\to\infty} (\tau^{-n}h(g,\tau))dg$$

$$= \lim_{\tau\to\infty} \tau^{-n} \int_{G/\Gamma} (\Sigma\chi_{W_\tau}(gu)dg) = \zeta(n)C2^n ,$$

also $\mathrm{vol}(G/\Gamma) = \sqrt{\frac{n}{n-1}}\, \zeta(n)\mathrm{vol}(G'/\Gamma')$. q.e.d.

Leider ist hier der letzte Schritt nicht begründet. Das Integral und der Limes $\tau\to\infty$ sind nicht ohne weiteres vertauschbar. Statt der Gleichheit erhält man an dieser Stelle nur die Ungleichung $\leq$ und damit wenigstens die Endlichkeit des Volumen $\mathrm{vol}(G/\Gamma)$. Diese Schwierigkeit überwindet Weil durch dieselbe Methode, die Dirichlet zur Summation der Gaußschen Summen verwandt hat und die wir jetzt noch einmal bewundern können.

Es sei $\hat{\phi}(y)$ die Fouriertransformierte von $\phi(x)$, also

$$\hat{\phi}(y) = \int_{\mathbb{R}^n} \phi(x)e^{-2\pi i\langle x,y\rangle}dx ,$$

insbesondere

$$\hat{\phi}(0) = \int_{\mathbb{R}^n} \phi(x)\,dx \ .$$

Dann gilt die Poisson'sche Summationsformel

$$\sum_{u \in \mathbb{Z}^n} \phi(gu) = \sum_{v \in \mathbb{Z}^n} \hat{\phi}(g^{-t}v)$$

(Beweis: Die periodische Funktion $\sum_{u \in \mathbb{Z}^n} \phi(g(u+x))$

wird in eine gleichmäßig konvergente Fourier-Reihe entwickelt und die Fourier-Entwicklung bei $x = 0$ ausgewertet.)

Dann erhalten wir

$$C\zeta(n) \int_{\mathbb{R}^n} \phi(x)\,dx + \phi(0)\,\mathrm{vol}(G/\Gamma)$$

$$= \int_{G/\Gamma} \sum_{u \in \mathbb{Z}^n} \phi(gu)\,dg$$

$$= \int_{G/\Gamma} \sum_{v \in \mathbb{Z}^n} \hat{\phi}(g^{-t}v)\,dg = \int_{G/\Gamma} \sum_{v \in \mathbb{Z}^n} \hat{\phi}(gv)\,dg$$

$$= C\zeta(n) \int_{\mathbb{R}^n} \hat{\phi}(x)\,dx + \hat{\phi}(0)\,\mathrm{vol}(G/\Gamma)$$

also

$$(C\zeta(n) - \mathrm{vol}(G/\Gamma))\,(\hat{\phi}(0) - \phi(0))$$

Da diese Gleichung für jede Funktion ϕ gilt, folgt wunderbarerweise

$$\mathrm{vol}(G/\Gamma) = \zeta(n)\sqrt{\frac{n}{n-1}}\,\mathrm{vol}(G'/\Gamma') \ .$$

*   *   *

Damit ist der Beweis von Satz (10.4) beendet. Wir haben zwar den Zusammenhang mit quadratischen Formen noch nicht hergestellt, aber jedenfalls haben die ganzen ζ-Werte schon eine natürliche geometrische Interpretation gefunden, und das ist es, worauf es uns in diesem Kapitel vor allem ankommt. Der Übergang zu quadratischen Formen soll jetzt noch kurz beschrieben werden. Es sei P die Menge der positiven symmetrischen $(n\times n)$-Matrizen. P wird aufgefaßt als offene Teilmenge des $\mathbb{R}^N$, $N = n(n+1)/2$. Dann beruht alles weitere auf der Betrachtung der folgenden einfachen Abbildung

$$\psi : G \to P, \quad g \to g^t g .$$

Offensichtlich ist $g^t g$ für jede invertierbare Matrix symmetrisch und positiv. Aus der linearen Algebra (Sylvester'scher Trägheitssatz) ist auch wohlbekannt, daß sich jedes $q \in P$ in dieser Form schreiben läßt. Die Abbildung ψ ist also surjektiv. Die "Fasern" von ψ sind genau die Nebenklassen der orthogonalen Gruppen $O(n) = \{g \in G \mid g^t g = e\}$, denn $O(n)g$ ist offenbar das genaue Urbild von $g^t g$.

Mittels der Abbildung ψ ergibt sich aus (10.1) leicht, daß ein Fundamentalbereich F für $GL(n,\mathbb{R})/GL(n,\mathbb{Z})$ existiert, also eine "vernünftige" Menge F mit $GL(n,\mathbb{R}) = \bigcup\limits_{\gamma\in GL(n,\mathbb{Z})} \gamma F$ und so, daß F und γF für $\gamma \neq 1$ keine inneren Punkte gemeinsam haben. Man setzt nämlich

$$F = \{g \in G \mid g^t g \in H, \quad \begin{matrix} \det g > 0 & \text{falls n ungerade} \\ \operatorname{Spur} g \geq 0 & \text{falls n gerade} \end{matrix}\} .$$

Damit erhält man auch einen Fundamentalbereich F_1 für $SL(n,\mathbb{R})/SL(n,\mathbb{Z}) = G/\Gamma$, nämlich

$$F_1 = \begin{cases} F \cap G & \text{falls n ungerade} \\ (F \cup g_o F) \cap G & \text{falls n gerade, } g_o = \begin{pmatrix} -1 & & \\ & 1 & \\ & & \ddots \end{pmatrix} . \end{cases}$$

Die erforderlichen leichten Rechnungen bleiben dem Leser überlassen. Das Volumen von F_1 (bzgl. des Haar-Maßes) haben wir in (10.4) berechnet. Wegen der Bedingung $\det(g) > 0$ bzw. $\operatorname{Spur}(g) \geq 0$ in der Definition von F besteht $\psi^{-1}(H_1)$ aus zwei Stücken, die beide das Volumen des Kegels K über F_1 mit Spitze im Nullpunkt haben. Das Volumen von F_1 wurde in (10.4) berechnet. Durch Vergleich des Haar-Maßes mit dem euklidischen

Maß $d\mu$, folgt bei Benutzung von (10.4), daß dieser Kegel euklidisches Volumen $\frac{1}{n}\zeta(2)\ldots\zeta(n)$ hat; $\psi^{-1}(H_1)$ hat also Volumen $\frac{2}{n}\zeta(2)\ldots\zeta(n)$.

Daraus kann man das Volumen von H_1 mittels folgender Transformationsformel berechnen, die gewissermaßen eine Kombination der Sätze von Fubini und des Transformationssatzes bei einer Variablen-Substitution darstellt.

Sei M meßbar und $f : P \to \mathbb{R}$ integrierbar. Dann ist auch $f\psi$ integrierbar, und es gilt

$$\int_{\psi^{-1}(M)} f(\psi(g))d\mu(g) = \frac{s_2\ldots s_n}{2^{n-1}} \int_M \det(a)^{-1/2} f(a)d\mu(a). \quad (10.$$

<u>Beweis von (10.2)</u>. Sei $f(a) = \det(a)^{1/2}$. Dann ergibt sich mit dieser Formel

$$\mu(H_1) = \int_{H_1} d\mu(a) = \int_{H_1} \det(a)^{-1/2}\det(a)^{1/2}d\mu(a)$$

$$= \frac{2^{n-1}}{s_2\ldots s_n} \int_{\psi^{-1}(H_1)} |\det g|\, d\mu(g) .$$

Sei jetzt n ungerade. Dann ist $\det(g) > 0$ und

$$\mu(H_1) = \frac{2^n}{s_2\ldots s_n} \int_K \det g\, d\mu(g) .$$

Für das Integral einer Funktion auf dem Kegel K, die nur von det(g) abhängt, gilt die Formel

$$\int_K h(\det g)d\mu(g) = \mathrm{vol}(K) \int_0^1 h(t^{1/n})dt . \quad (10.6$$

Damit ergibt sich sofort die Behauptung

$$\mu(H_1) = \frac{2^n}{s_2\ldots s_n} \frac{\zeta(2)\ldots\zeta(n)}{n} \frac{n}{n+1} .$$

q.e.d.

(10.6) braucht nur für die charakteristische Funktion χ von (0,c) bewiesen zu werden; dann folgt sie auch für Treppenfunktionen usw. Es i

$$\int_K \chi(\det g)\,d\mu(g) = \mathrm{vol}\{g \in K \mid \det(g) < c\}$$

$$= \mathrm{vol}(c^{1/n}K) = c^n\,\mathrm{vol}(K) = \mathrm{vol}(K)\int_0^1 \chi(t^{1/n})\,dt\ .$$

Formel (10.5), die ganz in die Integrationstheorie mehrerer Veränderlicher gehört, beweisen wir nicht. Es muß aber zugegeben werden, daß ein elementarer Beweis in der Literatur wohl nicht zu finden ist. Dem Leser, der sich in der Integralrechnung üben will, wird dieses Problem zur selbständigen Bearbeitung empfohlen. Allgemeiner geht es um folgendes: Es sei $\psi : \mathbb{R}^n \to \mathbb{R}^m$ eine vernünftige Abbildung und $f : \mathbb{R}^m \to \mathbb{R}$ integrierbar. Dann ist auch $f\psi$ integrierbar, und folgendes Integral soll berechnet werden

$$\int_{\mathbb{R}^n} f\psi(x)\,dx\ .$$

Das geschieht ungefähr so: Es existiert eine Funktion $\delta_f(y)$ so daß

$$\int_{\mathbb{R}^n} f\psi(x)\,dx = \int_{\mathbb{R}^m} \delta_f(y) f(y)\,dy\ ,$$

und zwar ist in einem zu präzisierenden Sinn

$$\delta_f(y) = \int_{\psi(x)=y} \frac{dx}{dy}\ .$$

Mit diesen dunklen Andeutungen begnügen wir uns; zum Anfang könnte man sich etwa an dem Fall $f : \mathbb{R}^2 \to \mathbb{R}$ versuchen.

Literaturhinweise

H. Minkowski: Gesammelte Abhandlungen
insbesondere: Diskontinuitätsbereich für arithmetische Äquivalenz, Band 2, S. 53-100

C.L. Siegel: Gesammelte Abhandlungen, 4 Bände, Springer-Verlag, Berlin, Heidelberg, New York, 1966, 1979
insbesondere: The volume of the fundamental domain for some infinite groups, Band 1, S. 459-468,
A mean value theorem in the geometry of numbers, Band 3, S. 39-46

A. Weil: Collected papers, 3 Bände, Springer-Verlag 1979,
insbesondere: Sur quelques résultats de Siegel, vol. 1.,
S. 339-357

G.P.L. Dirichlet: Über die Reduktion der positiven quadratischen Formen
mit drei unbestimmten ganzen Zahlen. Werke II

Namen- und Sachverzeichnis

P. Ribenboim

13 Lectures on Fermat's Last Theorem

1979. 1 portrait, 3 tables.
XVI, 302 pages
ISBN 3-540-90432-8

This book, based on the author's lectures at the Institut Henri Poincaré, gives a fully understandable mathematical description of the various highly ingenious attempts to prove Fermat's last theorem. All significant approaches are covered, including such modern methods as the use of class field theory and estimates based on diophantine approximation. The book is a unique testimonial to the multi-facetness of a single mathematical problem and the incredible variety of methods used in attempting to solve it. Number theorists will find the *13 Lectures* an inspiring account of an important part of the history of their subject. The book is, however, accessible to the non-specialist as well, particularly as the freshness of the style of the original lectures has been preserved in the printed version.

Springer-Verlag
Berlin
Heidelberg
New York

Druck und Bindung: Strauss GmbH, Mörlenbach